新形态立体化精品系列教材

办公自动化技术
Windows 10+WPS Office

微课版

郭芳 王欢 白会肖 / 主编

孟志达 周东朝 黄焱 / 副主编

人民邮电出版社

北 京

图书在版编目（CIP）数据

办公自动化技术：Windows 10+WPS Office：微课版 / 郭芳，王欢，白会肖主编. -- 北京：人民邮电出版社，2023.6
新形态立体化精品系列教材
ISBN 978-7-115-61471-1

Ⅰ. ①办… Ⅱ. ①郭… ②王… ③白… Ⅲ. ①Windows操作系统－高等职业教育－教材②办公自动化－应用软件－高等职业教育－教材 Ⅳ. ①TP316.7②TP317.1

中国国家版本馆CIP数据核字(2023)第053614号

内 容 提 要

　　本书主要讲解办公自动化的相关知识，包括认识办公自动化与操作平台、制作并编辑 WPS 文档、制作图文混排类和表格类 WPS 文档、高级编排和批量处理 WPS 文档、制作并计算 WPS 表格数据、管理并分析 WPS 表格数据、制作并编辑 WPS 演示文稿、添加交互及放映和输出 WPS 演示文稿、网络办公应用、使用常用办公工具软件、使用常用办公设备等。本书最后还安排了综合实训，以进一步提高学生对办公自动化技术的应用能力与操作计算机的能力。

　　本书采用项目任务式讲解，每个任务由任务目标、相关知识和任务实施 3 部分组成，然后进行强化实训。大部分项目不仅配备了课后练习，还根据项目的内容设置了相关的技能提升类拓展知识。本书着重培养学生的动手能力，将职业场景引入课堂，让学生提前了解相关职业技能。

　　本书可作为职业院校办公自动化相关课程的教材，也可作为各类社会培训机构的教材，同时可供 WPS Office 办公软件初学者自学使用。

◆ 主　　编　郭　芳　王　欢　白会肖
　　副 主 编　孟志达　周东朝　黄　焱
　　责任编辑　赵　亮
　　责任印制　王　郁　焦志炜

◆ 人民邮电出版社出版发行　　北京市丰台区成寿寺路 11 号
　　邮编　100164　电子邮件　315@ptpress.com.cn
　　网址　https://www.ptpress.com.cn
　　三河市君旺印务有限公司印刷

◆ 开本：787×1092　1/16
　　印张：16　　　　　　　　　　2023 年 6 月第 1 版
　　字数：397 千字　　　　　　　2023 年 6 月河北第 1 次印刷

定价：59.80 元

读者服务热线：(010)81055256　印装质量热线：(010)81055316
反盗版热线：(010)81055315
广告经营许可证：京东市监广登字 20170147 号

前言

党的二十大报告提出：教育、科技、人才是全面建设社会主义现代化国家的基础性、战略性支撑。必须坚持科技是第一生产力、人才是第一资源、创新是第一动力，深入实施科教兴国战略、人才强国战略、创新驱动发展战略，开辟发展新领域新赛道，不断塑造发展新动能新优势。

近年来，职业教育课程不断改革、办公软件不断升级，教学方式也在不断调整。为提高教学质量和效率，持续推进教育领域的数字化改革，使学生具备在信息技术社会中的办公自动化能力，我们认真总结了以往的教材编写经验，用了多年时间深入调研各地、各类院校的教材需求，组织了优秀的、具有丰富教学经验和实践经验的编者团队编写了本书。

本书本着"工学结合"的原则，力求帮助各类院校快速培养优秀的技能型人才。本书在教学方法、教材特点和教学资源 3 个方面体现出了特色。

教学方法

本书按照"情景导入→目标指导→课堂知识→项目实训→课后练习→技能提升"式教学法，将职业场景、软件知识、行业知识有机整合，各个环节环环相扣、浑然一体。

● **情景导入**：以日常办公场景展开，以主人公的实习情景模式为例引入项目教学主题，让学生了解相关知识点在实际工作中的应用情况。本书中设置的主人公如下。
  米拉：职场新人。
  老洪：米拉的直接领导，职场的引入者。
● **目标指导**：每个项目都从学习目标、技能目标和素质目标 3 个方向为学生提供目标指导，让学生可以带着目标学习，明确学习目的，提升学习效果。
● **课堂知识**：具体讲解与项目相关的各个知识点，并尽可能通过实例、操作的形式将难以理解的知识展示出来。在讲解过程中，穿插有"知识补充"和"操作提示"小栏目，以提升学生的软件操作技能，拓宽知识面。
● **项目实训**：结合课堂知识及实际工作需求进行综合训练。因为综合训练注重培养学生的自我总结和学习能力，所以在项目实训中，本书只提供适当的操作思路及步骤提示以供学生参考，要求学生独立完成操作，以充分训练学生的动手能力。
● **课后练习**：结合项目内容给出难度适中的练习题和上机操作题，让学生强化和巩固所学知识。
● **技能提升**：以项目讲解的知识为主导，帮助有需要的学生深入学习相关知识，达到融会贯通的目的。

教材特点

根据现代职业院校的教学方向和教学特色，我们对本书的编写体系做了精心的设计，本书具有以下特点。

● **立德树人，融入实际**：本书精心设计，因势利导，依据专业课程的特点采取了恰当方式自然融入工匠精神、创新思维等元素，注重挖掘其中的职业素养，体现爱国情怀，培养学生的创新意识，将"为学"和"为人"相结合。

- **校企合作，双元开发**：本书由学校教师和企业工程师共同开发，由企业提供真实项目案例，由常年深耕教学一线且有丰富教学经验的教师执笔，将项目实践与理论知识相结合，体现了"做中学，做中教"等职业教育理念，保证了本书的职教特色。

- **精选案例，产教融合**：本书以情境导入，将职业场景、软件知识、行业知识有机整合，帮助学生牢固掌握办公自动化相关知识，并通过实训对知识进行融会贯通，提高学生的实际应用能力。

- **创新形式，配备微课**：本书针对重点、难点知识录制了微课视频，学生可以利用计算机和移动终端学习，实现了线上、线下混合式教学。

教学资源

本书的教学资源包括以下 4 个方面的内容。

- **素材文件与效果文件**：包括书中课堂案例所涉及的素材文件与效果文件。
- **模拟试题库**：包含题型丰富的练习试题，教师可自行组合出不同的试卷进行测试。
- **PPT 课件和教学教案**：包括 PPT 课件和 Word 文档格式的教学教案，以便教师顺利开展教学工作。
- **拓展资源**：包括各类办公文档模板、办公设备高清图片等。

特别提醒：读者可访问人邮教育社区（www.ryjiaoyu.com）搜索本书书名下载上述教学资源。

本书涉及的所有案例、实训、讲解的重要知识点都配有二维码，读者只需要用手机扫码即可查看对应的操作演示，以及知识点的讲解内容，方便读者灵活运用碎片时间，即时学习。

本书由郭芳、王欢、白会肖任主编，孟志达、周东朝、黄焱任副主编。虽然编者在编写本书的过程中倾注了大量心血，但恐百密之中仍有疏漏，恳请广大读者不吝赐教。

编者
2023 年 1 月

目录

项目四　高级编排和批量处理 WPS 文档　59

项目五　制作并计算 WPS 表格数据　85

项目六　管理并分析 WPS 表格数据　113

项目七　制作并编辑 WPS 演示文稿　139

项目八　添加交互及放映和输出 WPS 演示文稿　165

项目九　网络办公应用　185

项目十　使用常用办公工具软件　209

项目十一　使用常用办公设备　225

项目十二 综合实训 243

项目一
认识办公自动化与操作平台

情景导入

米拉大学毕业后，在某公司应聘上了行政助理一职。在入职的第一天，作为部门领导的老洪就带领米拉熟悉了公司的业务，认识了行政部的同事，并介绍了今后的工作环境。为了让米拉尽快适应工作，老洪向米拉提出了一些问题。

老洪：米拉，你知道什么是办公自动化吗？

米拉：我知道，办公自动化是现在常用的一种办公方式，它不仅可以实现办公事务的自动化处理，还可以极大地提高个人或者群体的工作效率。

老洪：说得不错，那今天你先熟悉一下我们公司办公系统相关的软/硬件设施，巩固一下计算机操作系统的使用方法，之后给你安排具体工作。

米拉：好的，我知道了，我会努力学习的。

学习目标

- 熟悉办公自动化的概念及特点。
- 熟悉办公自动化的技术支持。
- 熟悉办公自动化的硬件构成。
- 认识 Windows 10 桌面、窗口及对话框的组成。
- 掌握 Windows 10 的基本操作。

技能目标

- 能够对办公自动化实现的功能和技术支持有深入的了解。

素质目标

- 培养办公室人员应具备的基本素质，提高信息技术素养。
- 可以根据不同需求完成自动化办公，并保证任务完成的完整性与规范性。

任务一　认识办公自动化

米拉了解到，办公自动化（Office Automation，OA）也称为无纸化办公，是一种将现代化办公和计算机技术结合起来的新型办公方式，也是信息化社会的必然产物。实现办公自动化，可以优化现有的管理组织结构、调整管理体制，在提高效率的基础上提升协同办公的能力。

一、任务目标

本任务将介绍办公自动化的基础知识。通过本任务的学习，读者可以了解办公自动化的特点、办公自动化的技术支持，以及办公自动化系统的软、硬件。

二、相关知识

事实上，办公自动化需要多方面的知识积累和技术支持。

（一）办公自动化的特点

一般来讲，办公自动化具有以下 4 个方面的特点。

- **集成化**：软、硬件及网络的集成，人与系统的集成，单一办公系统与社会公众信息系统的集成组成了"无缝集成"的开放式办公自动化系统。
- **智能化**：面向日常事务处理，能辅助人们完成智能性劳动，如汉字识别、辅助决策等。
- **多媒体化**：包括对数字、文字、图像、声音和动画的综合处理。
- **运用电子数据交换**：通过电子方式，采用标准化的格式，利用计算机网络在计算机间进行数据交换和自动化处理。

（二）办公自动化的技术支持

办公自动化离不开各种技术的支持，其中，网络通信技术、计算机技术、人工智能技术、大数据技术、云计算技术等是办公自动化中较为重要的技术。

1. 网络通信技术

利用网络通信技术可以通过计算机和网络通信设备对图形和文字等形式的资料进行搜集、存储、处理和传输等，使信息资源达到充分共享。例如，在办公时，可以使用网络通信技术对各种信息进行搜集、处理，并实现信息的实时共享，提升办公效率。

2. 计算机技术

计算机的出现使人类迅速步入信息社会。计算机既是一门学科，也是一种能够按照指令对各种数据和信息进行自动加工和处理的电子设备，办公自动化离不开计算机。计算机技术是指计算机领域中所运用的技术方法和技术手段，包括硬件技术、软件技术和应用技术等。计算机技术是办公自动化技术的核心之一。在众多计算机技术中，字符编码技术和多媒体信息技术是信息存储、传递和分享的常见技术。

3. 人工智能技术

人工智能（Artificial Intelligence，AI）是解释和模拟人类智能、智能行为及其规律的学科。其研究的主要目标在于研究用机器来模仿和执行人脑的某些智能，探究相关理论和研发相应技术，如判断、推理、识别、感知、理解、思考、规划、学习等思维活动。

如今，人工智能技术已经渗透到人们日常生活的方方面面，如微软的 Cortana、百度的度秘等智能助理和智能聊天类应用就是常见的人工智能应用，甚至一些简单的、带有固定模式的资讯类新闻也是由人工智能来推送的。

4. 大数据技术

大数据就是巨大量的数据，大数据技术就是应用巨大量数据的技术。在办公中使用大数据技术通常需要在办公自动化系统中建立强大的数据中心，然后对各种数据进行采集、分析、整理，最后汇总成有价值的信息，为最终决策提供参考和帮助。

5. 云计算技术

云计算又称为网格计算，使用云计算技术可以在很短的时间内处理巨大量的数据，从而实现强大的网络服务。云计算技术已经被广泛应用到办公自动化领域，云办公、云存储等云计算功能的开发和应用极大地提升了办公效率，并为真正实现自动化办公提供有效的平台。

（三）办公自动化系统的硬件和软件

办公自动化系统由硬件和软件组成，硬件即计算机和外部设备等实体，软件即安装在计算机上的各种程序。

1. 硬件

办公自动化系统硬件部分主要由主机、输入/输出设备、控制设备和各类功能卡等组成，在实际应用中可以根据需求决定除主机外其他设备的取舍，而无须将所有的设备都购置和接入。

- **主机**：主机是计算机硬件的载体。计算机自身的重要部件都放置在主机内，如主板、硬盘等，其外观如图 1-1 所示。
- **电源**：电源是计算机的供电设备，为计算机中的其他硬件（如主板、硬盘等）提供稳定的电压和电流，使硬件正常工作，其外观如图 1-2 所示。
- **主板**：主板又称为主机板、系统板或母板，主板上集成了各种电子元件和电路系统等。主板是影响计算机工作性能的主要部件之一，其外观如图 1-3 所示。
- **中央处理器**：中央处理器（Central Processing Unit，CPU）是计算机系统的运算和控制核心，其外观如图 1-4 所示。
- **外存储器**：外存储器是计算机的重要存储设备之一，常见的外存储器有硬盘、磁带、U 盘等。其中硬盘通常分为机械硬盘和固态硬盘两种，固态硬盘存取数据的速度更快，常用作系统盘。图 1-5 所示为机械硬盘。

图 1-1　主机　　　　图 1-2　电源　　　　图 1-3　主板　　　图 1-4　中央处理器　图 1-5　机械硬盘

- **内存储器**：内存储器用于临时存放数据和协调中央处理器的处理速度，其外观如图 1-6 所示。
- **显示器**：显示器是计算机重要的输出设备，办公中普遍使用轻便且能有效地减少辐射的液晶显示器，其外观如图 1-7 所示。
- **网卡**：网卡又称为网络适配器，是网络和计算机之间接收和发送数据信息的设备。网卡分为集成网卡和独立网卡两种，独立网卡的外观如图 1-8 所示。
- **显卡**：显卡又称为显示适配器或图形加速卡，主要用于计算机中的图形与图像的处理和输出，其外观如图 1-9 所示。

图 1-6　内存储器　　　　　图 1-7　液晶显示器　　　　　图 1-8　独立网卡　　　　　图 1-9　显卡

● **键盘和鼠标**：键盘和鼠标是基本的输入设备，用户可通过它们向计算机发出指令进行各种操作，其外观分别如图 1-10、图 1-11 所示。

● **音箱和耳机**：音箱和耳机是主要的声音输出设备，通过它们，用户在操作计算机时才能听到声音，其外观分别如图 1-12、图 1-13 所示。

图 1-10　键盘　　　　　　图 1-11　鼠标　　　图 1-12　音箱　　　图 1-13　耳机

2. 软件

软件是指安装在计算机上的各种程序，根据功能的不同可分为系统软件和应用软件两种。

● **系统软件**：系统软件是指控制和协调计算机及外部设备，支持应用软件开发和运行的系统，其中常用的是 Windows 操作系统和国产的银河麒麟、红旗 Linux、中兴新支点、深度（deepin）、中标麒麟 Linux 等，计算机只有在安装系统软件后，才能为其他软件提供使用平台。

● **应用软件**：应用软件是指一些具有特定功能的软件，这些软件能够帮助用户完成特定的任务，如 WPS Office 办公软件是多数办公用户首选的专业软件，钉钉是一款专为企业员工打造的办公软件，腾讯微云是一款用于管理各种文件的软件。

三、任务实施

（一）连接计算机外部设备

在日常办公中，人们大多使用台式计算机，因为台式计算机屏幕较大，适合长时间办公，且散热更好。下面连接台式计算机的外部设备，其具体操作如下。

微课视频

连接计算机外部设备

（1）将鼠标和键盘的连接线插头对准主机中主板对外接口的 USB 接口中，然后再将显示器配置的数据线插头插入主机中主板对应的接口中（这里的显示器数据线采用 HDMI），如图 1-14 所示。

（2）将计算机电源线插头连接到主机的电源接口中，并按下电源的开关（"〇"表示打开；"—"表示关闭），如图 1-15 所示。

（3）将显示器包装箱中配置的电源线一头插入显示器电源接口中，再将显示器数据线的另外一个插头插入显示器后面的接口中，如图 1-16 所示。

（4）将显示器电源线插头插入插线板中，再将主机电源线插头插入插线板中，如图 1-17 所示。

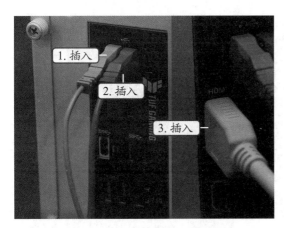

图 1-14 连接鼠标、键盘和显示器数据线

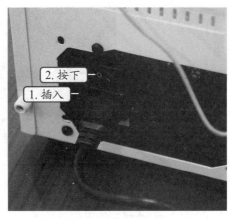

图 1-15 连接电源线

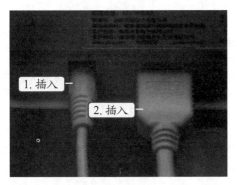

图 1-16 连接显示器

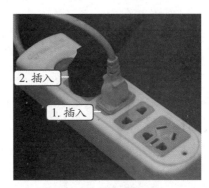

图 1-17 台式计算机通电

（二）启动和关闭计算机

微课视频

启动和关闭计算机

连接好计算机后，若要使用计算机进行办公，则需要启动计算机，进入操作系统，并在任务完成后关闭计算机。下面启动和关闭计算机，其具体操作如下。

（1）接通电源后，按下主机上的电源开关，启动计算机，进入 Windows 10 操作界面，如图 1-18 所示。

图 1-18 启动计算机并进入 Windows 10 操作界面

（2）单击任务栏中的"开始"按钮田，在打开的菜单中选择"电源"选项，在打开的列表中选择"关机"选项，如图 1-19 所示，关闭计算机。

图 1-19　关闭计算机并退出 Windows 10 操作界面

任务二　掌握 Windows 10 的基本操作

老洪告诉米拉，公司办公主要使用 Windows 10 操作系统，因此需要员工掌握其中的各种操作，如管理文件或文件夹等，只有这样才能更好地利用计算机进行各种操作。

一、任务目标

本任务将介绍 Windows 10 的基本操作。通过本任务的学习，读者可以认识 Windows 10 桌面的组成，以及窗口和对话框的组成等，并能通过鼠标完成各项操作，如管理文件或文件夹、设置个性化桌面背景等。

二、相关知识

在使用计算机前，读者还需要了解一些计算机的基础知识，如 Windows 10 桌面的组成、窗口和对话框的组成等。

（一）认识 Windows 10 桌面的组成

按下计算机主机上的电源开关，便可启动计算机进入 Windows 10 的桌面。Windows 10 桌面的组成如图 1-20 所示。在默认情况下，Windows 10 的桌面由桌面图标、鼠标指针和任务栏 3 个部分组成。

- **桌面图标**：桌面图标通常是程序、文件或文件夹的快捷方式，用户可通过快捷方式启动程序或打开对象。桌面图标一般分为系统功能图标（如回收站等）和快捷方式图标（如微信等）。
- **鼠标指针**：在 Windows 10 中，鼠标指针在不同的状态下有不同的显示形式，代表用户当前可进行的操作或系统当前的状态。鼠标指针的默认形状为，当鼠标指针变成形状时，表示系统正在执行某项操作，需要用户等待；当鼠标指针变成○形状时，表示系统正处于忙碌状态，不能进行其他操作；当鼠标指针变成形状时，表示鼠标指针所在的位置是一个链接，单击将打开该链接。
- **任务栏**：任务栏默认情况下位于桌面的最下方，由"开始"按钮、搜索框、"任务视图"按钮、任务区和通知区域 5 个部分组成。其中，单击搜索框，将打开搜索菜单，用户可在该菜单中通过打字或语音输入的方式快速打开某一个应用，也可以实现聊天、看新闻、设置提醒等操作；任务区用于显示已打开的程序或文件等，并可以在它们之间进行快速切换；通知区域包括时钟及一些告知特定程序和计算机设置状态的图标。

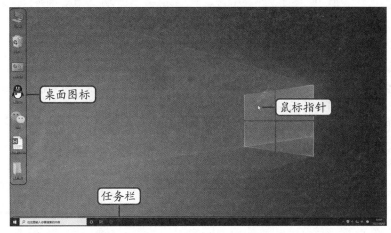

图 1-20　Windows 10 桌面的组成

（二）认识窗口和对话框的组成

窗口和对话框是 Windows 10 的主要组成部分，计算机中的具体操作和设置都需要通过窗口和对话框来实现。

1. 认识 Windows 10 窗口的组成

窗口是计算机与用户之间的主要交流场所，不同的窗口包含的内容不同，但其组成结构基本类似。例如，"此电脑"窗口就是一个典型的窗口，其组成包括标题栏、功能区、地址栏、搜索栏、导航窗格、窗口工作区、状态栏等部分，如图 1-21 所示。

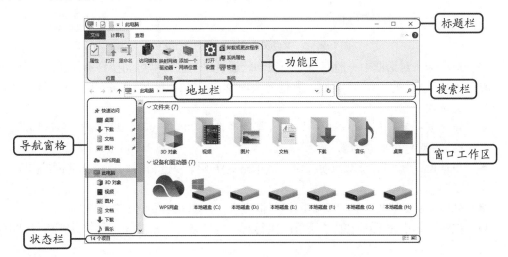

图 1-21　"此电脑"窗口

- **标题栏**：标题栏位于窗口顶部，最左侧有一个用于控制窗口大小和关闭窗口的"文件资源管理器"按钮 ，再往右分别是"属性"按钮 、"新建文件夹"按钮 和"自定义快速访问工具栏"按钮 ，最右侧则分别是窗口"最小化"按钮 、窗口"最大化"按钮 （"向下还原"按钮 ）和窗口"关闭"按钮 。
- **功能区**：功能区以选项卡的方式显示，其中存放了各种操作命令，若要执行功能区中的操作命令，只需选择对应的操作命令，或单击对应的操作按钮即可。

- **地址栏**：地址栏用于显示当前窗口文件在系统中的位置，其左侧包括"返回到"按钮←、"前进到"按钮→和"上移到"按钮↑，用于打开最近浏览过的窗口。
- **搜索栏**：搜索栏用于快速搜索计算机中的文件。
- **导航窗格**：单击导航窗格中的选项可快速切换或打开其他窗口。
- **窗口工作区**：窗口工作区用于显示当前窗口中存放的文件和文件夹内容。
- **状态栏**：状态栏用于显示当前窗口所包含项目的个数和项目的排列方式等。

2. **认识 Windows 10 对话框的组成**

对话框是一种特殊的窗口，用户可在对话框中通过选择某个选项来设置一定的效果。图 1-22 所示为 Windows 10 中的"文件资源管理器选项"对话框。

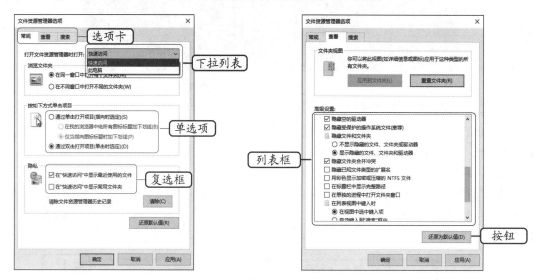

图 1-22　"文件资源管理器选项"对话框

- **选项卡**：对话框中一般有多个选项卡，通过单击选项卡可切换到不同的设置页。
- **下拉列表**：与列表框类似，只是将选项折叠起来，单击下拉按钮，将显示出所有的选项。
- **单选项**：单击选中单选项可以完成某项操作或功能的设置，单击选中单选项后，其前面的○标记将变为◉。
- **复选框**：其作用与单选项类似，当单击选中某个复选框后，复选框前面的□标记将变为☑。
- **列表框**：列表框在对话框中以矩形框显示，其中分别列出了多个选项。
- **按钮**：单击对话框中的按钮可以执行对应的功能，单击按钮也可打开相应对话框进行进一步设置。

三、任务实施

（一）管理文件与文件夹

在日常办公时，用户经常需要建立文件或文件夹，并对文件或文件夹进行管理，如新建、移动、复制、删除、重命名等。由于文件与文件夹的管理方法类似，因此这里只介绍文件夹的管理方法。下面在本地磁盘 F 盘

微课视频

管理文件与文件夹

中建立文件夹，并对其进行管理，具体操作如下。

（1）在桌面上将鼠标指针移至"此电脑"图标█上，快速且连续地按两次鼠标左键（双击），打开"此电脑"窗口。

（2）在左侧导航窗格中选择"本地磁盘（F:）"选项，在右侧的空白区域单击鼠标右键（右击），在弹出的快捷菜单中选择"新建"命令，在弹出的子菜单中选择"文件夹"命令，如图1-23所示。

（3）新建文件夹后，文件夹名称将呈蓝底白字显示，如图1-24所示，在其中修改文件夹名称后，按【Enter】键即可完成新建文件夹的操作。如果要修改已经命名的文件夹，则可选择需要重命名的文件夹，单击鼠标右键，在弹出的快捷菜单中选择"重命名"命令进行修改。

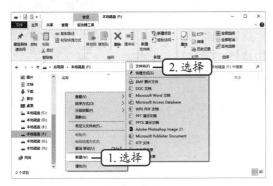

图1-23　新建文件夹

图1-24　重命名文件夹

> ### 文件类型及文件名
> 知识补充
>
> 　　文件是数据的表达方式，常见的文件类型包括文本文件、图片文件、音频文件、视频文件等。文件由文件图标和文件名称组成，文件图标会根据文件类型的变化而发生变化，文件名称分为文件名和扩展名，如WPS文档的扩展名为".wps"，WPS表格的扩展名为".et"，WPS演示的扩展名为".dps"等。

（4）双击新建的文件夹，在打开的窗口中使用同样的方法建立"素材文件"文件夹，然后选择"素材文件"文件夹，单击鼠标右键，在弹出的快捷菜单中选择"复制"命令，或按【Ctrl+C】组合键，复制该文件夹，如图1-25所示。

（5）单击鼠标右键，在弹出的快捷菜单中选择"粘贴"命令，或按【Ctrl+V】组合键，粘贴所复制的文件夹，如图1-26所示。然后将其重命名为"效果文件"。

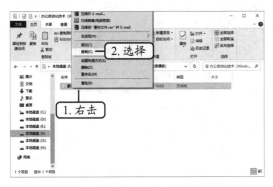

图1-25　复制文件夹

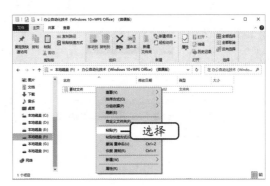

图1-26　粘贴文件夹

> **知识补充**
>
> ### 移动文件夹
>
> 移动文件夹的方法与复制文件夹的方法类似，只不过移动文件夹的操作会使文件夹的保存地址发生改变，且原地址中的文件夹将会消失。通过鼠标右键移动文件夹时，需要在弹出的快捷菜单中选择"剪切"命令；而通过组合键移动文件夹时，则需要按【Ctrl+X】组合键。

（二）在操作系统中设置个性化办公环境

微课视频

在操作系统中设置个性化办公环境

在办公时可根据需要设置个性化办公环境，如设置桌面背景、主题颜色、桌面图标等，具体操作如下。

（1）在桌面空白处单击鼠标右键，在弹出的快捷菜单中选择"个性化"命令，此时将自动打开"设置"窗口的"背景"选项卡，在右侧单击 浏览 按钮，打开"打开"对话框，在其中选择"项目一"文件夹中的"风景.jpg"图片（配套资源:\ 素材文件 \ 项目一 \ 风景.jpg），然后单击 选择图片 按钮，如图 1-27 所示。

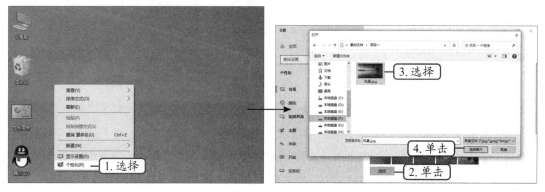

图 1-27 设置桌面背景

（2）返回"设置"窗口，在上方可预览更改背景后的效果，然后在"选择契合度"下拉列表中选择"适应"选项，如图 1-28 所示。

（3）在"设置"窗口左侧单击"颜色"选项卡，向下滑动鼠标滚轮，在"Windows 颜色"栏中选择"浅紫红色"色块，并在"在以下区域显示主题色"栏中单击选中"'开始'菜单、任务栏和操作中心""标题栏和窗口边框"复选框，如图 1-29 所示。

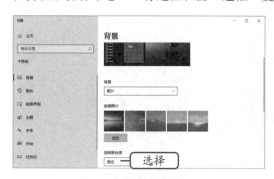

图 1-28 选择契合度

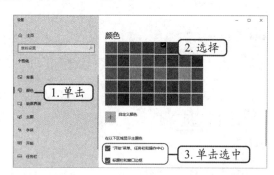

图 1-29 设置主题颜色

（4）在"设置"窗口左侧单击"主题"选项卡，向下滑动鼠标滚轮，在"相关的设置"

栏中单击"桌面图标设置"链接，打开"桌面图标设置"对话框，在下方的列表框中选择"此电脑"选项，然后单击 更改图标(H)... 按钮，如图1-30所示。

（5）打开"更改图标"对话框，在"从以下列表中选择一个图标"列表框中选择图1-31所示的图标后，单击 确定 按钮；或单击 浏览(B)... 按钮，打开"更改图标"对话框，在其中选择自己制作或下载的其他图标。

图1-30　选择需要更改图标的对象

图1-31　选择图标

（6）返回"桌面图标设置"对话框，单击 确定 按钮，返回桌面，查看更改"此电脑"图标后的效果。

（7）在桌面空白处单击鼠标右键，在弹出的快捷菜单中选择"查看"命令，在弹出的子菜单中选择"大图标"命令，调整图标的显示大小，如图1-32所示。

（8）再次单击鼠标右键，在弹出的快捷菜单中选择"排序方式"命令，在弹出的子菜单中选择"名称"命令，设置图标的排序方式，如图1-33所示。

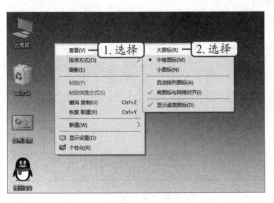

图1-32　调整图标的显示大小

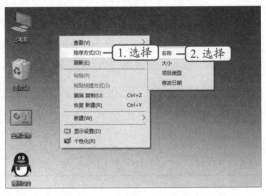

图1-33　设置图标的排序方式

实训一　认识常见的办公设备

【实训要求】

认识各种办公设备是进行自动化办公的基础，本实训要求根据图1-34所示的办公设备图片指出设备的名称，以进一步加深读者对常用办公设备的印象。

图1-34 办公设备

【实训思路】

在本实训中，首先要识别图1-34中的各种办公设备，然后再将对应的名称填写到表格中。

【步骤提示】

（1）识别图1-34中的各种办公设备，如果有不认识的，可以根据图中设备的细节在网络查询对应的设备。

（2）将图1-34中设备对应的名称填写到表1-1中。

表1-1 认识常见的办公设备

图片编号	设备名称	图片编号	设备名称	图片编号	设备名称
1		5		9	
2		6		10	
3		7		11	
4		8		12	

实训二 自定义桌面背景

【实训要求】

本实训要求自定义桌面背景，设置使自己满意的个性化办公环境。

【实训思路】

在本实训中，首先要将自己喜欢的图片保存在计算机中，然后再将其设置为桌面背景，并对桌面图标进行排列。

【步骤提示】

（1）将在网络上搜索到的喜欢的图片保存在计算机中，然后打开"设置"窗口，在其中将保存的图片设置为桌面背景，必要时还可以设置主题颜色等。

（2）按照自己的办公习惯设置桌面图标的大小和显示方式。

课后练习

1. 管理计算机中的办公文件

文件是企业的资源，对文件进行管理不仅可以集中存储企业的重要文件，避免文件放置错乱，还能帮助用户快速找到需要的文件资料，以便更好地开展工作。

在操作时，需要先在存储空间比较充足的本地磁盘中新建并重命名文件夹，然后将系统盘 C 盘中较大的文件移至新建的文件夹中（C 盘是比较重要的一个盘，平时最好不要随意将各种文件存入 C 盘，否则计算机运行速度会越来越慢），再对这些文件进行分类管理，最后将文件夹中的文件按大小排序。

2. 设置系统图标

在操作时，需要先打开"设置"窗口，在其中单击"主题"选项卡，在右侧单击"桌面图标设置"链接，打开"桌面图标设置"对话框，在下方的列表框中选择"网络"选项，然后单击 更改图标(H)... 按钮，在打开的对话框中重新为网络设置一个新图标，然后返回桌面，使桌面图标按照"项目类型"排序。

技能提升

1. 创建虚拟桌面

Windows 10 的虚拟桌面功能可以突破传统桌面只有一个桌面的限制，给用户更多的桌面使用空间，如果打开的窗口过多，那么用户就可以创建不同类型的桌面来存放这些窗口。创建虚拟桌面的方法是：单击任务栏中的"任务视图"按钮 ，进入"虚拟桌面"界面，在界面上方单击 + 新建桌面 按钮，系统将新建一个空白桌面，用户可在其中自定义打开的窗口或文件，如图 1-35 所示。

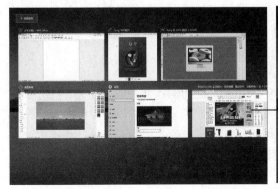

图 1-35　创建虚拟桌面

在"虚拟桌面"界面的新建桌面上单击鼠标右键，在弹出的快捷菜单中选择"重命名"命令可设置虚拟桌面的名称。另外，按【Win+Tab】组合键可展示并切换虚拟桌面；按【Win+Ctrl+D】组合键可创建新的虚拟桌面；按【Win+Ctrl+F4】组合键可删除虚拟桌面；按【Win+Ctrl+←】或【Win+Ctrl+→】组合键可切换虚拟桌面。

2. 使用 Windows 10 自带的截图工具截图

除了一些用于截图的专业软件外，Windows 10 也为用户提供了自带的截图工具，方便用户自由截取屏幕中的画面，其方法是：单击"开始"按钮Ⅲ，在打开菜单的软件下拉列表中选择"Windows 附件"选项，在打开的子列表中选择"截图工具"选项，或按【Win+Shift+S】组合键，打开截图功能。截图完成后，可按【Ctrl+V】组合键将截图粘贴至文档中。

3. 保存系统主题

自定义办公环境后，用户就可以将当前办公环境保存为系统主题，避免因系统出现问题而导致办公环境发生变化，且将当前办公环境保存为系统主题后，用户下次也可以直接在主题中选择已保存的主题选项。保存系统主题的方法是：在"设置"窗口左侧单击"主题"选项卡，在右侧单击 保存主题 按钮，打开"保存主题"对话框，在文本框内输入主题的名称后，单击 保存 按钮，如图 1-36 所示。

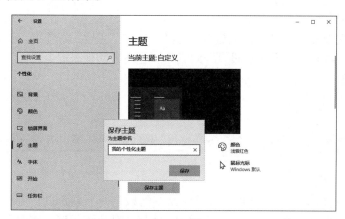

图 1-36　保存系统主题

4. 隐藏文件或文件夹

对于计算机中较重要或私密的文件或文件夹，用户可以将其设置为隐藏，当需要查看时再显示出来。隐藏文件或文件夹的方法为：选择需要隐藏的文件或文件夹，单击鼠标右键，在弹出的快捷菜单中选择"属性"命令，打开相应的"属性"对话框，单击选中"隐藏"复选框后，再单击 确定 按钮。当需要显示隐藏的文件或文件夹时，可在磁盘窗口功能区中单击"查看"选项卡，在其中单击选中"隐藏的项目"复选框。

5. 共享文件或文件夹

共享文件或文件夹可以让处于同一局域网内的用户都能访问该文件或文件夹，在办公中较常用。共享文件或文件夹的方法是：选择需要共享的文件或文件夹，单击鼠标右键，在弹出的快捷菜单中选择"属性"命令，打开相应的"属性"对话框，单击"共享"选项卡，再单击 共享(S)... 按钮，打开"网络访问"对话框，选择需要共享的用户后，单击 共享(H) 按钮。

项目二
制作并编辑 WPS 文档

情景导入

米拉入职公司已经一周，熟悉了基本的工作流程。由于公司在年底将要推出新产品，需要制作一份简单的介绍文档，老洪就将这个任务交给了米拉。另外，老洪还要求米拉先为公司组织的拓展活动制作一份"活动通知"文档。

米拉：老洪，"活动通知"文档我做完了，我发给您看一下吧。

老洪：行，你发给我吧。

老洪：我看了一下，内容没有什么大的差错，但格式不符合要求，如标题不突出、时间中的冒号用的是中文状态下的、段落间距不美观等。另外，为了便于文件在公司内部的各台计算机中传送、查看和编辑，公司统一使用的是 WPS Office 办公软件，所以今后的日常办公文档编辑均使用 WPS Office 办公软件。

米拉：我明白了，我会重新制作。

学习目标

- 掌握新建和保存文档的方法。
- 掌握设置文档格式的方法。
- 掌握设置文档页面的方法。
- 掌握打印文档的方法。

技能目标

- 能够运用各项编辑操作，使文档更加规范。
- 能够为段落添加项目符号、编号、边框和底纹等，使文档更加美观。
- 能够根据需求对页面大小、页边距和页面方向等进行设置。
- 能够将制作好的文档打印出来。

素质目标

- 养成独立思考与学习的能力，使办公技能得到提升。
- 树立一丝不苟、严谨、认真的工作态度。

任务一　制作"活动通知"文档

米拉得到老洪的反馈意见后，便马上开始在 WPS Office 中重新制作了一份"活动通知"文档，并设置了文本的字体格式和段落格式，为文本添加了项目符号、编号、边框和底纹等，最后还将其保存为 WPS Office 专用的文档格式。

一、任务目标

本任务将制作"活动通知"文档，主要用到的操作有新建并保存文档、输入并编辑文本、设置文本的字体格式和段落格式等，使制作的文档更符合日常办公的需求。通过本任务的学习，读者可以掌握文档的编辑方法，从而制作出主旨明确、内容规范的文档。本任务的最终效果如图 2-1 所示（配套资源:\ 效果文件 \ 项目二 \ 活动通知 .wps）。

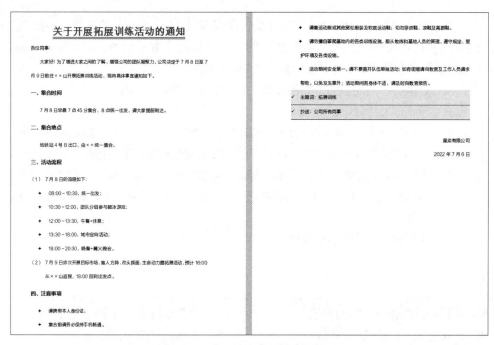

图 2-1　"活动通知"文档最终效果

二、相关知识

WPS Office 是一款国产办公软件，包含办公常用的文字、表格、演示、PDF 阅读等多种功能，具有内存占用少、运行速度快、云功能多、免费提供在线存储空间等优点。首先来认识 WPS 文字的操作界面、了解自定义 WPS 文字的操作界面的方法、掌握选择文本的方法，以及熟悉制作 WPS 文档时常用的"开始"选项卡中的各按钮的作用。

（一）认识 WPS 文字的操作界面

在桌面上双击"WPS Office"图标，就可以启动并打开 WPS Office 首页，新建文档后，就会进入 WPS 文字的操作界面，如图 2-2 所示。其主要由标题栏、"文件"按钮、快速访问工具栏、选项卡、功能区、搜索框、控制按钮、文档编辑区和状态栏等部分组成。

- **标题栏：** 从左至右依次是"首页"选项卡、"稻壳"选项卡和文档区，其中，"首页"选项卡用于管理所有文档，包括最近打开的文档、计算机中的文档、云文档等；

"稻壳"选项卡用于提供一些制作文档需要的模板，以及图片、字体、图标等素材；文档区可以查看已经打开的所有文档，如果打开的文档较多，则可以单击某个文件标签，切换到相应的文档编辑窗口。

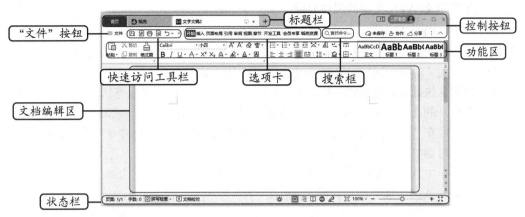

图 2-2　WPS 文字的操作界面

● **"文件"按钮**：该按钮为用户提供了"新建""打开""保存""另存为""输出为 PDF""输出为图片""打印""分享文档""文档加密""备份与恢复""文档定稿""帮助""选项""退出"等操作选项，用户可以通过单击该按钮进行相应的操作。

● **快速访问工具栏**：快速访问工具栏用于放置一些常用的操作按钮，默认有"保存""输出为 PDF""打印""打印预览""撤销""恢复""自定义快速访问工具栏"等按钮。

● **选项卡**：选项卡位于标题栏下方，包括"开始"选项卡、"插入"选项卡、"页面布局"选项卡、"引用"选项卡、"审阅"选项卡、"视图"选项卡、"章节"选项卡、"开发工具"选项卡、"会员专享"选项卡、"稻壳资源"选项卡，用户可根据需求自行选择选项卡中功能区的各项工具来完成文档的制作。

● **功能区**：选项卡与功能区是对应的关系，单击某个选项卡便可展开相应的功能区。有的按钮右侧还会显示一个对话框启动器按钮 ⌐，单击该按钮可打开相关的对话框或任务窗格，用户可在其中进行更详细的设置。

● **搜索框**：搜索框位于选项卡的右侧，用户可通过搜索框快速搜索需要执行的操作命令，还可以选择获取有关查找内容的模板或帮助，或者是查看搜索内容的操作技巧。

● **控制按钮**：控制按钮位于操作界面的右上角，包括"WPS 随行"按钮 2⎯（用于显示当前窗口中文件标签的数量）、⎯立即登录⎯按钮、"最小化"按钮━、"最大化"按钮▢（"向下还原"按钮 ⊡）、"关闭"按钮✗、"同步"按钮 ⟳（表格未保存时显示为"未保存"）、"协作"按钮 ⟲、"分享"按钮 ⟱、"更多操作"按钮⋮和"隐藏功能区"按钮⌃。

● **文档编辑区**：文档编辑区是用于输入和编辑文本的区域。文档编辑区中有一个不断闪烁的竖线光标"|"，即"文本插入点"，用于定位文本的输入位置。在文档编辑区的右侧和底部还有垂直滚动条和水平滚动条，当窗口缩小或文档编辑区不能完全显示所有文档内容时，就可通过拖曳滚动条中的滑块来使内容显示出来。

- **状态栏**：状态栏位于操作界面底端，左侧显示了文档的页数、总页数和字数，并且可执行开启或关闭"拼写检查"和"文档校对"功能；右侧显示了文档的多个视图按钮和视图显示比例调整工具，单击相应的视图按钮，就可快速切换到对应的视图。

（二）自定义 WPS 文字的操作界面

WPS 文字的操作界面并不固定，用户可以根据日常工作需求或使用习惯自定义 WPS 文字的操作界面，使操作更加方便。自定义 WPS 文字的操作界面时主要可通过自定义快速访问工具栏、自定义功能区和自定义状态栏 3 个部分来实现。

- **自定义快速访问工具栏**：单击快速访问工具栏中的"自定义快速访问工具栏"按钮，在打开的下拉列表中选择相应的选项，可将选项对应的按钮添加到快速访问工具栏中，或在"自定义快速访问工具栏"下拉列表中选择"其他命令"选项，打开"选项"对话框，单击"快速访问工具栏"选项卡，在右侧的"从下列位置选择命令"列表框中选择某个选项，再单击 添加(A) >> 按钮，可将其添加到"当前显示的选项"列表框中，依次添加完成后，单击 确定 按钮，即可将该选项对应的按钮添加至快速访问工具栏中。

- **自定义功能区**：在"选项"对话框中单击"自定义功能区"选项卡，在右侧的"自定义功能区"列表框中取消选中某个选项卡对应的复选框，便可在操作界面中不显示该选项卡及选项卡对应的功能区。另外，也可以根据实际需求自定义功能区，其方法是：单击 新建选项卡(W) 按钮，在当前所选选项卡下方新建一个选项卡，并在其下默认新建一个组，单击 重命名(M)... 按钮，对新建的选项卡或组命名，然后在"从下列位置选择命令"列表框中选择相应的选项，单击 添加(A) >> 按钮，将选择的选项添加到所选的组中，再单击 确定 按钮，即可将新建的选项卡添加到操作界面中。

- **自定义状态栏**：在状态栏的空白区域处单击鼠标右键，在弹出的快捷菜单中选择或取消选择相应的命令，即可自定义状态栏中的显示内容。

（三）选择文本

当用户需要对文档中的部分内容进行修改、复制和删除等操作时，首先应该确定编辑对象，即先选择需要编辑的文本。选择文本有以下 9 种方法。

- 将鼠标指针移至文本编辑区中，当鼠标指针变成"I"形状时，在要选择文本的起始位置处按住鼠标左键不放，拖曳至目标位置处并释放鼠标左键，使起始位置和目标位置之间的文本被选中。
- 在文本中任意位置处双击，可选择文本插入点所在位置的单字或词组。
- 在文本中单击 3 次鼠标，可选择文本插入点所在的整段文本。
- 将文本插入点定位至需要选择文本的起始位置，按住【Shift】键不放并在目标位置处单击，可选择起始位置和目标位置之间的文本。
- 按住【Ctrl】键不放的同时单击某句文本的任意位置，可选择该句文本。
- 将鼠标指针移至文本中任意行的左侧，当鼠标指针变为"⤢"形状时，单击可选择该行文本，双击可选中该段文本。
- 按住鼠标左键不放并向上或向下拖曳可选择连续的多行文本。
- 选择部分文本后，按住【Ctrl】键不放可继续选择其他文本，选择的文本可以是连续的，也可以是不连续的。
- 将文本插入点定位至文档中的任意位置，按【Ctrl+A】组合键可选择整篇文档。

（四）认识"开始"选项卡

"开始"选项卡集合了日常工作中常用的一些命令，如复制、粘贴、设置字体格式等都可以在"开始"选项卡中实现。下面介绍"开始"选项卡中各按钮的作用。

- **粘贴**🗒：将剪贴板中的内容移动或复制到当前文本插入点所在处。
- **剪切**✂：将文档中的内容转移到剪贴板中暂存，再将剪贴板中暂存的内容转移到文档的其他位置或其他文档中，原区域中的内容在进行剪切操作后消失。
- **复制**🗇：将文档中的内容暂存在剪贴板中，再将剪贴板中暂存的内容复制到文档的其他位置或其他文档中，原区域中的内容在进行复制操作后保持不变。
- **格式刷**📋：将某一文本的格式复制到另一文本中。
- **字体**宋体：为文本设置新字体。
- **字号**小四：为文本设置字号。
- **增大字号**A⁺：增大所选文本的字号。
- **减小字号**A⁻：减小所选文本的字号。
- **清除格式**◇：清除所选文本的所有格式，只留下普通、无格式的文本。
- **拼音指南**嘤：在所选文本上方添加拼音文字以标明其发音。
- **加粗B**：使所选文本加粗显示。
- **倾斜*I***：使所选文本倾斜。
- **下画线**U：在所选文本的下方增加一条下画线。
- **删除线**A：在文本中间画一条线表示删除。
- **上标**X²：在文本行上方创建小字符。
- **下标**X₂：在文字基线下方创建小字符。
- **文字效果**A：通过应用文字效果（如阴影或发光）来为文本添加视觉效果。
- **突出显示**✎：给文字加上颜色底纹以凸显文字内容。
- **字体颜色**A：更改所选文本的字体颜色。
- **字符底纹**Ⓐ：为所选文本添加灰色底纹。
- **插入项目符号**⅜：为所选文本段前添加方形、圆形或菱形样式的符号。
- **编号**⅜：使所选文本自动编号。
- **减少缩进量**≡：减小段落的缩进级别。
- **增加缩进量**≡：增大段落的缩进级别。
- **中文版式**⋊：自定义中文或混合文字的版式。
- **排序**↓：按字母顺序或数字顺序排列当前所选内容。
- **显示 / 隐藏编辑标记**↵：显示段落标记和其他隐藏的格式符号。
- **制表位**⊓：通过对水平标尺的设置，调整文本在输入时的位置，达到对齐文字、符号的效果。
- **左对齐**≡：使文本内容靠左对齐。
- **居中对齐**≡：使文本内容居中对齐。
- **右对齐**≡：使文本内容靠右对齐。
- **两端对齐**≣：使文本的左右两端对齐。
- **分散对齐**≝：使文本的左右两端与页边距对齐，当文本不满一行时会自动通过增大字符间距来使文本两端对齐。

- 　**行距**≡：增大或减小行与行、段落与段落之间的距离。
- 　**底纹颜色**▲：为所选内容添加底纹颜色。
- 　**边框**⊞：为所选内容添加或删除边框。
- 　**"样式"列表框**：提供了多种WPS文字内置的文本样式，为文本应用样式后，可以快速更改文本的字体、字号、字体颜色、段落间距及是否加粗显示等。
- 　**文字排版**≡：对文档进行智能排版。
- 　**查找替换**🔍：对文档中的内容进行查找、替换和定位。
- 　**选择**➤：选择文档中的文本、表格或对象。

三、任务实施

（一）新建并保存文档

打开WPS Office后，系统不会自动新建文档，因此需要用户在"新建"界面选择需要建立的文档模板，再将其保存在计算机中。下面新建空白文档，并将其以"活动通知"为名保存在计算机中，其具体操作如下。

微课视频
新建并保存文档

（1）启动WPS Office，进入"首页"界面，单击"新建"按钮➕，进入"新建"界面，然后在左侧单击"新建文字"选项卡，在右侧选择"新建空白文字"选项，如图2-3所示。

（2）系统将自动新建以"文字文稿1"为名的空白文档，然后单击≡文件按钮，在打开的下拉列表中选择"保存"选项（"另存为"选项用于保存已经保存过的文档，使该文档独立于源文档存在），打开"另存文件"对话框，在其中设置好文件的保存位置后，在"文件名"下拉列表框中输入"活动通知"文本，在"文件类型"下拉列表中选择"WPS文字 文件(*.wps)"选项，最后单击 保存(S) 按钮保存文档，如图2-4所示。

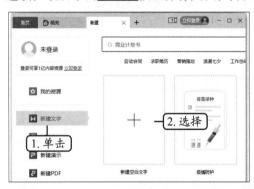

图2-3　新建文档

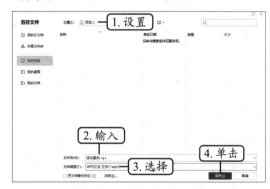

图2-4　保存文档

知识补充

根据模板新建文档

WPS文字提供了一些常用的文档模板，用户可以根据模板新建有内容或格式的文档，从而提高文档的制作效率。根据模板新建文档的方法为：登录WPS账号后，在"新建"界面左侧单击"新建文字"选项卡，在右侧单击代表文档类型的选项卡（如劳动合同、营销策划、工作总结等），下方的列表框中将显示多个模板，在需要的模板上单击 ▲稻壳会员免费 按钮或 购买模板 按钮，便可新建带内容或格式的文档。

（二）输入文本

微课视频

输入文本

新建文档后，即可在文档中输入内容，制作文档。下面在"活动通知.wps"文档中输入文本，其具体操作如下。

（1）切换至中文输入法，将文本插入点定位至文本编辑区上方的中间位置，当鼠标指针变成I形状时，双击鼠标以定位文本插入点，然后输入"关于开展拓展训练活动的通知"文本，如图 2-5 所示。

（2）按【Enter】键换行，再单击"开始"选项卡中的"左对齐"按钮☰，使接下来的文本左对齐，如图 2-6 所示。

（3）单击"插入"选项卡中"对象"按钮⊙右侧的下拉按钮▾，在打开的下拉列表中选择"文件中的文字"选项，打开"插入文件"对话框，在"文件类型"下拉列表中选择"所有文件（*.*）"选项，然后在"项目二"文件夹中选择"活动通知.txt"文档（配套资源:\素材文件\项目二\活动通知.txt），并单击 打开(O) 按钮，如图 2-7 所示。

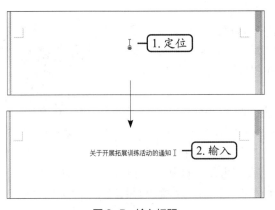

图 2-5 输入标题

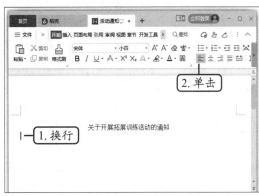

图 2-6 设置文本

图 2-7 插入文件中的文字

（4）将文本插入点定位至"星染有限公司"文本下方，单击"插入"选项卡中的"日期"按钮🗓，打开"日期和时间"对话框，在"可用格式"列表框中选择"2022 年 7 月 6 日"选项，然后单击 确定 按钮，如图 2-8 所示。

（5）返回文档后，可发现文本插入点处已插入所选格式的日期，如图 2-9 所示。

图2-8 选择日期格式

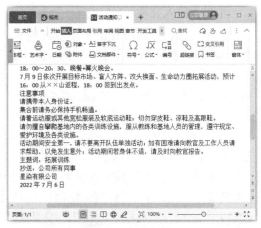

图2-9 插入日期

（三）查找和替换文本

当需要查看文档中多次出现的文本时，用户可以使用 WPS 文字提供的查找功能；当需要修改文档中多次出现的相同文本时，可通过替换功能批量替换，提高文档编辑效率。下面查找和替换"活动通知 .wps"文档中的部分内容，其具体操作如下。

微课视频

查找和替换文本

（1）单击"开始"选项卡中"查找替换"按钮 Q 下方的下拉按钮▾，在打开的下拉列表中选择"查找"选项，如图 2-10 所示。

（2）打开"查找和替换"对话框，在"查找"选项卡中的"查找内容"下拉列表框中输入中文状态下的"："符号，然后单击 突出显示查找内容(R)▾ 按钮，在打开的下拉列表中选择"全部突出显示"选项，如图 2-11 所示，文档中将以黄色底纹突出显示查找到的文本内容。

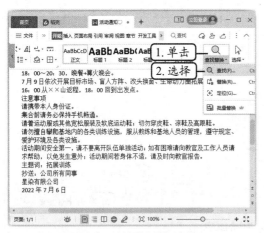

图2-10 选择"查找"选项

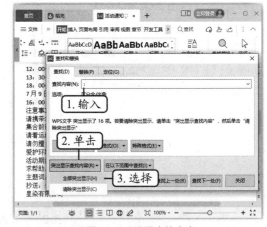

图2-11 设置查找内容

（3）单击 关闭 按钮关闭对话框，然后选择"7月8日的流程如下："下方的7行文本，按【Ctrl+H】组合键，打开"查找和替换"对话框的"替换"选项卡，在"查找内容"下拉列表框中输入中文状态下的"："符号，在"替换为"下拉列表框中输入英文状态下的"："符号，然后单击 全部替换(A) 按钮，如图 2-12 所示。

（4）系统将打开显示替换次数的提示对话框，然后单击 取消 按钮，不替换文档中的其他部分，如图 2-13 所示。

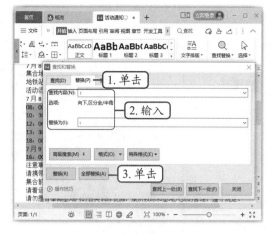

图 2-12　查找和替换设置

图 2-13　取消替换其他部分

查找和替换格式

在"替换"选项卡中单击 格式(O) 按钮，在打开的下拉列表中选择"字体"或"段落"选项，打开"查找字体"或"查找段落"对话框，在其中设置要查找和替换的字体格式或段落格式等；单击 特殊格式(E) 按钮，在打开的下拉列表中选择相应的特殊格式选项后，系统会自动将所选格式的代码输入"查找内容"或"替换为"下拉列表框中，从而进行段落标记、分栏符等特殊格式的替换。

（5）打开"WPS 文字"对话框，单击 确定 按钮，返回"查找和替换"对话框，在其中单击 关闭 按钮，返回文档查看替换后的效果。

（四）设置字体格式与段落格式

为了使文档更加规范，文档内容便于阅读，用户还需要设置文档的字体格式和段落格式。下面在"活动通知.wps"文档中设置文本的字体格式与段落格式，其具体操作如下。

（1）选择"关于开展拓展训练活动的通知"文本，在"开始"选项卡的"字体"下拉列表中选择"方正兰亭细黑"选项，在"字号"下拉列表中选择"小一"选项，然后单击该选项卡中的"加粗"按钮**B**，使文本加粗显示，接着单击该选项卡中"字体颜色"按钮**A**右侧的下拉按钮▾，在打开的下拉列表中选择"标准色"栏中的"红色"选项，如图 2-14 所示。

（2）保持文本的选择状态，单击"开始"选项卡中"下画线"按钮U右侧的下拉按钮▾，在打开的下拉列表中选择第二种样式，如图 2-15 所示。

（3）使用同样的方法将其余文本的字体格式设置为"方正兰亭细黑简体、五号"，然后按住【Ctrl】键，同时选择"集合时间""集合地点""活动流程""注意事项"文本，更改其字号为"小四"，并加粗显示。

（4）按【Ctrl+A】组合键全选文本，单击"开始"选项卡中的"行距"按钮‡亖，在打开的下拉列表中选择"1.5"选项，如图 2-16 所示。

（5）选择"各位同事："文本下方的所有文本，单击"开始"选项卡中"边框"⊞右侧的对话框启动器按钮⌐，打开"段落"对话框，在"缩进和间距"选项卡的"特殊格式"下拉列表中选择"首行缩进"选项，然后单击 确定 按钮，如图2-17所示。

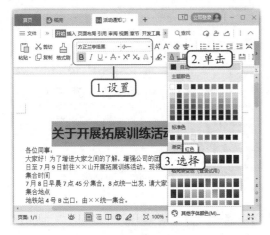

图2-14 设置字体格式

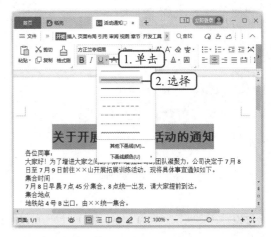

图2-15 添加下画线

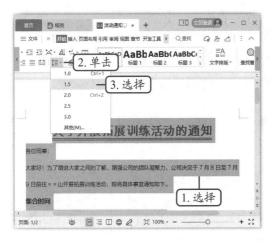

图2-16 设置行距

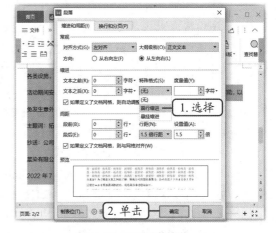

图2-17 设置段落缩进

（6）选择最后两段文本，设置其"对齐方式"为"右对齐"。

（五）添加项目符号和编号

WPS文字提供了多种内置的项目符号和编号，如果不能满足实际需求，用户也可选择自定义项目符号和编号。下面为"活动通知.wps"文档中的部分内容添加自定义的项目符号和编号，其具体操作如下。

（1）按住【Ctrl】键，同时选择"集合时间""集合地点""活动流程""注意事项"文本，在"段落"对话框中设置"段前""段后"均为"0.5"，然后单击"开始"选项卡中"编号"按钮☱右侧的下拉按钮▾，在打开的下拉列表中选择"自定义编号"选项，如图2-18所示。

（2）打开"项目符号和编号"对话框，在"编号"选项卡下方的列表框中选择第二个选项，然后单击 自定义(M)... 按钮，如图2-19所示。

（3）打开"自定义编号列表"对话框，单击 字体(F)... 按钮，打开"字体"对话框，在"中文字体"

微课视频

添加项目符号和编号

下拉列表中选择"方正兰亭细黑简体"选项，在"字形"下拉列表中选择"加粗"选项，在"字号"下拉列表中选择"小四"选项，然后单击 ████ 按钮，如图 2-20 所示。

（4）返回"自定义编号列表"对话框，单击 ████ 按钮，展开对话框，在"编号位置"栏中的"对齐位置"数值框中输入"0"，然后单击 ████ 按钮，如图 2-21 所示。

图 2-18　选择"自定义编号"选项

图 2-19　选择编号样式

图 2-20　设置编号字体

图 2-21　设置编号位置

（5）返回文档后，可查看添加编号后的效果，然后使用同样的方法为 7 月 8 日的流程和 7 月 9 日的流程的相关文本添加"（1）（2）（3）…"样式的编号。在操作时，需要在"自定义编号列表"对话框中将"编号格式"文本框中原有的半角符号"()"更改为全角符号"（）"，并在"文字位置"栏中设置"缩进位置"为"1.2"。

（6）选择"（1）7 月 8 日的流程如下："下方的 5 个段落，单击"开始"选项卡中"插入项目符号"按钮 ≡ 右侧的下拉按钮 ▾，在打开的下拉列表中选择"自定义项目符号"选项。

（7）打开"项目符号和编号"对话框，选择任意一个项目符号后，单击 ████ 按钮，打开"自定义项目符号列表"对话框，在其中单击 ████ 按钮，打开"符号"对话框。

（8）单击"符号"选项卡，在"字体"下拉列表中选择"Wingdings 2"选项，在下方的列表框中选择"◆"选项，并单击 ████ 按钮，如图 2-22 所示。

（9）返回"自定义项目符号列表"对话框，在"项目符号位置"栏中的"缩进位置"

数值框中输入"0.6"，然后单击 [确定] 按钮，如图 2-23 所示。返回文档后，可查看添加项目符号后的效果。

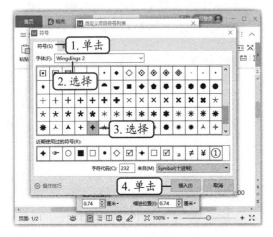

图 2-22　选择符号

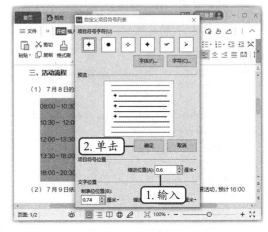

图 2-23　设置项目符号缩进

（10）将文本插入点定位至添加了项目符号的段落中，单击"开始"选项卡中的"格式刷"按钮 ，当鼠标指针变成 形状时，拖曳选择"四、注意事项"下方的 5 段文本，为其应用同样的项目符号。

（六）添加边框和底纹

为了突出文档中的重点内容，用户可以为其添加需要的边框和底纹，以达到突出显示的目的。下面为"活动通知.wps"文档中的部分内容添加边框和底纹，其具体操作如下。

微课视频

添加边框和底纹

（1）选择"主题词"和"抄送"所在的段落，单击"开始"选项卡中"边框"按钮 右侧的下拉按钮 ，在打开的下拉列表中选择"边框和底纹"选项，如图 2-24 所示。

（2）打开"边框和底纹"对话框，在"边框"选项卡中的"设置"栏中选择"自定义"选项，在"颜色"下拉列表中选择"黑色，文本 1"选项，在"宽度"下拉列表中选择"0.75 磅"选项，然后在"预览"栏中分别单击 按钮和 按钮，如图 2-25 所示。

图 2-24　选择"边框和底纹"选项

图 2-25　自定义边框

（3）单击"底纹"选项卡，在"填充"下拉列表中选择"白色，背景1，深色5%"选项，然后单击 确定 按钮，如图2-26所示。

（4）返回文档后，可查看添加边框和底纹后的效果，然后使边框与落款留有一行的空格，如图2-27所示。至此，完成本任务的制作。

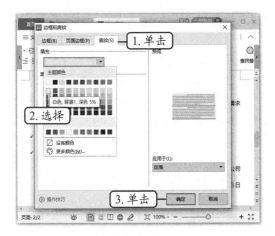

图2-26 设置底纹

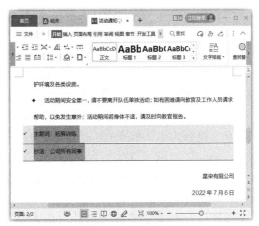

图2-27 查看效果

任务二 制作"产品介绍"文档

公司最近研发出了一款多功能电视机，经过多次检验后，已经达到可以批量生产的标准。为了增加销量，老洪要求米拉制作一份"产品介绍"文档，要求包含产品的名称及各项特点，并通过设置页面布局等方法使文档看起来美观。

一、任务目标

本任务将制作"产品介绍"文档，主要用到的操作有设置页面大小和纸张方向、自定义页边距、分栏排版、设置页面颜色及打印文档等。通过本任务的学习，读者可以掌握文档页面的设置方法及打印的相关操作。本任务的最终效果如图2-28所示（配套资源:\效果文件\项目二\产品介绍.wps）。

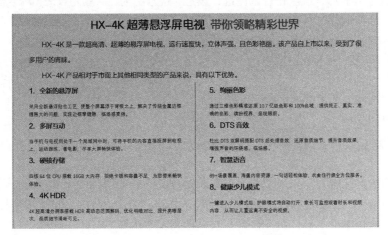

图2-28 "产品介绍"文档最终效果

二、相关知识

文档的形式非常多样化，可以是简单的文字描述，也可以是图片和文字描述的结合。用户在制作文档时，应熟悉设置文档页面布局、设置页面颜色及打印文档的相关操作。

（一）设置文档页面布局

文档页面布局主要包括三大板块，分别是页边距、纸张方向和纸张大小，其主要作用是改变页面的大小和规划工作区域。

- **页边距**：页边距是指页面边缘到工作区域的距离，页边距分为上、下、左、右4个方向，如果文档页数较多，需要装订的话，就可通过设置页边距来预留装订空间。
- **纸张方向**：纸张方向是指页面的方向，分为横向和纵向两种。WPS文字默认的纸张方向是纵向，但也可以根据需求将纸张方向调整为横向。
- **纸张大小**：纸张大小是指纸张的大小规格，用户可以根据文档内容的多少或打印机的型号来设置纸张大小。WPS文字内置了多种不同规格的纸张大小，默认的纸张大小为A4，如果不能满足实际需求，用户也可以根据需求自定义纸张大小。

（二）设置页面颜色

WPS文字默认的背景颜色是白色，为了使文档页面效果更加美观，用户可以通过设置页面颜色来改变文档的整体效果，主要有以下几种填充方式。

- **纯色填充**：纯色填充是指使用一种颜色对页面背景进行填充，其方法为单击"页面布局"选项卡中的"背景"按钮，在打开的下拉列表中选择需要填充的颜色。
- **渐变填充**：渐变填充是指使用两种或两种以上的颜色进行填充，其方法为在"背景"下拉列表中选择"渐变填充"栏中的任意一个颜色；或在"背景"下拉列表中选择"其他背景"选项，在打开的子列表中选择"渐变"选项，打开"填充效果"对话框，在"渐变"选项卡的"颜色"栏中设置渐变颜色，在"透明度"栏中设置渐变颜色的透明度，在"底纹样式"栏中设置渐变样式，在"变形"栏中设置渐变的变形效果。
- **纹理填充**：纹理填充是指使用WPS文字提供的一些纹理样式进行填充，其方法为在"填充效果"对话框中单击"纹理"选项卡，在"纹理"列表框中选择需要的纹理样式，或单击 其它纹理(O)... 按钮，选择保存在计算机中的其他纹理样式。
- **图案填充**：图案填充是指使用WPS文字提供的一些图案样式进行填充，也可根据需求对图案的前景色和背景色进行设置，其方法为在"填充效果"对话框中单击"图案"选项卡，在其中选择需要的图案样式后，在"前景"下拉列表和"背景"下拉列表中分别设置图案的前景色和背景色。
- **图片填充**：图片填充是指使用计算机中保存的图片进行填充，其方法为在"填充效果"对话框中单击"图片"选项卡，单击 选择图片(L)... 按钮，在打开的"选择图片"对话框中选择需要填充的图片。

（三）打印文档

打印文档时，可能会有不同的打印要求，如打印指定区域、双面打印、反片打印、打印到文件等。

- **打印指定区域**：如果文档的页数较多，有些内容需要打印出来，而有些内容不需要打印出来，那么可以在"打印"对话框中自定义打印范围，其方法是打开需要打印的文档，单击 ≡ 文件 按钮，在打开的下拉列表中选择"打印"选项，打开"打印"对话框，在"页码范围"栏中自定义打印页码范围。

- **双面打印**：双面打印是指在纸的两面都进行打印，其方法是在"打印"对话框的"打印"下拉列表中先选择"奇数页"选项，等打印完成后，再将纸按照顺序放回纸盒内，并在"打印"下拉列表中选择"偶数页"选项（如今很多打印机支持直接双面打印）。使用双面打印，不仅可以降低纸张厚度，方便携带，还可以减少耗材，践行低碳生活。

- **反片打印**：反片打印是 WPS 提供的一种特殊的打印方式，可以镜像显示文档，满足特殊排版印刷的需求，被广泛应用于印刷行业，但这种打印方式通常需要专业的打印机才能实现。反片打印的方法是：在"打印"对话框中选择打印的范围后，单击选中"反片打印"复选框，再执行打印操作。

- **打印到文件**：打印到文件是指内容不会打印到纸张上，而是将其作为一个文件输出保存在计算机中，其方法是在"打印"对话框中选择打印的范围后，单击选中"打印到文件"复选框，然后执行打印操作。

三、任务实施

（一）设置文档页面布局

微课视频

设置文档页面布局

在制作"产品介绍"文档前，需要根据内容的多少确定页边距、页面大小和纸张方向，灵活排版。下面设置"产品介绍.wps"文档的页面布局，其具体操作如下。

（1）打开"产品介绍.wps"文档（配套资源:\ 素材文件 \ 项目二 \ 产品介绍.wps），单击"页面布局"选项卡中的"页边距"按钮，在打开的下拉列表中选择"窄"选项，如图 2-29 所示。

（2）单击"页面布局"选项卡中的"纸张方向"按钮，在打开的下拉列表中选择"横向"选项，如图 2-30 所示。

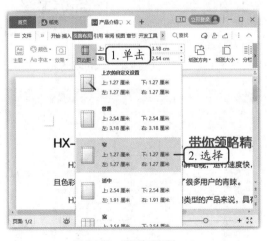

图 2-29　设置页边距

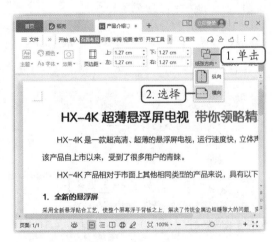

图 2-30　设置纸张方向

（3）单击"页面布局"选项卡中的"纸张大小"按钮，在打开的下拉列表中选择"其他页面大小"选项，打开"页面设置"对话框，单击"纸张"选项卡，在"纸张大小"栏的"宽度"数值框中输入"28"，在"高度"数值框中输入"19"，然后单击 **确定** 按钮，如图 2-31 所示。

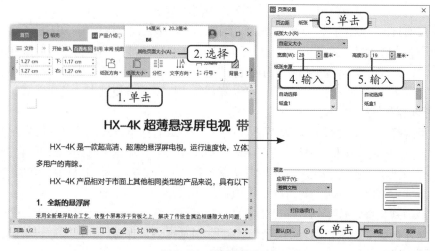

图 2-31　设置纸张大小

（二）分栏排版文档

　　分栏是指按实际排版需求将页面内容分成若干个板块，从而使整个页面布局显得错落有致，使阅读更加方便。下面对"产品介绍.wps"文档中的内容进行分栏排版，其具体操作如下。

微课视频

分栏排版文档

　　（1）选择好要排版的内容后，单击"页面布局"选项卡中的"分栏"按钮，在打开的下拉列表中选择"更多分栏"选项，如图 2-32 所示。

　　（2）打开"分栏"对话框，在"预设"栏中选择"两栏"选项，在"宽度和间距"栏中的"间距"数值框中输入"5"，并单击选中"分隔线"复选框，然后单击 确定 按钮，如图 2-33 所示。返回文档后，可查看分栏后的效果。

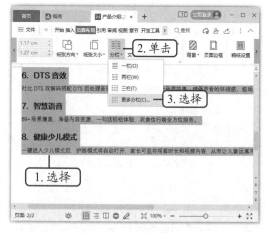

图 2-32　选择"更多分栏"选项

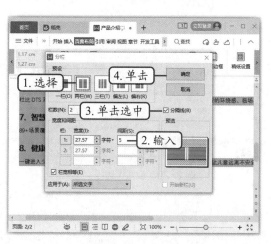

图 2-33　设置分栏

（三）设置页面背景

在制作文档时，用户可以根据需求对文档的页面背景进行设置，如添加页面填充色及页面边框等，使文档的整体效果更加美观。下面设置"产品介绍.wps"文档的页面背景，其具体操作如下。

（1）单击"页面布局"选项卡中的"背景"按钮，在打开的下拉列表中选择"其他背景"选项，在打开的子列表中选择"渐变"选项，如图2-34所示。

（2）打开"填充效果"对话框，在"渐变"选项卡中的"颜色"栏中单击选中"双色"单选项，在"颜色1"下拉列表中选择"暗板岩蓝，文本2，浅色60%"选项，在"颜色2"下拉列表中选择"印度红，着色2，浅色60%"选项，在"透明度"栏中的"从"数值框中输入"30%"，在"到"数值框中输入"60%"，在"底纹样式"栏中单击选中"斜上"单选项，然后单击 确定 按钮，如图2-35所示。

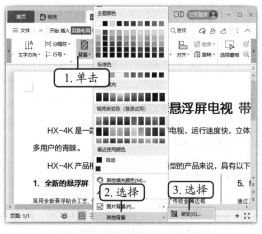

图2-34　选择"渐变"选项

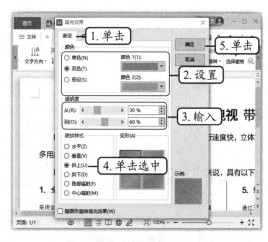

图2-35　设置渐变填充

（3）单击"页面布局"选项卡中的"页面边框"按钮，打开"边框和底纹"对话框，在"页面边框"选项卡中的"线型"列表框中选择倒数第5种样式，在"颜色"下拉列表中选择"暗板岩蓝，文本2，浅色60%"选项，然后单击 选项(O)... 按钮，如图2-36所示。

（4）打开"边框和底纹选项"对话框，在"度量依据"下拉列表中选择"页边"选项，在"距正文"栏的"上""下""左""右"数值框中均输入"0"，然后单击 确定 按钮，如图2-37所示。

（5）返回"边框和底纹"对话框，单击 确定 按钮。返回文档，查看添加页面边框后的效果。

（四）打印文档

由于"产品介绍"文档主要的受众是大众消费者，所以当文档制作完成后，还需要将其打印到纸张上。下面打印制作完成的"产品介绍.wps"文档，其具体操作如下。

（1）单击 ≡文件 按钮，在打开的下拉列表中选择"打印"选项，在打开的子列表中选择"打印预览"选项，如图2-38所示。

（2）进入"打印预览"界面，设置连接的打印机，并在"份数"数值框中输入"50"，如图2-39所示。

图 2-36　设置边框

图 2-37　设置边框选项

图 2-38　选择"打印预览"选项

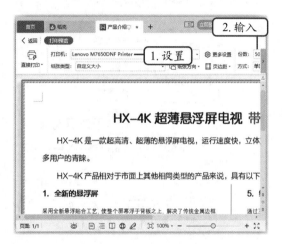

图 2-39　设置打印机和打印份数

（3）预览效果时，发现之前设置的背景没有显示出来，因此需要单击"更多设置"按钮⚙，打开"打印"对话框，在其中单击 选项(O)... 按钮，打开"选项"对话框，在"打印文档的附加信息"栏中单击选中"打印背景色和图像"复选框，然后单击 确定 按钮，如图 2-40 所示。

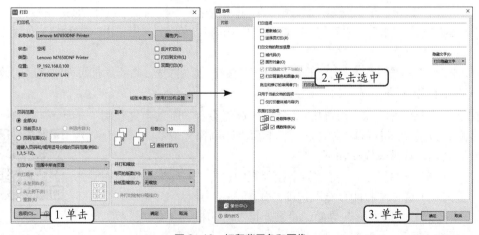

图 2-40　打印背景色和图像

（4）返回"打印"对话框，单击 确定 按钮，开始打印文档。

实训一 制作"会议纪要"文档

【实训要求】

会议纪要是在会议记录的基础上，经过一系列的加工和整理而成的一种记叙性和介绍性的文件。会议纪要主要包括会议的基本情况和主要内容，便于在会后能及时、准确地向上级汇报或向有关人员传达及分发。会议纪要一般要求会议程序清楚、目的明确、中心突出、概括准确、层次分明和语言简练。本实训要求制作"会议纪要"文档，便于后期使用，参考效果如图 2-41 所示（配套资源 :\ 效果文件 \ 项目二 \ 会议纪要 .wps）。

微课视频

制作"会议纪要"文档

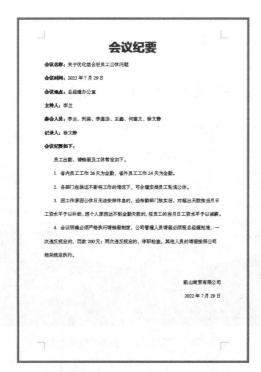

图 2-41 "会议纪要"文档参考效果

【实训思路】

在本实训中，首先要新建并保存"会议纪要 .wps"空白文档，然后插入"会议纪要 .txt"文档(配套资源 :\ 素材文件 \ 项目二 \ 会议纪要 .txt)中的内容，并对文档的基本格式进行设置，为文档中的部分段落添加需要的编号，最后为文档添加合适的边框。

【步骤提示】

（1）新建并保存"会议纪要 .wps"空白文档，单击"插入"选项卡中"对象"按钮 ，将"会议纪要 .txt"文档中的内容插入其中。

（2）分别设置标题和正文的字体格式，并将文档的"行距"设置为"1.5"，正文首行缩进显示，最后两个段落右对齐。

（3）加粗显示部分文本，并为"员工出勤、请销假及工休暂定如下。"文本下方的 4 个段落设置"1. 2. 3. ..."样式的编号。

（4）为文档添加"颜色"为"白色，背景 1，深色 15%"、"宽度"为"4.5 磅"、"线型"为倒数第 4 种样式的页面边框。

实训二 制作并打印"垃圾分类"宣传文档

【实训要求】

随着消费水平的大幅度提高，环境问题也日益突出，实施垃圾分类可以减少环境污染，改善生活环境，促进资源回收利用，加快"两型社会"建设。垃圾分类是一项从不习惯逐步向习惯、规范、标准、常态化转变的工作，而企业业态受众面广，是宣传垃圾分类的有效主体。本实训要求制作"垃圾分类"宣传文档，参考效果如图 2-42 所示（配套资源 :\ 效果文件 \ 项目二 \ 垃圾分类 .wps）。

微课视频

制作并打印"垃圾分类"宣传文档

图 2-42 "垃圾分类"宣传文档参考效果

【实训思路】

在本实训中，首先要设置文档的页面布局，如页边距、纸张方向、纸张大小、页面背景等，然后分栏排版文档，最后打印 5 份。

【步骤提示】

（1）打开"垃圾分类 .wps"文档（配套资源 :\ 素材文件 \ 项目二 \ 垃圾分类 .wps），设置"页边距"为"窄"，"纸张方向"为"横向"，"纸张大小"为宽 28 厘米、高 19 厘米。

（2）设置背景为"背景 .png"（配套资源 :\ 素材文件 \ 项目二 \ 背景 .png），将标题居中显示，并将除标题外的所有文本分 4 栏显示，然后按【Enter】键，使各小标题分列显示。

（3）预览打印效果，设置打印背景色和图像，然后连接打印机，在"份数"数值框中输入"5"，最后单击"打印预览"界面中的"直接打印"按钮开始打印。

课后练习

1. 制作“中秋节放假通知”文档

中秋节又称祭月节、月光诞、月夕、秋节、仲秋节、拜月节、月娘节、月亮节、团圆节等，是中国民间的传统节日，自 2008 年起，中秋节便被列为国家法定节假日。在中秋节这一天，人们可以祭月、赏月、吃月饼、看花灯、赏桂花、饮桂花酒等，以寄托对生活美好的愿景。中秋节一般放假 3 天，在放假前，不少公司不仅会发放美味的月饼，还会提前公布放假通知，提醒员工做好放假前的工作安排，并祝大家度过一个美好的节日。本练习要求根据提供的素材（配套资源 :\ 素材文件 \ 项目二 \ 中秋节放假通知 .txt）制作一份“中秋节放假通知”文档，参考效果如图 2-43 所示（配套资源 :\ 效果文件 \ 项目二 \ 中秋节放假通知 .wps）。

中秋节放假通知

各部门：

又逢家家团圆的喜庆日子，为了让大家度过一个快乐、祥和的中秋佳节，经领导班子研究决定，现将 2022 年中秋节放假相关事项通知如下。

一、中秋节放假时间：9 月 10 日（星期六）至 9 月 12 日（星期一），共 3 天，9 月 13 日（星期二）正常上班。

二、各部门接到通知后，必须于放假前确保关掉放假期间不使用的电器电源，务必做好放假前的安全自查工作。

三、各部门要妥善安排好值班工作，加强对值班人员的管理，认真落实公司突发事件预案制度，切实做好公司防火、安全、保卫等工作，发现苗头要及时向公司办公室值班人员报告。

四、各部门须在 9 月 9 日下午 6:00 点以前将本部门值班人员及联系方式报送行政人事。

预祝大家中秋节快乐！

公司值班电话：028–958××××

乐至有限公司

2022 年 9 月 8 日

图 2–43 “中秋节放假通知”文档参考效果

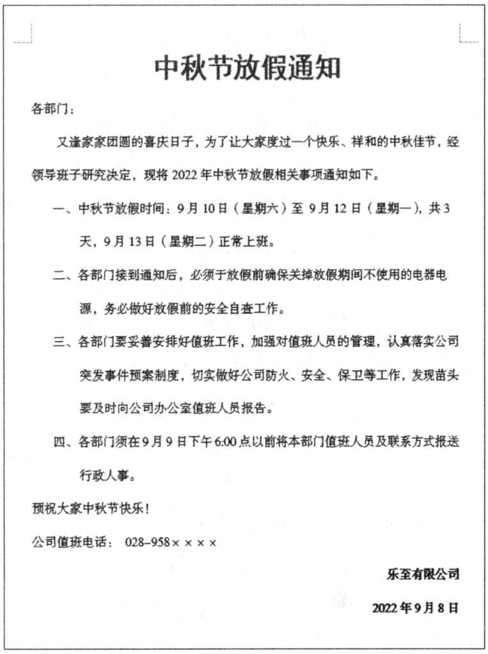

2. 制作并打印“人事档案管理”文档

人事档案是人事管理活动中形成的，记述和反映个人经历和德才表现等以备考察的文件材料，而人事档案管理就是收集、整理、保管、鉴定和统计人事档案。本练习要求根据提供的素材（配套资源 :\ 素材文件 \ 项目二 \ 人事档案管理 .txt）制作“人事档案管理”文档，介绍公司人事档案管理的要求、规则等，参考效果如图 2-44 所示（配套资源 :\ 效果文件 \ 项目二 \ 人事档案管理 .wps）。

人事档案管理

■ 基本要求

1. 人事档案管理实行公司领导下的分级管理负责制。
2. 人力资源部负责人事档案工作的归口管理工作。
3. 人事档案管理必须确保材料保密。
4. 各分支机构人力资源部负责本机构经理以下人员的人事档案管理。
5. 同级组织部门有权查阅本级人事档案。

■ 人事档案分类

第一类　履历材料
第二类　鉴定、考核、考察材料
第三类　学历和评聘材料
第四类　政治历史和政治面貌材料
第五类　奖励与处分材料
第六类　其他可供公司参考的资料

■ 一般文档管理

1. 人力资源部正式形成发出的文件、传真、通知等，除保密文件外，均应保存一份原件或复印件归档，年终按内容类型、依成文时间编号装订成册。
2. 人力资源工作中形成的台账、报告，以及搜集的各种资料等，由各处归口管理，各经办人保存。年终根据内容价值酌情归档。
3. 公司文件，包括集团公司发文、所属公司的请示和报告（除保密的内容），平时收文入册保存，年终编排目录，装订成册归档。
4. 外部文件，包括国家和市政府有关部门（劳动人事部门）的发文，社会公开资讯等，应作为公开业务资料共享。

■ 员工人事档案管理

1. 人力资源部负责管理本机构内员工的人事档案。
2. 档案管理人员应在接到调入档案时当场拆封核查，如有缺漏或疑点，应将档案密封交员工本人退回原单位补齐。
3. 员工合法终止或解除劳动合同时，由各相关部门负责人在“终止/解除劳动关系手续清单”上签字，确认无遗留问题。
4. 员工出具调入单位的调函后，人力资源部核对档案材料，密封人事档案，连同开具的“档案材料转移单”或“干部介绍信”“调出人员工资转移单”及其它有关材料，转至调入单位。
5. 查阅员工人事档案应经人力资源总监（或经理）批准，并办理登记手续。档案管理人员和查阅者不得私自增删、涂改、泄露档案材料内容。

■ 员工管理档案的管理

1. “员工管理档案”是公司为每个员工建立的内容管理档案，包括该员工的招聘、录用、合同、考核、薪资、福利、奖惩、培训等材料。
2. 员工管理档案自员工到岗之日建立，每人一份，按部门归类。
3. 员工管理档案中保存应聘录用、劳动合同、薪酬福利、奖惩、考核、体检等所有材料的原件。
4. 员工管理档案中不应包含秘密内容，任何人员不得私自更改管理档案内容。
5. 员工管理档案仅供公司内部使用。

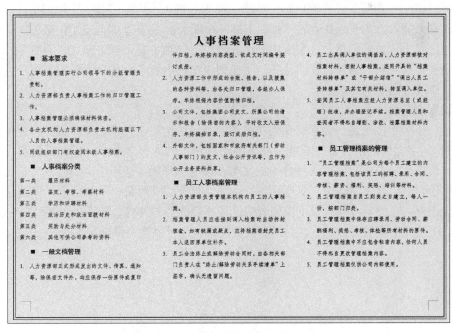

图 2–44 “人事档案管理”文档参考效果

技能提升

1. 登录 WPS 账号

启动 WPS Office 并新建文档后，WPS Office 默认将以访客身份登录，无法进行自动备份，且有不安全因素。因此，可以在标题栏右侧单击 立即登录 按钮，打开"登录金山办公账号"对话框，在其中可以选择手机号登录、微信登录或使用手机 WPS 扫码等登录方式登录自己的账号，从而便于在其他计算机中打开和编辑自己保存在 WPS 账号中的文档。

2. 设置文档自动备份

在制作文档时，可能会遇到因为操作失误或计算机故障而导致文档还未保存就自动关闭，致使文档内容丢失的情况，为了避免这一情况，用户可以设置文档每隔一段时间就自动备份。设置文档自动备份的方法是：单击 ≡ 文件 按钮，在打开的下拉列表中选择"备份与恢复"选项，在打开的子列表中选择"备份中心"选项，打开"备份中心"对话框，单击"本地备份设置"链接，打开"本地备份设置"对话框，在其中单击选中"定时备份"单选项，在数值框中设置定时备份的时间间隔即可。

3. 快速插入带圈字符

带圈字符是指添加了圈号的字符，常用于为段落设置序号或起防伪提示作用（如某一产品右上角的®图标）。快速插入带圈字符的方法是：在文档中选择需要添加圈号的字符，单击"开始"选项卡中"拼音指南"按钮 雯 右侧的下拉按钮 ▾，在打开的下拉列表中选择"带圈字符"选项，打开"带圈字符"对话框，在"样式"栏中选择需要的样式，在"圈号"列表框中选择需要的圈号样式，然后单击 确定 按钮即可。

4. 插入公式

在制作数学、化学和物理等方面的文档时，经常会涉及公式的使用，因此，用户需掌握通过 WPS 文字提供的公式功能在文档中插入需要的公式的方法。插入公式的方法是：将文本插入点定位至需要插入公式的位置，单击"插入"选项卡中的"公式"按钮 π，系统将在文本插入点处插入公式框，并激活"公式工具"选项卡；将文本插入点定位至公式框中后，用户可通过单击"公式工具"选项卡中的运算符号、分数、上下标、根式、函数等按钮来添加公式中需要的对象。另外，在"公式"下拉列表中还内置了一些公式样式，用户可直接使用或将其修改成需要的公式。

5. 设置双行合一

对企、事业单位来说，经常需要制作多部门或多单位联合发布的红头文件，此时就可以运用 WPS 文字提供的双行合一功能来将需要两行显示的内容合并成一行。设置双行合一的方法是：选择文档中需要设置双行合一的文本，单击"开始"选项卡中的"中文版式"按钮 𝕏，在打开的下拉列表中选择"双行合一"选项，打开"双行合一"对话框，单击选中"带括号"复选框，在"括号样式"下拉列表中选择需要的括号样式，然后单击 确定 按钮。返回文档后，所选文本将呈两行显示，如果有需要的话，还可以适当调整文本的大小。

项目三
制作图文混排类和表格类 WPS 文档

情景导入

　　每年 6 至 7 月，是应届大学生毕业的时间，也是公司招聘人才的好机会。为此，老洪安排米拉制作一份招聘海报文档和应聘登记表，为公司招聘人才做准备。

　　米拉：老洪，制作文档需要用到 WPS 文字，那么制作海报就需要用到 WPS 演示、制作表格就需要用到 WPS 表格，是吗？

　　老洪：不是，在 WPS 文字中同样可以制作海报和简单的表格，以满足不同类型文档的使用需求。

　　米拉：那制作海报时需要用到哪些元素呢？

　　老洪：制作海报时，一般会用到图片、形状、文本框、艺术字等对象，再对这些对象加以排版布局后，就可以制作出精美的海报。

　　米拉：好的，那我先去准备招聘海报的相关内容，然后再着手制作。

学习目标

- 掌握插入与编辑图片的方法。
- 熟悉插入与编辑形状的方法。
- 熟悉插入与编辑文本框的方法。
- 掌握插入与编辑艺术字的方法。
- 掌握在 WPS 文字中制作表格类文档的方法。

技能目标

- 能够运用多种对象制作出图文并茂的文档。
- 能够在 WPS 文字中创建并美化表格。

素质目标

- 培养勇于实践的精神，以及工作中沟通问题、分析问题、解决问题的能力。
- 提升对文字、图片类资料的搜集能力，以及对文档排版的审美能力。

任务一 制作"招聘海报"文档

在米拉着手制作招聘海报前，老洪告诉她，制作招聘海报的目的是宣传招聘活动，它可以起到两方面的作用，一是宣传公司；二是吸引众多求职者前来应聘，以期招揽更多的人才。所以，在制作招聘海报时，既要包含公司的主要信息，如公司名称、地址、联系电话等，又要包含招聘信息，如招聘岗位、招聘人数、岗位职责等，让人一目了然。

一、任务目标

本任务将制作"招聘海报"文档，主要用到的操作是在 WPS 文档中插入并美化各种对象，然后再对其进行排版布局，使其整体效果美观、醒目，并突出重点。通过本任务的学习，读者可以掌握图片、形状、文本框、艺术字等对象的插入与编辑方法，制作出美观的图文混排类文档。本任务的最终效果如图 3-1 所示（配套资源:\效果文件\项目三\招聘海报.wps）。

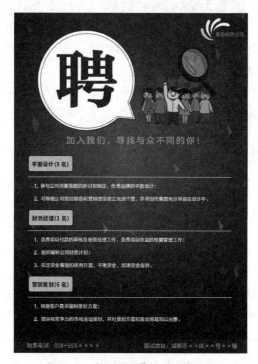

图 3-1 "招聘海报"文档最终效果

二、相关知识

图文混排指的是将图片与文字混合排列，使版面中的各种元素布局和谐、具有美感。在制作这类文档时，可以先插入图片，然后再对图片的环绕方式和排列方式进行设置，使文字可以位于图片四周、图片下方或图片上方等。

（一）插入图片的方法

在 WPS 文字中插入图片的方法有 4 种，分别是插入本地图片、插入扫描图片、插入稻壳图片和插入手机图片，下面分别进行介绍。

● **插入本地图片：** 单击"插入"选项卡中的"图片"按钮🖾，打开"插入图片"对话框，找到图片的保存路径并选择图片，然后单击 打开(O) 按钮。

- **插入扫描图片**：单击"图片"按钮 🖾 下方的下拉按钮 ▾，在打开的下拉列表中选择"来自扫描仪"选项，选择相应的扫描仪后，单击 [确定] 按钮，然后在打开的"扫描仪设置"对话框中进行扫描设置，最后单击 [扫描] 按钮开始扫描。

- **插入稻壳图片**：单击"图片"按钮 🖾 下方的下拉按钮 ▾，在打开的下拉列表中显示了稻壳推荐的图片，登录 WPS 账号后，即可下载需要的图片。如果是稻壳会员，则下载的图片没有水印，可直接使用；如果不是稻壳会员，则下载的图片带有水印。另外，如果对稻壳推荐的图片不满意，还可以在"搜索您想要的图片"文本框中输入图片的关键信息，然后按【Enter】键进行搜索，选择合适的图片插入。

- **插入手机图片**：单击"图片"按钮 🖾 下方的下拉按钮 ▾，在打开的下拉列表中选择"来自手机"选项，打开"插入手机图片"对话框，用手机微信扫描二维码后，在手机上点击 [选择图片] 按钮，在打开的下拉列表中选择"从相册选择"选项，打开手机相册开始选择需要的图片（一次最多可选择 20 张）。上传完成后，在"插入手机图片"对话框中将显示上传的图片，如图 3-2 所示。

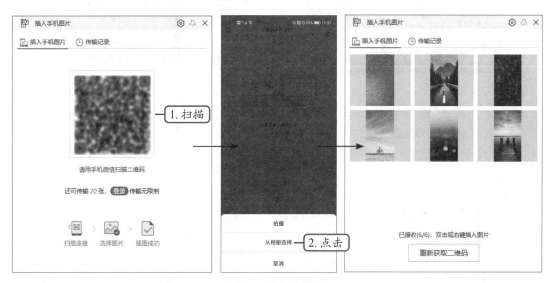

图 3-2　插入手机图片

> **知识补充**
>
> ### 插入屏幕截图
>
> 　　除了可以按照上述方法插入图片外，用户还可以插入屏幕截图，其方法是：单击"插入"选项卡中的"更多"按钮 •••，在打开的下拉列表中选择"截屏"选项，在打开的子列表中选择一种需要的截图形状，然后拖曳框选范围，接着在出现的工具栏中单击"完成"按钮 ✓，截取的图片就会自动插入文档中。

（二）插入对象的环绕方式

在充满文字的文档中插入图片、形状、文本框、艺术字等对象后，为了优化文档展现效果，用户可以设置这些对象的环绕方式。以插入图片为例，在 WPS 文字中，"图片工具"选项卡中的"文字环绕"按钮 🖾 下提供了 7 种环绕方式，分别是嵌入型、四周型环绕、紧密型环绕、衬于文字下方、浮于文字上方、上下型环绕和穿越型环绕，用户可根据需求选择合适的环绕方式。

- **嵌入型**：这是 WPS 文字默认的图片环绕方式，在这种环绕方式下，用户不能随意拖曳或调整图片的位置，但可以在图片左右两侧输入文字，且该行文字与图片所占高度一致。
- **四周型环绕**：用户可以在文档编辑区中随意拖曳图片，且文字将始终围绕在图片四周，如图 3-3 所示。
- **紧密型环绕**：与四周型环绕方式相似，用户可随意拖曳图片，且文字将紧密环绕在图片周围。
- **衬于文字下方**：图片位于文字下方，用户可随意拖曳图片，且图片上会显示部分文字，如图 3-4 所示。

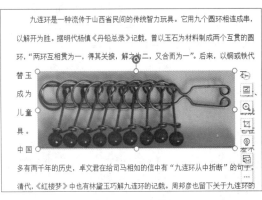

图 3-3　四周型环绕　　　　　　　　　　图 3-4　衬于文字下方

- **浮于文字上方**：图片位于文字上方，用户可随意拖曳图片，且图片会遮挡部分文字，如图 3-5 所示。
- **上下型环绕**：图片位于文字的中间，且单独占用数行，同时用户可以上下、左右拖曳图片，如图 3-6 所示。

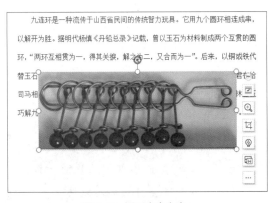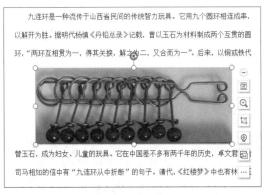

图 3-5　浮于文字上方　　　　　　　　　　图 3-6　上下型环绕

- **穿越型环绕**：与紧密型环绕方式的效果区别不大，如果图片不是规则的图形（有凹陷时），则会有部分文字显示在图片有凹陷的地方。

（三）插入对象的排列设置

如果插入多个对象，则还要对它们的对齐方式、叠放顺序等进行设置，使其按照某种规则整齐排列，有需要的话还可以设置其旋转角度。

- **设置对齐方式：** 选择多个对象（嵌入的对象除外），单击"绘图工具"或"图片工具"选项卡中的"对齐"按钮🖳，在打开的下拉列表中提供了左对齐、水平居中、右对齐、顶端对齐、垂直居中、底端对齐等多种对齐方式，选择其中的某一种对齐方式后，所选对象将按照选择的对齐方式自动排列。

- **调整叠放顺序：** 选择某个对象，单击"绘图工具"或"图片工具"选项卡中"上移一层"按钮🔼或"下移一层"按钮🔽右侧的下拉按钮▾，在打开的下拉列表中选择需要的叠放顺序。

- **设置旋转角度：** 选择需要旋转的对象，单击"绘图工具"或"图片工具"选项卡中的"旋转"按钮🔄，在打开的下拉列表中选择需要的角度；或者选择对象，将鼠标指针移至对象上方的🔵图标上，当鼠标指针变成↻形状时，拖曳至合适的角度。

三、任务实施

（一）插入并编辑图片

在办公文档中，图片既可以起到装饰背景的作用，又可以补充说明文字内容，使内容更加浅显易懂。下面新建"招聘海报.wps"文档，然后再插入并编辑图片，其具体操作如下。

> 微课视频
>
> 插入并编辑图片

（1）新建并保存"招聘海报.wps"文档，单击"插入"选项卡中的"图片"按钮🖼，打开"插入图片"对话框，在地址栏中选择图片的保存位置后，在下方的列表框中选择"背景.png"图片（配套资源:\素材文件\项目三\背景.png），然后单击 打开(O) 按钮，如图 3-7 所示。

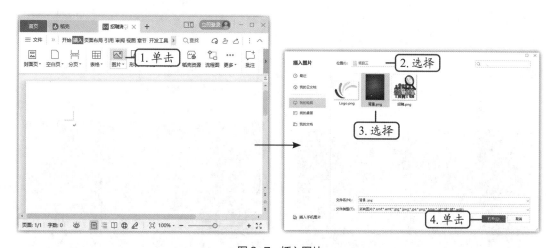

图 3-7　插入图片

（2）选择插入的图片，单击"图片工具"选项卡中的"文字环绕"按钮🖹，在打开的下拉列表中选择"衬于文字下方"选项，如图 3-8 所示。

（3）保持图片的选择状态，将其移至页面左上角，然后将鼠标指针移至图片右下角，当鼠标指针变成↖形状时，向右下角拖曳，直至将图片铺满整个页面。

（4）单击"图片工具"选项卡中的"添加图片"按钮🖼，在打开的"插入图片"对话框中使用相同的方法插入"Logo.png"图片（配套资源:\素材文件\项目三\Logo.png）。

（5）选择"Logo.png"图片，将其环绕方式设置为"衬于文字下方"，然后单击"图片工具"选项卡中的"色彩"按钮 ，在打开的下拉列表中选择"冲蚀"选项，如图3-9所示。

（6）调整"Logo.png"图片的大小，然后将其移至页面右上角。

图 3-8　设置图片环绕方式　　　　　　　　　图 3-9　设置图片色彩

（二）插入并编辑形状

微课视频

插入并编辑形状

形状是指具有某种规则的图形，如线条、正方形、椭圆、箭头等，它在办公文档中既可以起到美化作用，又可以承载文字内容作为标注。下面在"招聘海报.wps"文档中插入并编辑形状，其具体操作如下。

（1）单击"插入"选项卡中的"形状"按钮 ，在打开的下拉列表中选择"标注"栏中的"椭圆形标注"选项，如图3-10所示。

（2）按住【Shift】键，绘制一个正椭圆形标注形状，如图3-11所示。

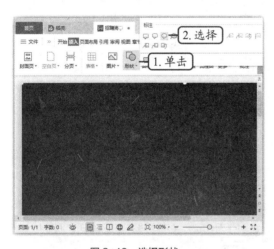

图 3-10　选择形状　　　　　　　　　　　图 3-11　绘制形状

（3）选择形状，单击"绘图工具"选项卡中的"填充"按钮 ，在打开的下拉列表中选择"白色，背景1"选项，接着单击该选项卡中的"轮廓"按钮 ，在打开的下拉列表中选择"黑色，文本1"选项，如图3-12所示。

（4）保持形状的选择状态，单击"绘图工具"选项卡中的"旋转"按钮 ，在打开的下拉列表中选择"水平翻转"选项，如图3-13所示。

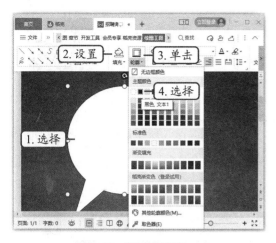

图 3-12　设置形状颜色

图 3-13　设置形状方向

（5）将鼠标指针移至形状上的黄色图标上，当鼠标指针变成形状时，向右上角拖曳以调整形状顶点，如图 3-14 所示，然后再适当调整形状的大小和位置。

（6）复制一个相同的形状，使其位于原形状内部，并设置其"填充"为"无填充颜色"，然后单击"轮廓"按钮□，在打开的下拉列表中选择"取色器"选项，鼠标指针随即变成形状，表示正在吸取颜色，接着将鼠标指针移至需要的颜色上，单击即可为形状轮廓应用该颜色，如图 3-15 所示。

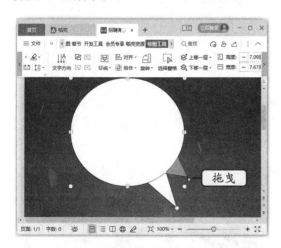

图 3-14　调整形状顶点

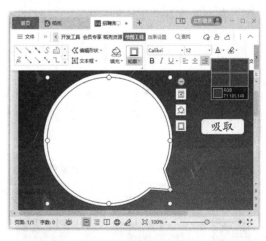

图 3-15　设置形状轮廓

知识补充

更改形状

若对插入的形状不满意，则可单击"绘图工具"选项卡中的"编辑形状"按钮，在打开的下拉列表中选择"更改形状"选项，在打开的子列表中选择需要的形状样式。

（三）插入并编辑艺术字

艺术字是指以普通文字为基础，通过一系列艺术加工后形成的变形字体，具有美观、醒目等特点，常用于在文档中创建鲜明的标志或标题等方面。下面在"招聘海报 .wps"文档中插入并编辑艺术字，其具体操作如下。

微课视频

插入并编辑艺术字

（1）单击"插入"选项卡中的"艺术字"按钮，在打开的下拉列表中选择"预设样式"栏中的"填充－黑色，文本1，阴影"选项，如图3-16所示。

（2）将文本框中的原文本修改为"聘"，然后将其移至椭圆形标注内，并设置其字体格式为"方正中雅宋简、160、加粗"。

（3）选择艺术字，单击"绘图工具"选项卡中"字体颜色"按钮A右侧的下拉按钮，在打开的下拉列表中选择"其他字体颜色"选项，如图3-17所示。

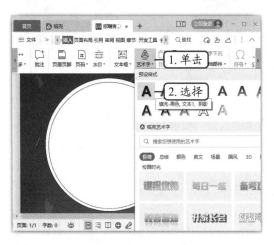

图3-16　插入艺术字

图3-17　选择"其他字体颜色"选项

（4）打开"颜色"对话框，单击"自定义"选项卡，在"红色""绿色""蓝色"数值框中分别输入"68""84""106"，然后单击 确定 按钮，如图3-18所示。

（5）按住【Ctrl】键，同时选择艺术字和两个椭圆形标注形状，然后单击鼠标右键，在弹出的快捷菜单中选择"组合"命令，将其组合起来，防止对象随意移动，破坏整体效果，如图3-19所示。

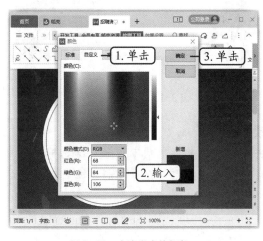

图3-18　自定义字体颜色

图3-19　组合形状

快速插入艺术字

如果文档中已存在要创建的艺术字文本，则可直接选择该文本，然后单击"插入"选项卡中的"艺术字"按钮 🔲，在打开的下拉列表中选择一种需要的艺术字样式，将现有的文本转换为艺术字。

（四）插入并编辑文本框

文本框具有极大的灵活性，它可以在文档的任意位置插入，供用户在其中输入需要的文本或插入其他对象，它是灵活排版文档的主要元素之一。下面在"招聘海报 .wps"文档中插入并编辑文本框，其具体操作如下。

微课视频

插入并编辑文本框

（1）单击"插入"选项卡中"文本框"按钮 🔲 下方的下拉按钮 ▾，在打开的下拉列表中选择"横向"选项，如图 3-20 所示。

（2）拖曳绘制横向文本框，在其中输入"星染有限公司"文本，然后选择输入的文本，设置其字体格式为"方正兰亭圆 _GBK_ 中、小四"，字体颜色为"钢蓝，着色 1，浅色 40%"，"填充"为"无填充颜色"，"轮廓"为"无边框颜色"。

（3）将其移至"Logo.png"图片右侧，并适当调整该图片和文本框的距离，文本框效果如图 3-21 所示。

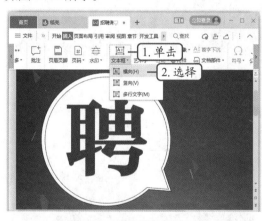

图 3-20　插入横向文本框

图 3-21　文本框效果

（4）再次插入一个横向文本框，在其中输入"加入我们，寻找与众不同的你！"文本，并将其移至形状下方，然后设置其字体格式为"方正兰亭圆 _GBK_ 中、二号"，字体颜色为"橙色"。

（5）选择该文本框，单击"开始"选项卡中的"中文版式"按钮 🔾，在打开的下拉列表中选择"调整宽度"选项，打开"调整宽度"对话框，在"新文字宽度"数值框中输入"16"，然后单击 确定 按钮，如图 3-22 所示。

（6）插入"招聘 .png"图片（配套资源 :\ 素材文件 \ 项目三 \ 招聘 .png），设置其环绕方式为"浮于文字上方"，并将其移至组合对象右侧，使页面内容更加丰富。

（7）插入"流程图：可选过程"形状，设置其"填充"和"轮廓"后，单击鼠标右键，在弹出的快捷菜单中选择"编辑文字"命令，如图 3-23 所示。当形状内部出现闪烁的光标后，在其中输入招聘岗位及招聘人数。

（8）使用同样的方法在"流程图：可选过程"形状下方绘制一条白色的直线，然后在直线形状下方插入文本框，并在其中输入岗位要求。

（9）第一个招聘岗位设置完后，按住【Ctrl】键，同时选择"流程图：可选过程"形状、直线形状和文本框，将其组合成一个大的对象。

（10）选择组合对象，按【Ctrl+C】组合键，再按两次【Ctrl+V】组合键，粘贴该组合对象两次，然后修改其中的文本内容并调整各对象间的距离。

（11）同时选择这3个组合对象，单击"绘图工具"选项卡中的"对齐"按钮，在打开的下拉列表中选择"左对齐"选项，如图3-24所示。

（12）在页面底部插入一个横向文本框，并在其中输入联系电话与面试地址，完成本任务的制作。

图 3-22　调整文字宽度

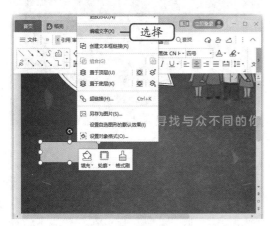

图 3-23　选择"编辑文字"命令

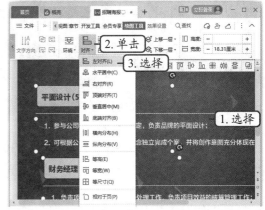

图 3-24　设置对齐方式

> **操作提示**
>
> **巧用选择窗格**
>
> 　　组合对象时，如果不小心点错了地方，前面选择的对象就会取消，需要用户重新选择，这样既费时又费力。此时，用户可以单击"绘图工具"或"图片工具"选项卡中的"选择窗格"按钮，打开"选择窗格"任务窗格，在"文档中的对象"列表框中选择需要的对象组合即可。

任务二 制作“应聘登记表”文档

在制作应聘登记表时，米拉准备先去网上搜索类似的模板，但老洪却告诉米拉，网上的模板很多，但每个公司对表格的内容和样式有不同的要求，网上的模板可能并不适用于实际的情况，所以在实际操作时，还是需要结合公司的使用需求来进行制作。米拉听了后觉得很有道理，就不再执着于在网上搜索模板，她打算先去咨询负责招聘的同事对表格的使用需求，然后完成制作。

一、任务目标

本任务将制作“应聘登记表”文档，主要用到的操作是插入表格、合并与拆分单元格、调整表格行高和列宽、美化表格等。通过本任务的学习，用户可以掌握表格的插入与编辑方法，从而制作出符合要求的表格类文档。本任务的最终效果如图 3-25 所示（配套资源 :\ 效果文件 \ 项目三 \ 应聘登记表 .wps）。

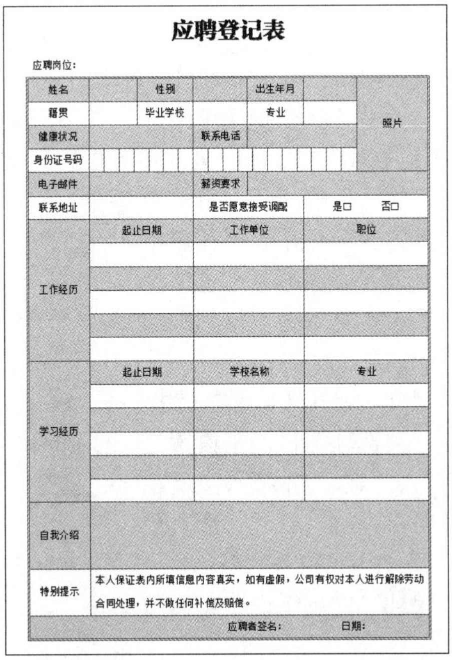

应聘登记表

应聘岗位：

姓名		性别		出生年月		照片
籍贯		毕业学校		专业		
健康状况			联系电话			
身份证号码						
电子邮件			薪资要求			
联系地址			是否愿意接受调配		是□	否□
工作经历	起止日期		工作单位		职位	
学习经历	起止日期		学校名称		专业	
自我介绍						
特别提示	本人保证表内所填信息内容真实，如有虚假，公司有权对本人进行解除劳动合同处理，并不做任何补偿及赔偿。					
			应聘者签名：		日期：	

图 3-25 “应聘登记表”文档最终效果

二、相关知识

在制作表格类文档前，需要先掌握插入表格、设置表格属性的方法，以及应用表格样式的方法，下面分别进行介绍。

（一）插入表格的方法

在 WPS 文字中，插入表格的方法一共有 3 种，分别是通过拖曳选择插入、通过“插入表格”对话框插入和绘制表格，用户可以根据不同的情况选择合适的方法快速插入。

- **通过拖曳选择插入：**将文本插入点定位至需要插入表格的地方，然后单击“插入”选项卡中的“表格”按钮▦，在打开的 8 行 24 列下拉表格中通过拖曳选择需要插入表格的行数和列数。

● 通过"插入表格"对话框插入：将文本插入点定位至需要插入表格的地方，然后单击"插入"选项卡中的"表格"按钮⊞，在打开的下拉列表中选择"插入表格"选项，打开"插入表格"对话框，在其中设置好表格的行数和列数后，单击 ▭ 按钮。需要注意的是，输入的行数和列数应为 1 ~ 63，否则会弹出提示对话框。

● 绘制表格：将文本插入点定位至需要插入表格的地方，然后单击"插入"选项卡中的"表格"按钮⊞，在打开的下拉列表中选择"绘制表格"选项，当鼠标指针变成 ⌀ 形状时，就可在文档中通过拖曳绘制出完整表格。

> **知识补充**
>
> **插入稻壳内容型表格**
>
> 　　除了可以在 WPS 文字中插入空白表格外，用户还可以在其中插入有内容的表格，其方法是：将文本插入点定位至需要插入表格的地方，然后单击"插入"选项卡中的"表格"按钮⊞，在打开的下拉列表中选择"稻壳内容型表格"栏中的模板，登录 WPS 账号后即可将选择的内容型表格模板插入文档中。

（二）设置表格属性

在表格中输入相关文本或数据后，可选择表格，单击"表格工具"选项卡中的"表格属性"按钮⊞，或单击鼠标右键，在弹出的快捷菜单中选择"表格属性"命令，打开"表格属性"对话框，如图 3-26 所示，在其中对表格、行、列或单元格进行设置。

● **"表格"选项卡**："尺寸"栏用于设置整个表格的宽度；"对齐方式"栏用于设置表格与文本的对齐方式，以及表格的左缩进值；"文字环绕"栏用于设置文本在表格周围的环绕方式。

● **"行"选项卡**："尺寸"栏用于设置文本插入点所在行的高度；"选项"栏用于设置是否允许表格跨页断行，以及文本插入点所在位置的内容是否在各页顶端以标题行形式重复出现。

● **"列"选项卡**："尺寸"栏用于设置文本插入点所在列的宽度。

● **"单元格"选项卡**："大小"栏用于设置单元格的大小；"垂直对齐方式"栏用于设置表格内文本的对齐方式。

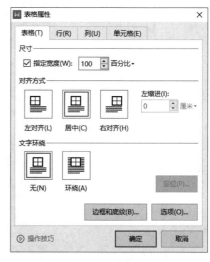

图3-26　"表格属性"对话框

（三）应用表格样式

表格样式是表格格式的集合，它预先为用户设置好表格的边框和底纹等，为用户美化表格节约时间，提高工作效率。但如果用户对内置的表格样式不满意，也可自行设置。

● **应用内置的表格样式**：选择表格，单击"表格样式"选项卡中"样式"列表框右侧的下拉按钮 ▾，在打开的下拉列表中选择所需的表格样式。

● **自行设置边框和底纹**：选择表格，在"表格样式"选项卡中设置边框样式、边框线型、边框粗细及底纹颜色等。

三、任务实施

（一）创建表格

微课视频
创建表格

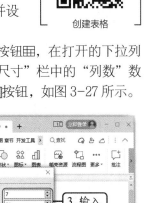

表格是一种可视化交流工具，它可以将复杂的内容简单化，使文档内容更加规整。下面新建"应聘登记表 .wps"文档，并在文档中创建表格，其具体操作如下。

（1）新建并保存"应聘登记表 .wps"文档，然后在其中输入并设置"应聘登记表"文本和"应聘岗位："文本。

（2）按【Enter】键换行，单击"插入"选项卡中的"表格"按钮囲，在打开的下拉列表中选择"插入表格"选项，打开"插入表格"对话框，在"表格尺寸"栏中的"列数"数值框中输入"7"，在"行数"数值框中输入"21"，然后单击 确定 按钮，如图 3-27 所示。

图 3-27　插入表格

（3）输入相应的内容后，单击表格左上角的"全选"按钮⊞，设置表格内文本的字体格式为"宋体、五号"。

（二）合并与拆分单元格

微课视频
合并与拆分单元格

当多个单元格可表示同一个内容时，就可使用合并单元格功能将多个相邻的单元格合并为一个大单元格；而当用户需要在一个单元格中输入多个内容时，则可使用拆分单元格功能将一个单元格拆分为多个单元格。下面合并与拆分"应聘登记表 .wps"文档中的部分单元格，其具体操作如下。

（1）选择"照片"文本所在的单元格和其下方的 3 个单元格，单击"表格工具"选项卡中的"合并单元格"按钮，如图 3-28 所示，使其合并为一个单元格。

（2）使用同样的方法合并其他单元格，效果如图 3-29 所示。

（3）选择"身份证号码"文本右侧的单元格，单击"表格工具"选项卡中的"拆分单元格"按钮囲，打开"拆分单元格"对话框，在"列数"数值框中输入"18"，然后单击 确定
按钮，如图 3-30 所示。

图 3-28　合并单元格

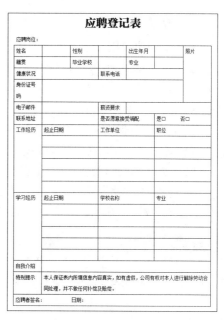

图 3-29　合并其他单元格后的效果

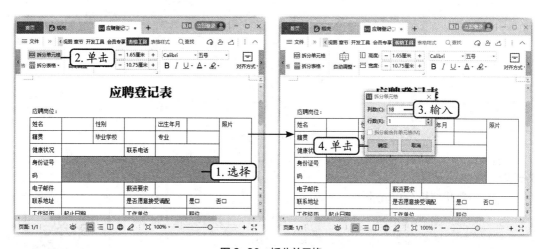

图 3-30　拆分单元格

> **知识补充**
>
> **使用擦除按钮合并单元格**
>
> 　　如果需要合并的单元格数量较少，用户则可以单击"表格工具"选项卡中的"擦除"按钮，当鼠标指针变成形状时，将其移至表格中需要擦除的单元格边框上，单击鼠标左键即可擦除，以达到合并单元格的效果。

（三）设置文本对齐方式

　　为了让制作的表格更加协调，还需要设置表格中文本内容的对齐方式。下面设置"应聘登记表.wps"文档中文本的对齐方式，其具体操作如下。

　　（1）单击表格左上角的按钮全选表格，单击"表格工具"选项卡中的"对齐方式"按钮，在打开的下拉列表中选择"水平居中"选

微课视频

设置文本对齐方式

项，如图 3-31 所示。

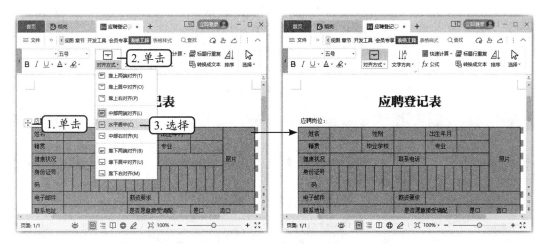

图 3-31　设置文本对齐方式

（2）选择"特别提示"文本右侧的单元格，设置其对齐方式为"中部两端对齐"。

（3）选择"应聘者签名"文本所在的单元格，设置其对齐方式为"中部右对齐"，然后将文本插入点定位至"日期："文本后，按 10 次空格键，给书写日期留一定的位置。

（四）设置行高与列宽

微课视频

设置行高与列宽

创建表格时，表格的行高与列宽均是系统默认的，因此，用户在编辑完表格后，若发现表格的行高与列宽不一致，看起来不美观，那么可以根据文本内容来适当调整表格的行高与列宽，使表格整齐划一。下面设置"应聘登记表 .wps"文档中表格的行高与列宽，其具体操作如下。

（1）将鼠标指针移至"身份证号码"文本所在单元格右侧的边框线上，当鼠标指针变成 ↔ 形状时，按住鼠标左键不放并向右拖曳，如图 3-32 所示，直至该文本显示为一行为止。

（2）调整该单元格的宽度后，明显看到其右侧用于书写身份证号码的第一个单元格变窄了，所以此时可同时选择这 18 个单元格，单击"表格工具"选项卡中的"自动调整"按钮 ，在打开的下拉列表中选择"平均分布各列"选项，使其均匀分布，如图 3-33 所示。

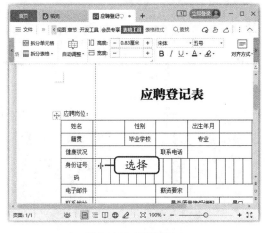

图 3-32　调整列宽

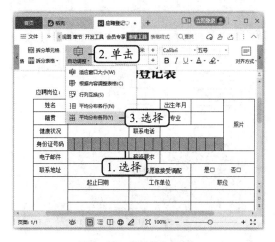

图 3-33　均匀分布各列

（3）使用同样的方法调整其他列的宽度。

（4）全选表格，单击"表格工具"选项卡中的"表格属性"按钮▦，打开"表格属性"对话框，在其中单击"行"选项卡，在"尺寸"栏中单击选中"指定高度"复选框，并在其右侧的数值框中输入"0.8"，然后单击 确定 按钮，如图3-34所示。

（5）选择"自我介绍"文本所在的行，在"表格工具"选项卡中的"高度"数值框中输入"2.4"，如图3-35所示，然后按【Enter】键确认。

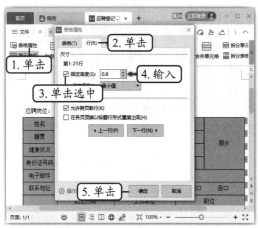

图3-34　调整表格行高　　　　　　　　　　图3-35　调整部分单元格行高

（五）美化表格

创建并编辑完表格后，为了使表格更具有美感，还可以为其应用WPS文字内置的表格样式。下面美化"应聘登记表.wps"文档中的表格，其具体操作如下。

（1）单击表格左上角的⊞按钮全选表格，单击选中"表格样式"选项卡中的"隔行填充"复选框和"末列填充"复选框，取消选中"首行填充"复选框、"首列填充"复选框、"末行填充"复选框和"隔列填充"复选框，然后在"样式"列表框中选择"浅色样式3-强调1"选项，如图3-36所示。

（2）保持表格的全选状态，单击"表格样式"选项卡中的"边框"按钮旁的下拉按钮，在打开的下拉列表中选择"边框和底纹"选项，如图3-37所示。

微课视频

美化表格

图3-36　选择表格样式　　　　　　　　　　图3-37　选择"边框和底纹"选项

（3）打开"边框和底纹"对话框，在"边框"选项卡中的"设置"栏中选择"自定义"选项，在"线型"列表中选择第7种样式，在"颜色"下拉列表中选择"钢蓝，着色5"选项，在"宽度"下拉列表中选择"0.75 磅"选项，在"预览"栏中分别单击"上边框"按钮、"下边框"按钮、"左边框"按钮和"右边框"按钮，然后单击 确定 按钮，如图 3-38 所示。

（4）返回文档后，可查看设置边框后的效果，如图 3-39 所示。至此，完成本任务的制作。

图 3-38　设置边框

图 3-39　边框效果

知识补充

添加／删除单元格、行或列

　　选择某个单元格，单击"表格工具"选项卡中的"在上方插入行"按钮，系统将在所选单元格上方插入一行；单击"在下方插入行"按钮，系统将在所选单元格下方插入一行；单击"在左侧插入列"按钮，系统将在所选单元格左侧插入一列；单击"在右侧插入列"按钮，系统将在所选单元格右侧插入一列。

　　单击"表格工具"选项卡中的"删除"按钮，在打开的下拉列表中选择"单元格"选项，系统将删除该单元格；选择"列"选项，系统将删除所选单元格所在的列；选择"行"选项，系统将删除所选单元格所在的行；选择"表格"选项，系统将删除整个表格。

实训一　制作"爱眼·护眼"海报文档

【实训要求】

　　眼睛是人类感官中最重要的器官之一，不当的用眼习惯会造成眼部疾病，从而导致视力下降、危害身体健康。每年的6月6日是全国"爱眼日"，其旨在提倡保护眼睛、关注眼部健康。本实训要求制作"爱眼·护眼"海报文档，呼吁人们关注眼部健康，养成良好的用眼习惯，其参考效果如图 3-40 所示（配套资源:\效果文件\项目三\爱眼·护眼 .wps）。

微课视频

制作"爱眼·护眼"海报文档

图 3-40　"爱眼·护眼"海报文档参考效果

【实训思路】

在本实训中，首先要对页面背景进行设置，然后再通过添加与编辑形状、图片、文本框等对象来完善海报内容。

【步骤提示】

（1）新建并保存"爱眼·护眼.wps"海报文档，然后单击"页面布局"选项卡中的"背景"按钮，在打开的下拉列表中选择"其他填充颜色"选项，打开"颜色"对话框，在"自定义"选项卡中设置"红色""绿色""蓝色"的数值分别为"252""236""216"。

（2）插入"素材.png"图片（配套资源:\素材文件\项目三\素材.png），设置其环绕方式为"浮于文字上方"，然后将其移至页面中央，并调整图片大小。

（3）插入"矩形"形状，设置其"填充"和"轮廓"均为"巧克力黄，着色6，深色50%"，然后单击鼠标右键，在弹出的快捷菜单中选择"设置对象格式"命令，打开"设置对象格式"对话框，在"颜色与线条"选项卡的"填充"栏中设置形状的"透明度"为"20%"。

（4）复制两次该形状，并将其移至合适的位置。

（5）插入文本框，并在其中输入并编辑相应的文本内容，然后调整各对象的位置与大小，使页面看起来美观、协调。

实训二　制作"差旅费报销单"文档

【实训要求】

差旅费是指业务人员因出差期间完成公务而产生的交通费、住宿费和其他费用等。一般来说，差旅费报销单主要包括出差人姓名、出差天数、出差地点、支付凭证等内容。本实训要求使用 WPS 文字制作"差旅费报销单"文档，参考效果如图 3-41 所示（配套资源:\ 效果文件 \ 项目三 \ 差旅费报销单 .wps）。

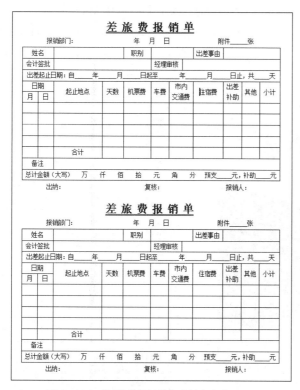

微课视频

制作"差旅费报销单"
文档

图 3-41 "差旅费报销单"文档参考效果

【实训思路】

在本实训中，首先要了解差旅费报销单中应包含的内容，然后再新建并保存文档，最后在文档中插入并编辑表格。

【步骤提示】

（1）新建并保存"差旅费报销单 .wps"文档，在其中输入表格标题后，插入一个 11 列 12 行的表格，并在表格内输入相应的内容。

（2）选择"差旅费报销单"文本，将其文字宽度设置为"8"，并为其添加双下画线。

（3）根据内容合并单元格，然后复制并粘贴制作完成后的表格至该表格下方。

课后练习

1. 制作"企业宣传手册"封面

"企业宣传手册"以企业文化、企业产品为传播内容，是企业对外宣传的有效工具。"企业宣传手册"是企业宣传中不可缺少的一部分，它能够结合企业特点，清晰地传达出企业所要表达的内容。本练习要求以提供的素材（配套资源:\ 素材文件 \ 项目三 \ 封面 .jpg）为封面素材，为名为"乐至科技有限公司"的科技企业制作"企业宣传手册"封面，要求整体美观、大方、简洁。本练习的参考效果如图 3-42 所示（配套资源:\ 效果文件 \ 项目三 \ 企业宣传

手册 .wps）。

2. 制作"工作交接表"文档

当有员工要离职或休假时，就需要填写工作交接表，其目的是确保后续工作能顺利进行，规避因员工不在岗可能带来的某种经济风险。本练习将运用 WPS 文字制作"工作交接表"文档，主要项目有交接人相关信息，以及涉及尚未完成的工作交接、文件资料交接、物品交接和其他事项的填写，其参考效果如图 3-43 所示（配套资源:\ 效果文件 \ 项目三 \ 工作交接表 .wps）。

图 3-42 "企业宣传手册"封面参考效果 图 3-43 "工作交接表"文档参考效果

技能提升

1. 在文档中插入流程图

流程图主要用于说明某一过程，如生产工艺的流程或完成某一项任务的管理过程等。在文档中插入流程图的方法是：登录 WPS 账号后，单击"插入"选项卡中的"流程图"按钮，在打开的界面中单击"新建空白"链接，进入流程图的编辑界面，如图 3-44 所示。编辑好流程图后，单击 **插入** 按钮，创建的流程图便会以图片的形式插入文档中。

2. 在文档中插入二维码

二维码又称为二维条码，是用某种特定的几何图形，按一定的规律在平面上分布的、黑白相间的图形，被广泛应用于日常生活中。在文档中插入二维码的方法是：单击"插入"选项卡中的"更多"按钮 •••，在打开的下拉列表中选择"二维码"选项，打开"插入二维码"对话框，如图 3-45 所示，在"输入内容"文本框中输入内容并设置二维码的样式后，单击 **确定** 按钮即可将其插入文档中。

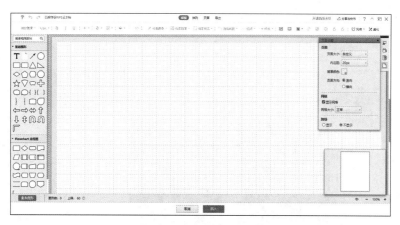

图 3-44 流程图编辑界面

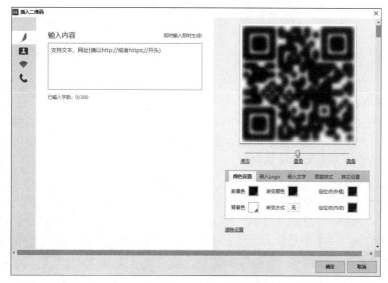

图 3-45 "插入二维码"对话框

3. 普通文本与表格间的相互转换

为了更好地编辑和处理文档中的数据，WPS 文字提供了文本与表格的转换功能，可以快速将文档中的文本数据或表格进行相互转换。

● **文本转换为表格**：在文档中选择要转换为表格的文本数据，单击"插入"选项卡中的"表格"按钮⊞，在打开的下拉列表中选择"文本转换成表格"选项，打开"将文字转换成表格"对话框，在其中对表格列数和文字分隔位置进行设置后，单击 确定 按钮，便可将选择的文本转换为表格。

● **表格转换为文本**：选择表格，单击"表格工具"选项卡中的"转换成文本"按钮⊞，打开"表格转换成文本"对话框，设置文字分隔符后，单击 确定 按钮，所选表格就将转换为文本。

4. 压缩文档内的图片

当插入的图片过大时，也会导致文件变大，此时就可用 WPS 文字的"压缩图片"功能压缩图片，使其占用空间变小。压缩图片的方法是：选择图片，单击"图片工具"选项卡中的"压缩图片"按钮 ，打开"图片压缩"窗口，如图 3-46 所示，在其中选择图片的压缩方式后，单击 完成压缩 按钮。

图 3-46 "图片压缩"窗口

5．清除文本或段落中的格式

当对设置的文本效果或段落效果不满意时，如果持续按【Ctrl+Z】组合键，就会非常耗费时间。此时，可以选择已设置好格式的文本或段落，单击"开始"选项卡中的"清除格式"按钮 ，使其恢复成系统的默认格式。

6．删除文档空白页

在制作文档时，经常会遇到明明没有内容，却总是会存在一张空白页的情况，这是由于空白页上有回车符或分页符等导致的。如果要删除文字后的空白页，则需要先选择空白页，然后按【Ctrl+Backspace】组合键；如果要删除表格后的空白页，则同样需要选择空白页，然后按【Ctrl+D】组合键，打开"字体"对话框，接着单击选中"字体"选项卡中"效果"栏中的"隐藏文字"复选框，最后单击 确定 按钮。

项目四

高级编排和批量处理 WPS 文档

04

情景导入

上一季度公司产品预售目标达成的人数较少，经调查后发现采购手册的内容比较陈旧，没有及时更新，于是老洪让米拉根据公司的要求重新制作一份采购手册，要求文档内容全面、准确，且整体结构完整，然后再根据公司给出的客户名单批量制作答谢会邀请函，以邀请客户前来参加公司举办的答谢会活动。

米拉：老洪，采购手册的内容这么多，我要一个一个地修改吗？这样好麻烦呀！

老洪：当然不需要，在制作和编辑手册、制度等页数较多的文档时，可以采用一些较为高效的方法来批量处理，如统一文档格式、添加封面和目录、添加页眉页脚等，以此来提高文档的编辑效率。另外，文档制作完成之后，有时还需要根据领导的批复情况对其进行相应的修改。

米拉：好的，我明白了。

学习目标

- 掌握新建样式的方法。
- 掌握添加封面和目录的方法。
- 掌握添加页眉页脚的方法。

- 掌握批量制作文档的方法。
- 掌握保护文档的方法。
- 掌握审阅和修订文档的方法。

技能目标

- 能够熟练编排各种长文档。
- 能够正确地将文档内容与数据源关联起来。

- 能够按照要求限制文档编辑，以防止他人随意修改文档内容。

素质目标

- 提高在文档使用方面的整体认知，培养对 WPS Office 等文字处理软件的兴趣。
- 培养严谨的科学态度和精益求精的工作作风。

任务一　编排"采购手册"文档

　　米拉接到任务后，首先去公司的档案室里找到了历年的采购手册，然后再与公司现行的采购制度进行了对比，最终形成了初步的采购手册。接着，她又对文档进行了美化，如设置字体样式、添加封面和目录等，丰富了采购手册的内容，使其看起来更加正式。

一、任务目标

　　本任务将编排"采购手册"文档，主要用到的操作有应用和修改样式、添加封面和目录、添加页眉页脚、添加水印等，使文档更加符合办公规范。通过本任务的学习，用户可以掌握长文档的编排方法，达到让人眼前一亮的效果。本任务的最终效果如图 4-1 所示（配套资源:\ 效果文件 \ 项目四 \ 采购手册 .wps）。

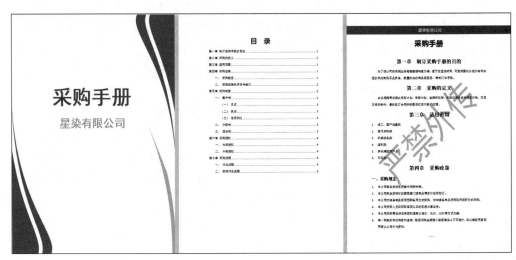

图 4-1　"采购手册"文档最终效果

二、相关知识

　　在编排长文档时，经常会用到分隔符、主题与样式、页眉与页脚等对象，下面对其分别进行介绍。

（一）分隔符的类型

　　分隔符主要用于分隔文档页面，以便为不同的页面设置不同的格式或版式。当用户在编辑文档时，如果要设置内容分节，则可在"页面布局"选项卡中单击"分隔符"按钮┅，在打开的下拉列表中选择"分页符""分栏符""换行符""下一页分节符""连续分节符""偶数页分节符""奇数页分节符"选项。

- ● **分页符**：使文档内容从插入分页符的位置开始强制分页。
- ● **分栏符**：使文档内容从插入分栏符的位置开始强制分栏。
- ● **换行符**：使文档内容从插入换行符的位置开始强制换行。
- ● **下一页分节符**：使文档内容分节，但新节将从下一页开始。
- ● **连续分节符**：使文档内容分节，但新节从当前页开始。
- ● **偶数页分节符**：使文档内容分节，但在新的偶数页里开始下一节。
- ● **奇数页分节符**：使文档内容分节，但在新的奇数页里开始下一节。

（二）主题与样式

在编排长文档时，经常会为文档设置统一的版式，如果手动添加，则会非常烦琐且耗时，此时就可以使用 WPS 文字提供的主题与样式功能来统一文档效果。

● **主题**：主题用于更改文档的主体效果，包括字体方案、颜色方案和图形效果等，针对的是整个文档的内容。当用户需要使文档中的字体、颜色、格式和整体效果保持某一标准时，就可将相应的主题应用于整个文档。

● **样式**：样式是字体格式、段落格式、项目符号和编号、边框和底纹等多种格式的集合。在编排文档时应用样式，不仅可以使文档的格式统一，提高工作效率，还可以用于生成目录，进而高效、快捷地制作出高质量文档。

（三）页眉与页脚

页眉与页脚也是编排长文档时的常用对象，在电子文档中，页眉特指页面顶部的区域，页脚则特指页面底部的区域，它们常用于显示文档的附加信息，如公司名称、公司徽标、文档标题、文件名、作者姓名或页码等。

三、任务实施

（一）应用和修改样式

微课视频

应用和修改样式

WPS 文字提供了可直接使用的内置文本样式库，但当这些样式不能满足需求时，用户也可以选择修改样式或新建样式。下面在"采购手册 .wps"文档中应用并修改"正文"样式和"标题 1"样式，然后再新建"章节""二级标题""三级标题"样式，其具体操作如下。

（1）打开"采购手册 .wps"文档（配套资源:\ 素材文件 \ 项目四 \ 采购手册 .wps），选择"采购手册"文本，单击"开始"选项卡中"样式"列表框中的"标题 1"选项，然后在该样式上单击鼠标右键，在弹出的快捷菜单中选择"修改样式"命令，如图 4-2 所示。

（2）打开"修改样式"对话框，在"格式"栏中的"字体"下拉列表中选择"思源黑体 CN Heavy"选项，在"字号"下拉列表中选择"一号"选项，然后单击"居中"按钮▤，最后单击▭▭按钮，如图 4-3 所示。

图 4-2　应用内置样式　　　　　　图 4-3　修改样式

（3）选择除"采购手册"文本外的所有文本，在"正文"样式上单击鼠标右键，在弹出的快捷菜单中选择"修改样式"命令，打开"修改样式"对话框，在其中设置"字号"为"五号"，"对齐方式"为"左对齐"，然后单击 格式(O)▾ 按钮，在打开的下拉列表中选择"段落"选项，如图4-4所示。

（4）打开"段落"对话框，在"缩进和间距"选项卡的"缩进"栏中的"特殊格式"下拉列表中选择"首行缩进"选项，保持"度量值"数值框中的默认值，然后单击 确定 按钮，如图4-5所示。

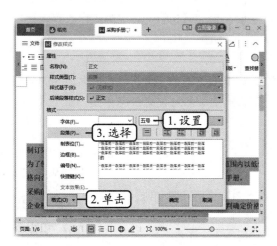

图4-4　选择"段落"选项

图4-5　设置正文缩进

（5）返回"修改样式"对话框，单击 确定 按钮，返回文档，为所选文本应用"正文"样式。

（6）因为"标题1"样式是基于"正文"样式的，在设置了"正文"样式的缩进值后，"标题1"样式的缩进值也改变了，所以此时需要单击"插入"选项卡中的对话框启动器按钮⌐，打开"段落"对话框，在"缩进和间距"选项卡的"缩进"栏中设置"特殊格式"为"（无）"。

> **知识补充**
>
> ### 应用稻壳推荐样式
>
> 　　如果不知道该为文档应用何种样式，也可以单击"样式"列表框右侧的▾按钮，在打开的下拉列表中选择"稻壳推荐样式"栏右侧的"更多"链接，打开"稻壳样式"对话框，在其中选择需要的样式。

（7）单击"样式"列表框右侧的▾按钮，在打开的下拉列表中选择"新建样式"选项，打开"新建样式"对话框，在"属性"栏中的"名称"文本框中输入"章节"文本，在"格式"栏中设置"字号"为"小二"，并单击"加粗"按钮 **B** 和"居中"按钮 ≡，然后再单击 格式(O)▾ 按钮，在打开的下拉列表中选择"段落"选项，如图4-6所示。

（8）打开"段落"对话框，在"缩进和间距"选项卡的"常规"栏中的"对齐方式"下拉列表中选择"居中对齐"选项，在"缩进"栏中的"特殊格式"下拉列表中选择"（无）"选项，在"间距"栏中的"段前""段后"数值框中均输入"0.5"，在"行距"下拉列表中选择"1.5倍行距"选项，然后单击 确定 按钮，如图4-7所示。

（9）返回"新建样式"对话框，再次单击 格式(O)▾ 按钮，在打开的下拉列表中选择"编号"选项，打开"项目符号和编号"对话框，在"编号"选项卡下方的列表框中选择第二种样式，接着单击 自定义(T)... 按钮，如图4-8所示。

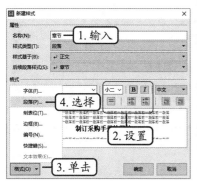

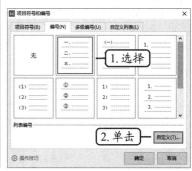

图 4-6　新建样式　　　　图 4-7　设置新建样式的缩进和间距　　　图 4-8　选择编号样式

（10）打开"自定义编号列表"对话框，在"编号格式"栏中的"①"前输入"第"文本，在"①"后输入"章"文本和两个空格，然后单击 确定 按钮，如图 4-9 所示。

（11）返回"新建样式"对话框，再次单击 格式(O) 按钮，在打开的下拉列表中选择"快捷键"选项，打开"快捷键绑定"对话框，将文本插入点定位到"快捷键"文本框中，然后输入"F2"，接着单击 指定 按钮，如图 4-10 所示。

（12）返回"新建样式"对话框，单击 确定 按钮，返回文档，选择"制订采购手册的目的"文本，按【F2】键，快速应用创建的"章节"样式，然后使用同样的方法为其他相同级别的文本应用该样式，效果如图 4-11 所示。

图 4-9　设置编号格式　　　图 4-10　设置快捷键　　　图 4-11　应用"章节"样式后的效果

（13）使用相同的方法新建"二级标题"样式和"三级标题"样式，然后再将其应用于文档相应的段落中。

（14）应用"二级标题"样式时，发现序号是连起来的，没有进行划分，此时可选择需要连续编号的文本，单击鼠标右键，在弹出的快捷菜单中选择"重新开始编号"命令，如图 4-12 所示，使文本重新开始编号，然后使用同样的方法重新给其他文本编号。

（15）选择"第三章　适用范围"文本下的 6 个段落，单击"开始"选项卡中"编号"按钮 右侧的下拉按钮 ，在打开的下拉列表中选择"1. 2. 3. …"样式的编号，然后为其他章下的文本应用相同样式的编号。

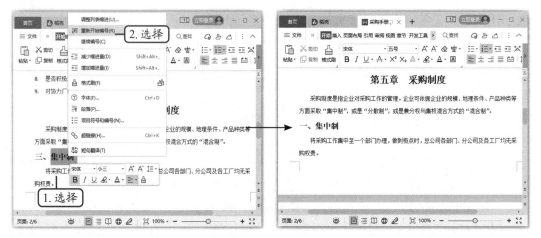

图 4-12　重新开始编号

<table>
<tr><td rowspan="4">操作
提示</td><td>关于设置重新开始编号</td></tr>
<tr><td>　　当为文本设置重新开始编号后，会发现其段落格式也发生了改变，此时可打</td></tr>
<tr><td>开"段落"对话框，单击"缩进和间距"选项卡，在其中的"缩进"栏中设置缩进</td></tr>
<tr><td>值为"0"。</td></tr>
</table>

（二）添加封面和目录

　　对于长文档，一般都需要为其添加封面和目录，这样会使文档的结构更加完整，也便于查找文档内容。下面在"采购手册.wps"文档中添加封面和目录，其具体操作如下。

　　（1）将文本插入点定位到"采购手册"文本前，单击"插入"选项卡中的"封面页"按钮，在打开的下拉列表中选择"预设封面页"栏中的第 4 个封面，如图 4-13 所示。

　　（2）删除封面中的多余部分，然后将"项目解决方案"文本修改为"采购手册"文本，将其下方的英文字母修改为"星染有限公司"文本，如图 4-14 所示。

图 4-13　添加内置封面

图 4-14　修改封面

（3）将文本插入点定位到"采购手册"文本前，单击"页面布局"选项卡中的"分隔符"按钮㠯，在打开的下拉列表中选择"分页符"选项，预留出目录页，如图 4-15 所示。

图 4-15　插入分页符

（4）将文本插入点定位至目录页的中间位置，然后单击"引用"选项卡中的"目录"按钮㠯，在打开的下拉列表中选择第 3 种目录样式，如图 4-16 所示。

（5）在打开的提示对话框中单击 是(V) 按钮后，系统将自动把应用了样式的标题提取出来，如图 4-17 所示。

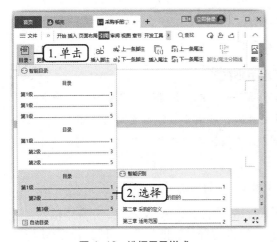

图 4-16　选择目录样式

图 4-17　插入目录

（6）选择"目录"文本，将其字体格式设置为"方正兰亭圆 _GBK_ 中、小一"。

> **知识补充**
>
> ### 自定义目录
>
> 单击"引用"选项卡中的"目录"按钮㠯，在打开的下拉列表中选择"自定义目录"选项，打开"目录"对话框，在其中可对制表符前导符、显示级别、显示页码、页码右对齐和使用超链接等进行设置。另外，在该对话框中单击 选项(O)... 按钮，打开"目录选项"对话框，在其中还可对要提取样式的目录级别进行设置。

（三）添加页眉页脚

微课视频

添加页眉页脚

为了便于阅读，使文档传达更多的信息，如公司名称、页码等，用户可为其添加相同或不同的页眉页脚。下面在"采购手册.wps"文档中添加页眉页脚，其具体操作如下。

（1）单击"插入"选项卡中的"页眉页脚"按钮▤，进入页眉页脚编辑状态。

（2）将文本插入点定位至"奇数页 页眉-第1节-"处，单击"页眉页脚"选项卡中的"页眉页脚选项"按钮▨，打开"页眉/页脚设置"对话框，单击选中"页面不同设置"栏中的"首页不同"复选框，然后单击 确定 按钮，如图4-18所示。

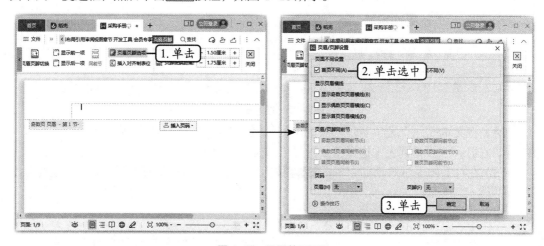

图4-18　设置首页不同

> **知识补充　断开页眉页脚链接**
>
> 　　一般来讲，某一节中的页眉页脚与其前一节中的页眉页脚是链接在一起的，如果要为文档中不同的节设置不同的页眉页脚，就需要在添加页眉页脚前，在"页眉/页脚设置"对话框的"页眉/页脚同前节"栏中断开节与节之间页眉或页脚的链接。

（3）将文本插入点定位至"奇数页 页眉-第2节-"处，在其中插入一个"填充"和"边框"颜色与封面颜色一样的"流程图：过程"形状，然后再插入一个文本框，在其中输入"星染有限公司"文本，并设置其字体格式为"方正兰亭准黑简体、四号"，最后组合形状与文本框，如图4-19所示。

（4）复制并粘贴组合对象至"偶数页 页眉-第2节-"处，并将文本框内的文本修改为"采购手册"，然后单击"页眉页脚"选项卡中的"页眉页脚切换"按钮▤，转至"偶数页 页脚-第2节-"处，如图4-20所示。

（5）单击▤ 插入页码· 按钮，在"样式"下拉列表中选择第3种样式，在"位置"栏中选择"居中"选项，然后单击 确定 按钮，如图4-21所示。

（6）单击▤ 重新编号· 按钮，在"页码编号设为"数值框中输入"1"，然后单击"确认"按钮✓，如图4-22所示。

图 4-19　设置页眉

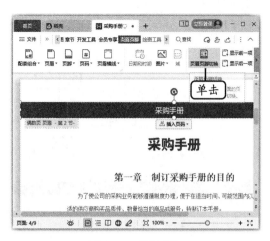

图 4-20　转至页脚

图 4-21　添加页码

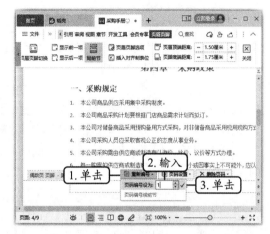

图 4-22　设置页码编号

（7）将文本插入点定位至"奇数页 页眉 - 第 2 节 -"处，再次打开"页眉 / 页脚设置"对话框，在其中单击选中"首页不同"复选框，并取消选中"奇数页页眉同前节"复选框、"奇数页页脚同前节"复选框、"偶数页页眉同前节"复选框和"偶数页页脚同前节"复选框，然后单击 **确定** 按钮，使目录页不显示页眉。

（8）转至目录页页脚处，单击 **× 删除页码 ·** 按钮，在打开的下拉列表中选择"本页"选项，删除目录页页码，如图 4-23 所示。

（9）单击"页眉页脚"选项卡中的"关闭"按钮 **×**，退出页眉页脚编辑状态，如图 4-24 所示。

操作提示

自定义页眉页脚

在页眉页脚区域除了可以插入形状、文本框等对象外，还可以插入图片、表格、艺术字等对象，与在文本编辑区域编辑对象的方式相同。另外，还可以通过双击页眉页脚区域快速进入页眉页脚编辑状态。

图 4-23　删除目录页页码

图 4-24　退出页眉页脚编辑状态

（四）更新目录

重新设置页码后，原先提取出来的目录页码就与实际的有所不符，所以还需要更新目录页码。下面更新从"采购手册.wps"文档中提取出来的页码，其具体操作如下。

（1）选择目录页除"目录"文本以外的所有文本，单击"引用"选项卡中的"更新目录"按钮，打开"更新目录"对话框，在其中单击选中"更新整个目录"单选项，然后单击 确定 按钮，如图 4-25 所示。

（2）目录页码将根据文档页面当前的页码进行更新，然后删除"采购手册"行，效果如图 4-26 所示。

微课视频
更新目录

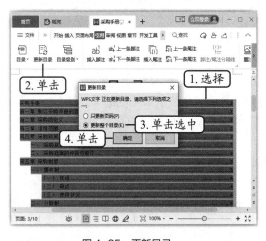

图 4-25　更新目录

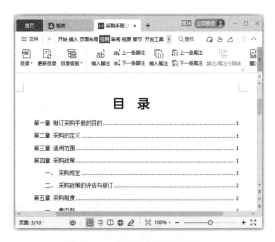

图 4-26　更新目录后的效果

（五）添加水印

在制作办公文档时，有时会为文档添加水印，以标识文档，防止他人盗用。下面为"采购手册.wps"文档添加水印，其具体操作如下。

（1）单击"插入"选项卡中的"水印"按钮，在打开的下拉列表中单击"点击添加"按钮，如图 4-27 所示。

微课视频
添加水印

（2）打开"水印"对话框，在其中单击选中"文字水印"复选框，并在"内容"下拉列表框中输入"严禁外传"文本，在"字体"下拉列表中选择"方正兰亭黑简体"选项，在"字号"下拉列表中选择"120"选项，在"版式"下拉列表中选择"倾斜"选项，在"透明度"数值框中输入"30"，然后单击 确定 按钮，如图 4-28 所示。

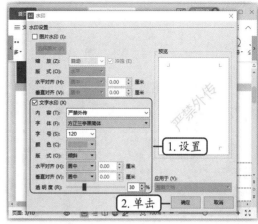

图 4-27　单击"点击添加"按钮　　　　　　　图 4-28　设置文字水印

（3）将文本插入点定位至第 5 页的任意位置处，再次单击"水印"按钮⊜，在打开的下拉列表中将鼠标指针移至"自定义水印"栏中刚刚添加的文字水印上，单击鼠标右键，在弹出的快捷菜单中选择"应用于本节"命令，使水印不显示于目录页，如图 4-29 所示。至此，完成本任务的制作。

图 4-29　添加水印

任务二　批量制作"邀请函"文档

为了感谢客户的支持与理解，公司将邀请新老客户前来参加答谢会活动，所以需要制作多份"邀请函"文档。但老洪忙着筹备其他事项，于是将此重任交给了米拉。米拉接到任务后，便开始收集客户资料，然后查找批量制作"邀请函"文档的方法。

一、任务目标

本任务将批量制作"邀请函"文档，主要用到的操作是邮件合并。通过本任务的学习，读者可以掌握在文档中插入可变数据的方法，快速制作出大体内容相似、部分内容不同的文档。本任务的最终效果如图 4-30 所示（配套资源 :\ 效果文件 \ 项目四 \ 邀请函 .wps、邀请函批量 .wps）。

图 4-30 "邀请函"文档最终效果

二、相关知识

在使用邮件合并功能批量制作文档时，用户需要掌握邮件合并方式，以及合并域与 Next 域的区别等相关知识，以快速批量制作需要的文档。

（一）邮件合并方式

在 WPS 文字中，一共有 4 种邮件合并方式，分别是合并到新文档、合并到打印机、合并到不同新文档和合并发送，用户可以根据不同的情况选择合适的邮件合并方式。

- **合并到新文档**：将邮件合并内容输出到新文档中，且每条数据将自动单独一页进行显示。
- **合并到打印机**：将邮件合并内容直接合并到打印机中进行打印。需要注意的是，在这种邮件合并方式下，需要确认邮件合并内容无误。
- **合并到不同新文档**：将邮件合并内容按照收件人列表输出到不同的文档中，即每一个收件人自成一个单独的文档。
- **合并发送**：将邮件合并内容通过电子邮件或微信进行批量发送。

（二）合并域与 Next 域的区别

在邮件合并主控文档中既可以插入合并域，也可以插入 Next 域。其中，合并域是指插入收件人列表中的域，也就是收件人列表中的字段，只有插入合并域才能将主控文档需要变化的内容与收件人列表中的数据关联起来，实现批量制作。在执行邮件合并后，每一条记录是单独一页显示的，当需要在同一页中显示多条记录时，就需要插入 Next 域来解决邮件合并中的换页问题，如果一页中要显示 N 行，则可插入 $N-1$ 个 Next 域。

总之，使用邮件合并功能批量制作文档时，可以没有 Next 域，但不能没有合并域，或者两者同时存在。

三、任务实施

（一）设计邀请函模板

在制作邀请函时，首先需要输入每个邀请函都包含的文本，然后再设置其字体格式，使其作为邀请函模板。下面制作"邀请函.wps"文档的模板，其具体操作如下。

（1）新建并保存"邀请函.wps"文档，然后在其中插入"背景.png"图片（配套资源:\ 素材文件 \ 项目四 \ 背景 .png），并将其环绕方式设置为"衬于文字下方"，接着将图片调整为页面大小。

（2）在页面空白处插入"填充－培安紫，着色4，软边缘"样式的"一路前行 感恩有你"艺术字，并将其字体格式设置为"宋体、48、加粗"，再设置字体颜色为"培安紫，着色4，深色25%"，如图 4-31 所示。

（3）在艺术字下方插入一个文本框，并在其中输入活动内容，然后复制该文本框，将其移至页面下方，在其中输入活动的时间、地址与联系电话，完成模板的设计，如图 4-32 所示。

图 4-31　插入艺术字

图 4-32　插入文本框

（二）批量制作邀请函

前面制作的邀请函模板中只包含"尊敬的"这个形容词，并没有添加姓名和性别，所以此时还需要通过邮件合并功能创建数据源，将数据源中的数据导入相应的位置。下面在"邀请函.wps"文档中导入客户信息，其具体操作如下。

（1）单击"引用"选项卡中的"邮件"按钮，激活"邮件合并"选项卡，然后单击该选项卡中的"打开数据源"按钮，打开"选取数据源"对话框，在其中选择"客户资料.txt"文档（配套资源:\ 素材文件 \ 项目四 \ 客户资料 .txt）后，单击 打开(O) 按钮，如图 4-33 所示。

图 4-33　导入客户信息

（2）单击"邮件合并"选项卡中的"收件人"按钮，打开"邮件合并收件人"对话框，在"收件人列表"列表框中取消选中不会来参加答谢会的客户对应的复选框，然后单击 确定 按钮，如图 4-34 所示。

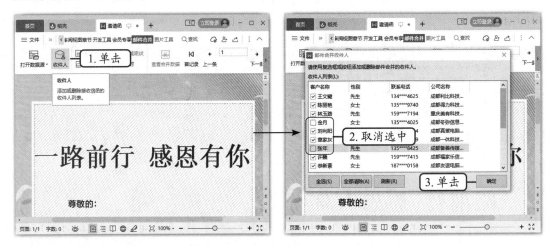

图 4-34　选择收件人

（3）将文本插入点定位到"尊敬的"文本后，单击"邮件合并"选项卡中的"插入合并域"按钮，打开"插入域"对话框，在"域"列表框中选择"客户姓名"选项后，单击 插入(I) 按钮，如图 4-35 所示。

（4）继续添加"性别"域，然后单击"插入域"对话框右上角的"关闭"按钮 × 关闭该对话框。

（5）单击"邮件合并"选项卡中的"查看合并数据"按钮，查看第一条记录的合并效果，如图 4-36 所示。然后通过单击该选项卡中的"上一条"按钮←和"下一条"按钮→来查看其他合并效果。

（6）单击"邮件合并"选项卡中的"合并到新文档"按钮，打开"合并到新文档"对话框，在"合并记录"栏中单击选中"全部"单选项，然后单击 确定 按钮，如图 4-37 所示。

（7）系统将新建一个文档，并显示所选收件人的合并记录，且每条记录均单独显示在一个页面上，然后单击"邮件合并"选项卡中的"关闭"按钮⊠关闭该选项卡，如图 4-38 所示。最后将文档保存为"邀请函批量 .wps"文档，完成本任务的制作。

图 4-35　插入"客户姓名"域

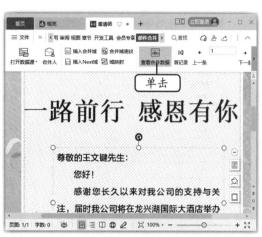

图 4-36　查看合并效果

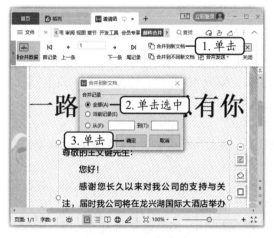

图 4-37　合并到新文档

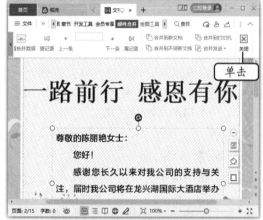

图 4-38　关闭"邮件合并"选项卡

任务三　审阅和修订"产品代理协议"文档

公司在与上海炫光技术有限公司经过多次的会谈后，终于协商好了产品代理这一项目的相关要求，于是老洪便安排米拉起草一份"产品代理协议"文档，并要求文档的格式正确，在文档制作完成之后，发送给老洪检查，然后米拉根据老洪给出的意见和建议进行修改，最后将文档发送给上海炫光技术有限公司。

一、任务目标

本任务将审阅和修订"产品代理协议"文档，主要用到的操作有审阅文档（添加批注）、修订文档、限制编辑、上传云文档等。通过本任务的学习，读者可以掌握文档的审阅方法、修订方法、保护方法以及上传方法，以达到及时修改文档、防止他人随意更改文档的目的。

本任务的最终效果如图 4-39 所示（配套资源 :\ 效果文件 \ 项目四 \ 产品代理协议 .wps）。

图 4-39 "产品代理协议"文档最终效果

二、相关知识

对于一些比较重要的文档，如合同、协议、设计方案等，用户可以对其进行保护，以防止他人查看或随意更改文档内容；而对于一些需要多人制作的文档，如由公司各部门汇总而成的工作总结等，就需要通过多人协作编辑功能来共同完成。

（一）保护文档的方式

在 WPS 文字中，一共有 3 种保护文档的方式，分别是密码保护、文档权限和限制编辑，下面分别进行介绍。

● **密码保护**：单击 ≡文件 按钮，在打开的下拉列表中选择"文档加密"选项，在打开的子列表中选择"密码加密"选项，打开"密码加密"对话框，在其中设置好打开文档的密码和编辑文档的密码后，单击 应用 按钮，然后保存并关闭文档。再次打开该文档时，系统就会自动打开"文档已加密"对话框，只有输入正确的密码才能将其打开。

● **文档权限**：登录 WPS 账号后，单击"审阅"选项卡中的"文档权限"按钮 ，打开"文档权限"对话框，然后单击"私密文档保护"右侧的"开启"按钮 ，在打开的"账号确认"对话框中单击选中"确认为本人账号，并了解该功能使用"复选框，接着单击 开启保护 按钮即可。开启该功能后，只有当前账号才能查看或编辑文档，其他账号将无法打开该文档。

● **限制编辑**：单击"审阅"选项卡中的"限制编辑"按钮 ，打开"限制编辑"任务窗格，在其中设置文档的保护方式并单击 启动保护... 按钮后，系统将打开"启动保护"对话框，然后在其中设置保护密码即可。开启该功能后，只有输入正确的密码才能编辑文档。

（二）多人协作编辑文档

在制作或编辑长文档时，就会用到 WPS 文字中的协作和分享两种功能，通过该功能，用户不仅能降低出错率，还能提高工作效率。

- **协作：** 打开文档，登录 WPS 账号后，在"首页"页面选择"文档"/"共享"选项，在其中创建共享文件夹后，单击"共享文件夹"任务窗格中的 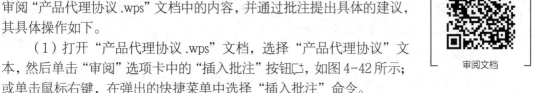 按钮，打开"邀请成员"对话框，其中包含系统自动生成的邀请链接和链接分享方式，如图 4-40 所示，由此可邀请他人协作编辑文档。

- **分享：** 登录 WPS 账号，打开需要分享的文档后，单击 ≡文件 按钮，在打开的下拉列表中选择"分享文档"选项，打开"另存云端开启'分享'"对话框，设置上传位置后，单击 上传到云端 按钮，系统将开始上传文件，并自动打开包含分享方式与分享范围的对话框，如图 4-41 所示。

图 4-40　邀请成员

图 4-41　分享文档

三、任务实施

（一）审阅文档

审阅就是对某一文档进行细致的浏览和批改。在处理办公文档时，员工经常会将制作好的文档交给领导，若领导对文档中的某一处存有异议，就会通过在相应的位置处批注以提出自己的意见或建议，供文档制作者参考。下面审阅"产品代理协议.wps"文档中的内容，并通过批注提出具体的建议，其具体操作如下。

（1）打开"产品代理协议.wps"文档，选择"产品代理协议"文本，然后单击"审阅"选项卡中的"插入批注"按钮 ，如图 4-42 所示；或单击鼠标右键，在弹出的快捷菜单中选择"插入批注"命令。

（2）将文本插入点定位至插入的批注框内，在其中输入"字号设置为小一，并加粗显示"文本，如图 4-43 所示。

（3）继续阅读其余内容，并使用同样的方法添加批注。

（4）单击"审阅"选项卡中"审阅"按钮 下方的下拉按钮 ，在打开的下拉列表中选择"审阅窗格"选项，在打开的子列表中选择"垂直审阅窗格"选项，打开"审阅窗格"任务窗格，在其中查看文档的修订数量和修订内容，如图 4-44 所示。

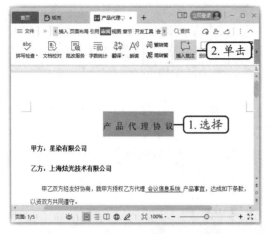

图 4-42　插入批注

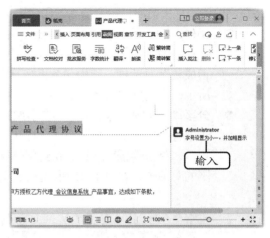

图 4-43　输入批注内容

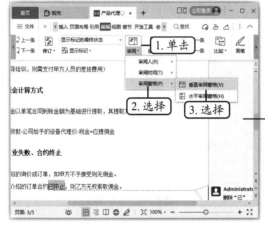

图 4-44　查看文档的修订数量和修订内容

> **知识补充**
>
> **删除批注**
>
> 　　若要删除文档中的某一个批注，则可单击"审阅"选项卡中的"删除"按钮，或单击鼠标右键，在弹出的快捷菜单中选择"删除批注"命令。另外，单击"删除"按钮下方的下拉按钮，在打开的下拉列表中选择"删除文档中的所有批注"选项，可将文档中的批注全部删除。

（二）修订文档

为了便于让审阅者或其他用户知道文档的修改位置，文档制作者可先设置修订标记，然后再对文档进行修订。下面在"产品代理协议 .wps"文档中设置修订标记并修订文档，其具体操作如下。

（1）单击"审阅"选项卡中"修订"按钮下方的下拉按钮，在打开的下拉列表中选择"修订选项"选项，如图 4-45 所示。

（2）打开"选项"对话框，在"插入内容""删除内容""修订行"下拉列表框右侧的"颜色"下拉列表中均选择"深天蓝"选项，然后

微课视频

修订文档

单击 确定 按钮，如图 4-46 所示。

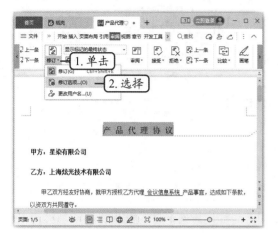

图 4-45 选择"修订选项"选项

图 4-46 设置修订标记

（3）返回文档后，选择"产品代理协议"文本，根据批注意见对其进行格式的修改。修改完成后，原批注下方会出现一个蓝色的批注框，里面显示了操作的具体内容，如图 4-47 所示。

（4）选择最后一条批注，单击鼠标右键，在弹出的快捷菜单中选择"答复批注"命令，原批注下方会出现一个回复框，然后在其中输入回复内容，如图 4-48 所示。

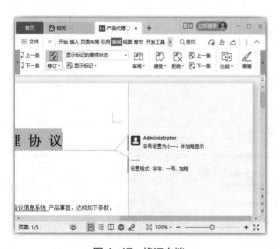

图 4-47 修订文档

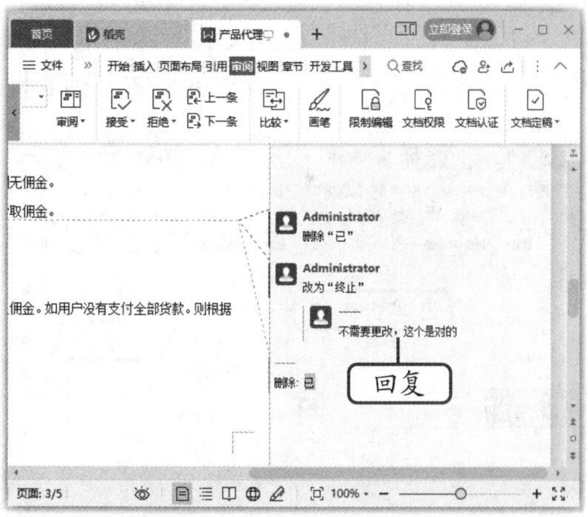

图 4-48 回复批注

（5）使用同样的方法对其他的内容进行修订，然后再检查是否有修订错误的地方或遗漏未修改的地方。经检查后，发现标题字号修改错误，此时可选择蓝色的批注框，单击框内的"拒绝修订"按钮，或单击"审阅"选项卡中的"拒绝"按钮，使其恢复至未设置字体格式前的状态，如图 4-49 所示。

（6）重新设置标题的字体格式后，再次通篇检查，然后单击"审阅"选项卡中"接受"按钮下方的下拉按钮，在打开的下拉列表中选择"接受对文档所做的所有修订"选项，如图 4-50 所示，所做的修改就会保留，只留下批注和回复。

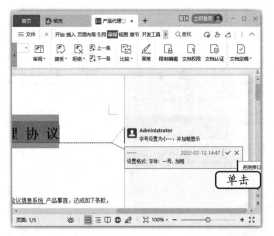

图 4-49　拒绝修订

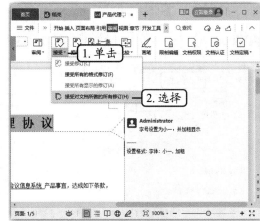

图 4-50　接受修订

（三）限制编辑

限制编辑是指对文档的字体格式或其中的内容进行限制，以防止他人随意更改文档，保证文档的一致性。下面对"产品代理协议.wps"文档进行限制编辑设置，其具体操作如下。

微课视频

限制编辑

（1）单击"审阅"选项卡中的"限制编辑"按钮，打开"限制编辑"任务窗格，在其中单击选中"限制对选定的样式设置格式"复选框，再单击 设置 按钮，如图 4-51 所示。

（2）打开"限制格式设置"对话框，单击 全部限制(R) >> 按钮，将"当前允许使用的样式"列表框中的样式添加到"限制使用的样式"列表框中，然后单击 确定 按钮，如图 4-52 所示。

图 4-51　限制格式

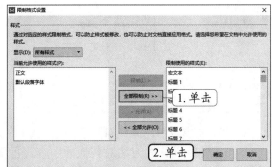

图 4-52　限制格式设置

（3）系统将自动打开"WPS 文字"提示对话框，在其中单击 否(N) 按钮，不删除当前文档中不允许使用的样式。

（4）返回文档后，单击"限制编辑"按钮打开"限制编辑"任务窗格后，选中"设置文档的保护方式"复选框，再单击选中下方的"批注"单选项，然后单击 启动保护 按钮，打开"启动保护"对话框，在其中的"新密码（可选）"和"确认新密码"文本框中均输入"123"，最后单击 确定 按钮，如图 4-53 所示。

（5）限制文档格式后，"开始"选项卡中的部分按钮将呈现灰色状态显示，表示该文档中不可进行相应的编辑操作。若要取消文档的保护，则可单击"限制编辑"任务窗格中的 停止保护 按钮，打开"取消保护文档"对话框，在"密码"文本框中输入设置的保护密码，并单击 确定 按钮即可，如图 4-54 所示。

图 4-53　保护文档

图 4-54　停止保护

（四）上传云文档

上传云文档是指将编辑的文档上传至云服务器端进行存储，该功能不仅可以使文件实时更新，避免因突发事件而导致文件丢失的情况发生，而且可以使用户在任何时间、任何地点通过移动网络登录云账号查看保存的文件，为日常办公带来便利。下面将"产品代理协议.wps"文档上传至云文档，其具体操作如下。

微课视频

上传云文档

（1）登录 WPS 账号后，在文档标题上单击鼠标右键，在弹出的快捷菜单中选择"保存到 WPS 云文档"命令，如图 4-55 所示。

（2）打开"另存文件"对话框，单击"我的云文档"选项卡，保持"文件名"和"文件类型"的默认设置，然后单击 保存(S) 按钮，如图 4-56 所示。至此，完成本任务的制作。

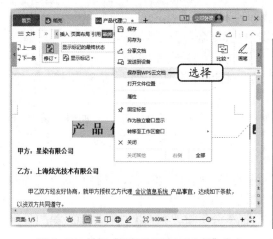

图 4-55　选择"保存到 WPS 云文档"命令

图 4-56　保存文件

实训一 编排"企业文化建设策划案"文档

【实训要求】

微课视频

编排"企业文化建设
策划案"文档

企业文化是企业在长期生产和经营中所形成的管理思想、管理方式、管理理论、群体意识，以及与之相匹配的思维方式和行为规范的总和，它在企业内部凝聚力与外部竞争力方面都起到极大的作用。本实训要求编排"企业文化建设策划案"文档，参考效果如图4-57所示（配套资源：\效果文件\项目四\企业文化建设策划案.wps）。

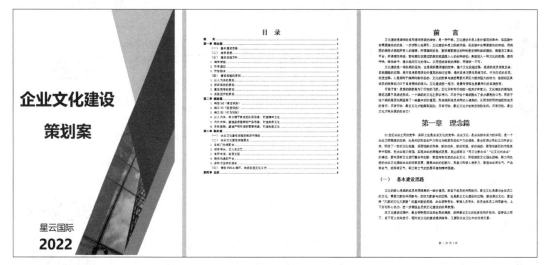

图4-57 "企业文化建设策划案"文档参考效果

【实训思路】

在本实训中，首先要对文本样式进行设置，包括修改样式和新建样式等，然后再添加封面、目录、页码等内容。

【步骤提示】

（1）打开"企业文化建设策划案"文档（配套资源：\素材文件\项目四\企业文化建设策划案.wps），单击"开始"选项卡的"样式"列表框中的"正文"选项，然后在该样式上单击鼠标右键，在弹出的快捷菜单中选择"修改样式"命令。

（2）在"修改样式"对话框中设置"字体"为"方正兰亭纤黑_GBK"，"字号"为"小四"，"对齐方式"为"左对齐"，然后打开"段落"对话框，在其中设置"特殊格式"为"首行缩进"。

（3）新建"章节"样式，设置其字体格式为"方正兰亭刊黑简体、小一、加粗、居中"，"段前""段后"的数值均为"0.5"，行距为"1.5倍行距"，"编号"样式为"第一章 "，"快捷键"为"F11"，然后为章标题应用该样式。

（4）登录WPS账号，单击"插入"选项卡中的"封面页"按钮，在打开的下拉列表中选择"稻壳封面页"中的免费封面，并设置封面的"色彩"为"灰白"。

（5）将文本插入点定位至"前言"文本前，插入分页符，并在空白页中插入第二种目录样式，然后再对插入目录的字体格式进行设置。

（6）插入"第1页 共 × 页"样式的页码，再将该样式中的"×"改为"7"，设置首页和目录页不显示页码。

（7）更新目录，并浏览全文。

实训二 批量制作"入职通知"文档

【实训要求】

公司在招聘过程中，往往会向被录用的新员工发送入职通知，通知员工已经正式被录用，并写明录用的岗位、入职时间、需要携带的资料，以及其他需要注意的事项。其内容可根据不同公司的具体要求而定，内容往往大同小异，且内容必须完全准确，格式也必须规范。本实训要求批量制作"入职通知"文档，参考效果如图 4-58 所示（配套资源:\效果文件\项目四\入职通知 .wps）。

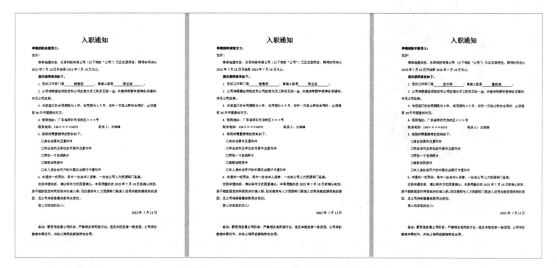

图 4-58 "入职通知"文档参考效果

【实训思路】

在本实训中，首先要确认入职人员名单和入职人员的基本信息，并有"入职通知"文档模板，然后再运用邮件合并功能将域插入文档中的相应位置处，最后批量生成"入职通知"文档。

【步骤提示】

（1）打开"入职通知"文档，激活"邮件合并"选项卡，打开"选取数据源"对话框，在其中选择"入职人员名单 .txt"文档。

（2）在"尊敬的"文本后插入"姓名"域和"性别"域，在"您的工作部门是"文本后插入"入职部门"域，在"直接上级是"文本后插入"直接上级"域。

（3）单击"邮件合并"选项卡中的"合并到新文档"按钮 📄，将新文档以"入职通知"为名保存在效果文件中。

注意，"入职通知"文档中的编号需手动输入，如果用了 WPS 文字内置的编号样式，则批量生成文档中的"相关录用事宜如下。"文本下的各注意事项将依次编号，若为其重新编号，则需要花费大量时间。

课后练习

1. 编排"茶文化知识"文档

编排知识文档可以将文档内容进行整理、分类、汇总，并将文档内容系统地呈现出来，有利于文档内容的传播。本练习要求编排"茶文化知识"文档。在制作"茶文化知识"文档封面时，要注意封面应美观、大方，让人产生良好的视觉体验。本练习的参考效果如图 4-59 所示（配套资源:\ 效果文件 \ 项目四 \ 茶文化知识 .wps）。

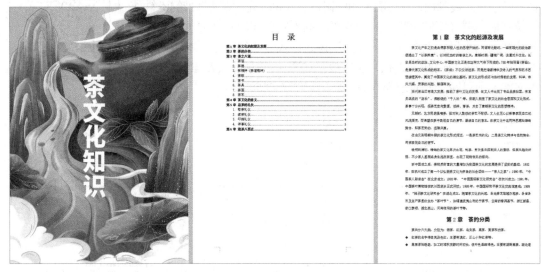

图 4-59 "茶文化知识"文档参考效果

2. 批量制作"个人名片"文档

名片就是一个人的介绍信，由于名片小巧、便于携带，因此名片在工作场合比较常见。名片的内容一般包括个人姓名、职务、电话号码、电子邮箱等内容。本练习要求批量制作"个人名片"文档，参考效果如图 4-60 所示（配套资源:\ 效果文件 \ 项目四 \ 个人名片 .wps）。

图 4-60 "个人名片"文档参考效果

技能提升

1. 翻译文档内容

WPS 文字为用户提供了翻译功能，能够快速将英文翻译成中文，或将中文翻译成英文，其方法是：选择文档中需要翻译的内容，单击"审阅"选项卡中"翻译"按钮下方的下拉按钮▾，在打开的下拉列表中选择"短句翻译"选项，打开"短句翻译"任务窗格，在其中设置翻译的语言后，单击 开始翻译 按钮，系统即可开始对所选短句进行翻译。

需要注意的是，若在"翻译"下拉列表中选择"全文翻译"选项，则会打开"全文翻译"对话框，如图 4-61 所示，在其中对翻译语言、翻译页码进行设置后，单击 立即翻译 按钮，系统将开始翻译，并显示翻译结果，但 WPS 文字中的翻译功能不支持 .wps 格式的文档，只支持 .docx 或 .doc 格式的文档。

图 4-61 "全文翻译"对话框

2. 快速选择相同格式的文本

如果文档中的内容过多，选择多个格式相同的文本比较麻烦，此时可以将文本插入点定位到需要选择的文本中，然后单击"开始"选项卡中的"选择"按钮，在打开的下拉列表中选择"选择格式相似的文本"选项，系统即可全部选中文档中格式相似的文本。

3. 添加脚注和尾注

为了不影响正文的连续性，一般可在页面底部为需要注解的文本添加注释（即添加脚注），其添加方法是：选择需要添加脚注的文本，单击"引用"选项卡中的"插入脚注"按钮ab，文本插入点将自动定位至该页面的底部，在其中输入注释内容即可。

尾注与脚注的形式差不多，一般位于文档的末尾，用于列出引文的出处，通常以"i、ii、iii……"编号标识，其添加方法是：选择需要添加尾注的文本，单击"引用"选项卡中的"插入尾注"按钮，文本插入点将自动定位到文档所有内容的后面，在其中输入注释内容即可。

4. 比较文档

若要快速对比出两个文档之间的差异，并生成修订文档，就可以使用 WPS 文字中的比较功能，其方法是：单击"审阅"选项卡中的"比较"按钮，在打开的下拉列表中选择"比较"选项，打开"比较文档"对话框，在"原文档"下拉列表中选择原始文档，在"修订的文档"下拉列表中选择修改后的文档，然后单击 更多(M) >> 按钮，展开该对话框，并根据需求设置比较内容、显示级别和显示位置后，单击 <u>确定</u> 按钮，系统将会自动新建一个空白文档，并在新建的文档窗口中显示包括原文档、修订的文档和比较结果文档的比较结果，如图 4-62 所示。需要注意的是，被保护的文档不能合并，因此也就不能比较。

图 4-62　比较文档

5. 统计文档字数

在编辑文档时，如果想要统计文档中的字数、页数、段落数等，就可以使用 WPS 文字提供的字数统计功能快速查看，其方法是：单击"审阅"选项卡中的"字数统计"按钮，在打开的"字数统计"对话框中查看字数、页数、字符数（不计空格）、字符数（计空格）、段落数、非中文单词数和中文字符数等信息。

项目五
制作并计算 WPS 表格数据

情景导入

上个月的招聘期结束之后，公司新进了很多员工，为了方便管理，老洪便让米拉协助人事部根据员工的信息制作一份员工档案表以便留档。另外，老洪还要求米拉将以往工资表中比较混乱的数据重新进行整理，并在月底之前把公司所有员工的应发工资统计出来，然后制作成工资条发放给员工，以便员工核对。

米拉：老洪，公司员工那么多，我要一个一个地去计算他们的应发工资，那不是需要很长时间来计算？

老洪：这个其实简单，你可以先用公式和函数计算出第一位员工的工资数据，然后再用填充工具填充就行了，花不了多少时间。

米拉：原来是这样的呀，那我明白了，我马上去试试。

老洪：有什么不懂的随时问我，这么庞大的数据，你可要仔细点，不要出错。

米拉：好的。

学习目标

- 掌握填充表格数据的方法。
- 掌握设置有效性的方法。
- 掌握设置单元格格式的方法。
- 掌握美化表格的方法。
- 掌握打印表格的方法。
- 掌握计算表格数据的方法。

技能目标

- 能够制作并美化表格。
- 能够掌握设置有效性的方法。
- 能够了解各函数的意义，并用函数计算出数据。

素质目标

- 具备正确、规范地处理办公数据的职业素养。
- 培养智能化、自动化办公的个人能力。

任务一 制作"员工档案表"表格

公司招聘结束后，人事部的同事就会将新员工的相关信息输入计算机中进行保存，有时还会将制作好的表格打印出来，进行双重存档，从而便于文件的保存与查看。于是，老洪便让米拉将新员工的信息正确输入并保存到计算机中，并要求对表格格式进行设置，使表格更加规范和美观。

一、任务目标

本任务将制作"员工档案表"表格，主要用到的操作有输入并填充数据、设置单元格格式、设置有效性、美化表格、打印表格等，从而使表格更加规范和美观。通过本任务的学习，读者可以掌握表格的制作方法，提高工作效率。本任务的最终效果如图5-1所示（配套资源:\效果文件\项目五\员工档案表.et）。

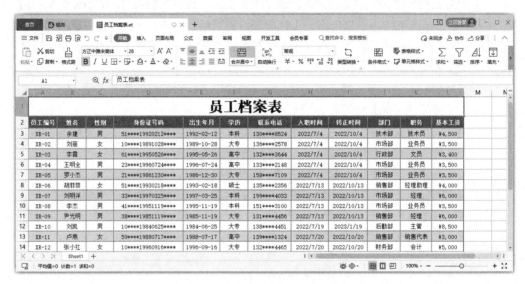

图 5-1 "员工档案表"表格最终效果

二、相关知识

在制作表格时，如果熟悉 WPS 表格的操作界面，掌握单元格与单元格区域的选择方法，能够根据实际情况选择合适的数据填充方式，以及掌握表格的合并与拆分方法，就可以极大地提高表格的制作效率。

（一）认识 WPS 表格的操作界面

WPS 表格的基本功能是创建和编辑电子表格，电子表格是由若干行和若干列构成的二维表格，它与 WPS 文字一样，属于 WPS Office 三大组件之一，因此，其操作界面（见图5-2）的组成与 WPS 文字的大致相同，所以在认识 WPS 表格的操作界面时，只需要掌握与 WPS 文字的操作界面中不相同的部分即可，如名称框、工具按钮、编辑区、列标、行号、工作表编辑区和工作表标签等。

● **名称框**：用于显示当前单元格的地址（也称为单元格的名称），单元格地址由行和列组成，如 A2 单元格表示的是第一列第二行所在的单元格。另外，在输入公式时也可单击名称框右侧的下拉按钮▾，在打开的下拉列表中选择常用函数。

图 5-2　WPS 表格的操作界面

- **工具按钮**：当用户在单元格中输入内容时，名称框右侧的工具按钮就会出现"取消"按钮✕、"输入"按钮✓和"插入函数"按钮*fx*，分别用于撤销和确认在当前单元格中的操作，以及在当前单元格中插入函数；而单击"浏览公式结果"按钮⊝，则可以使右侧的编辑区中只显示结果，不显示公式，再次单击该按钮可显示公式。

- **编辑区**：编辑区也称为公式栏区，用于显示当前单元格中的内容，也可以直接在栏内对当前单元格进行编辑操作。

- **列标**：位于工作表编辑区的上方，用于显示工作表中的列，以 A、B、C、D…的形式编号。

- **行号**：位于工作表编辑区的左侧，用于显示工作表中的行，以1、2、3、4…的形式编号。

- **工作表编辑区**：由多条垂直和水平的线段组成，位于列标的下方。表格中行与列的交叉部分叫作单元格，是组成表格的最小单位，单个数据的输入和修改都可在单元格中进行。

- **工作表标签**：用于显示当前工作簿中的工作表名称、切换工作表或插入新工作表等。

（二）选择单元格与单元格区域

在 WPS 表格中编辑工作表时，首先需要选择单元格或单元格区域，然后再执行相应的命令。选择单元格与单元格区域主要有以下几种方法。

- **选择单个单元格**：单击相应的单元格。

- **选择某个单元格区域**：单击该区域的第一个单元格，然后拖曳直至选择最后一个单元格。

- **选择工作表中的所有单元格**：单击工作表编辑区左上角的全选按钮◢或按【Ctrl+A】组合键。

- **选择不相邻的单元格或单元格区域**：单击第一个单元格或单元格区域，然后按住【Ctrl】键的同时选择其他的单元格或单元格区域。

- **选择较大的单元格区域**：单击选择该区域的第一个单元格，然后在按住【Shift】键的同时单击该区域的最后一个单元格，通过滚动条可以使要选择的单元格全部可见。

- **选择整行**：单击行号。

- **选择整列**：单击列标。

- **选择相邻的行或列**：沿行号或列标拖曳；或者先选择第一行或第一列，然后在按住【Shift】键的同时选择其他行或列。
- **选择不相邻的行或列**：先选择第一行或第一列，然后在按住【Ctrl】键的同时选择其他的行或列。

（三）填充数据的方法

在输入数据时，如果需要在表格中输入多个相同或有规律的数据，那么可以使用 WPS 表格提供的数据填充功能批量输入数据，以提高输入效率。

1. 填充相同的数据

填充相同的数据分为以下两种方式。

- **为连续的单元格区域填充相同的数据**：如果输入的数据是文本型数据，那么可以直接拖曳填充柄进行填充；如果输入的数据是数字型数据或日期型数据，那么拖曳填充柄进行填充时，填充的可能就是有规律的数据，所以此时需要在释放鼠标后，单击"自动填充选项"按钮🖫，在打开的下拉列表中选择"复制单元格"单选项。
- **为不连续的单元格区域填充相同的数据**：按住【Ctrl】键的同时选择不连续的单元格，然后在最后选择的单元格中输入数据，并按【Ctrl+Enter】组合键，即可在所选的单元格中填充输入的数据。

2. 填充有规律的数据

有规律的数据是指等差序列、等比序列或日期等数据，这些数据的填充方式包括两种。

- **通过填充柄输入**：在第一个单元格中输入数据后，将鼠标指针移至该单元格右下角，当鼠标指针变成➕形状时，按住鼠标左键不放并拖曳至目标单元格，然后释放鼠标即可。如果输入的数据是数值型数据或日期型数据，那么系统将按照一定的规律进行填充；如果输入的数据是文本型数据，那么系统将填充为相同的数据。
- **通过"序列"对话框输入**：在第一个单元格中输入数据后，选择该单元格和要填充数据的单元格区域，再单击"开始"选项卡中的"填充"按钮🖫，在打开的下拉列表中选择"序列"选项，打开"序列"对话框，在"类型"栏中选择填充的序列类型，在"步长值"文本框中输入序列中相邻两个数值的差值或比值，然后单击 按钮。

3. 智能填充数据

智能填充是指系统根据当前输入的一组或多组数据，参考前一列或后一列中的数据智能识别出其中的规律，然后按照该规律进行快速填充的方法。智能填充数据的方法是：在第一个单元格中输入原始数据中包含的部分数据后，按【Ctrl+E】组合键或单击"开始"选项卡中的"填充"按钮🖫，在打开的下拉列表中选择"智能填充"选项，系统就会自动识别输入数据的规律并进行填充。需要注意的是，如果系统不能根据输入的数据识别出规律，那么将会打开提示对话框，提醒用户缺少实例，无法进行智能填充。

（四）合并单元格

在制作表格标题和不规则表格时，经常需要将多个连续的单元格合并为一个大的单元格，此时就需要用到 WPS 表格中的合并功能。合并单元格的方法是：选择需要合并的单元格区域后，单击"开始"选项卡中"合并居中"按钮🖽下方的下拉按钮▾，在打开的下拉列表中选择合适的单元格合并方式，主要有以下几种。

- **合并居中**：将选择的多个单元格合并为一个大单元格，且单元格中只显示第一个单元格中的内容，并自动居中对齐显示。

● **合并单元格**：将选择的多个单元格合并为一个大单元格，且单元格中只显示第一个单元格中的内容，并按照默认的方式对齐。

● **合并相同单元格**：根据所选单元格中的内容合并单元格，且只合并连续且内容相同的单元格。

● **合并内容**：将选择的多个单元格合并为一个大单元格，且所选单元格中的内容也将全部合并显示到大单元格中。

● **按行合并**：按所选的多个单元格所在行合并单元格，且合并行中的内容只显示所选单元格第一列单元格中的内容。

● **跨列居中**：不合并所选的多个单元格，只将单元格中的文本居中对齐。与合并居中不同的是，合并居中会将多个单元格合并为一个大单元格，而跨列居中则不会合并选择的多个单元格。

知识
补充

取消合并

选择合并后的单元格，单击"开始"选项卡中"合并居中"按钮 🔛 下方的下拉按钮 ▾，在打开的下拉列表中选择"取消合并单元格"选项即可取消原来的合并单元格操作。

三、任务实施

（一）新建并保存工作簿

在制作各类表格时，用户首先要掌握的就是新建工作簿的方法，同时为了防止数据丢失，用户还应掌握保存工作簿的方法。下面新建一个空白表格，然后将该表格以"员工档案表 .et"为名保存在计算机中，其具体操作如下。

微课视频

新建并保存工作簿

（1）启动 WPS Office，进入"首页"界面，单击"新建"按钮➕，进入"新建"界面，然后在左侧单击"新建表格"选项卡，在右侧选择"新建空白表格"选项，如图 5-3 所示。

（2）系统将新建以"工作簿 1"为名的空白工作簿，然后单击 ☰ 文件按钮，在打开的下拉列表中选择"保存"或"另存为"选项，或按【Ctrl+S】组合键，打开"另存文件"对话框，在其中设置好文件的保存位置后，在"文件名"下拉列表框中输入"员工档案表"文本，在"文件类型"下拉列表中选择"WPS 表格 文件（ *.et ）"选项，最后单击 保存(S) 按钮进行保存，如图 5-4 所示。

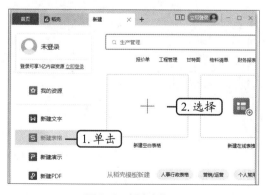

图 5-3　新建表格

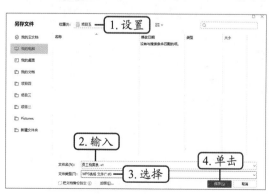

图 5-4　保存工作簿

操作提示

表格保存格式

WPS 表格保存的格式是"WPS 表格 文件（*.et）"，这是 WPS Office 特有的保存格式，使用该格式保存的工作簿只能用 WPS Office 打开，没有安装 WPS Office 的计算机则不能打开。若想让保存的工作簿在 Excel 中也能打开，则需要将 WPS 表格默认的保存格式设置为"Microsoft Excel 文件（*.xlsx）"或"Microsoft Excel 97-2003 文件（*.xls）"。

（二）输入数据

新建并保存工作簿后，就可将收集的数据输入工作表中。下面在"员工档案表 .et"工作簿中输入员工的相关信息，其具体操作如下。

微课视频

输入数据

（1）选择 A1 单元格，在其中输入"员工档案表"文本，然后按【Enter】键确认并跳转至 A2 单元格。

（2）在 A2 单元格中输入"员工编号"文本，然后按右方向键跳转至 B2 单元格，在 B2:L2 单元格区域中分别输入"姓名""性别""身份证号码""出生年月""学历""联系电话""入职时间""转正时间""部门""职务""基本工资"等文本。

（3）在 A3 单元格中输入"XR-01"文本，然后将鼠标指针移至该单元格右下角，当鼠标指针变成➕形状时，按住鼠标左键不放并拖曳至 A22 单元格。

（4）在 B3:B22 单元格区域中输入新进员工的姓名，然后按住【Ctrl】键，选择 C 列中需要输入"男"文本的多个单元格，并在选择的最后一个单元格中输入"男"文本，如图 5-5 所示。

（5）按【Ctrl+Enter】组合键确认输入，然后使用同样的方法在 C 列其他单元格中输入"女"文本。

（6）在 D3:D22 单元格区域中输入员工对应的身份证号码，然后在 E3 单元格中输入 D3 单元格中代表出生年月的信息"19920212"，接着选择 E3:E22 单元格区域，按【Ctrl+E】组合键或单击"数据"选项卡中的"填充"按钮，在打开的下拉列表中选择"智能填充"选项，填充其他员工的出生年月信息，如图 5-6 所示。

图 5-5　填充性别信息

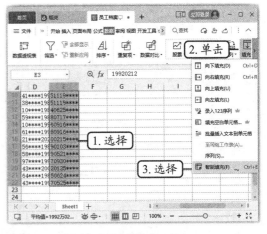

图 5-6　填充出生年月信息

（7）在 G3:G22 单元格区域中输入员工对应的联系电话，完成基本数据的输入。

（三）设置下拉列表和数据有效性

　　为了避免表格中的学历、入职时间、转正时间、部门、职务等信息输入错误，用户可以为这些单元格区域设置下拉列表和数据有效性，以提高数据正确性。下面为"员工档案表 .et"中的部分单元格设置下拉列表和数据有效性，其具体操作如下。

微课视频

设置下拉列表和数据
有效性

　　（1）选择 F3:F22 单元格区域，单击"数据"选项卡中的"下拉列表"按钮，打开"插入下拉列表"对话框，在"手动添加下拉选项"单选项右侧单击"添加"按钮，然后在下方的文本框中输入"硕士"文本。

　　（2）再次单击"添加"按钮，在出现的文本框中输入"本科"文本，然后使用同样的方法分别输入"大专"文本和"高中"文本，接着单击 按钮，如图 5-7 所示。

　　（3）返回工作簿后，选择 F3 单元格，单击该单元格右侧的下拉按钮，在打开的下拉列表中选择"本科"选项，如图 5-8 所示。然后使用同样的方法在 F4:F22 单元格区域中选择其他员工的学历信息。

图 5-7　设置下拉列表

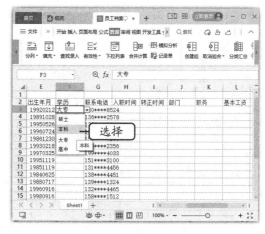

图 5-8　选择下拉列表选项

　　（4）选择 H3:H22 单元格区域，单击"数据"选项卡中的"有效性"按钮，打开"数据有效性"对话框，在"设置"选项卡中"有效性条件"栏中的"允许"下拉列表中选择"日期"选项，在"数据"下拉列表中选择"介于"选项，在"开始日期"参数框中输入"2022/7/1"文本，在"结束日期"参数框中输入"2022/7/31"文本，如图5-9所示。

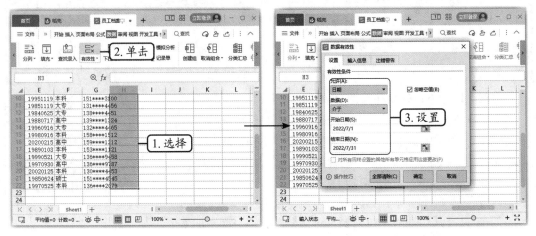

图5-9　打开"数据有效性"对话框并设置有效性条件

（5）单击"出错警告"选项卡，在"样式"下拉列表中选择"警告"选项，在"标题"文本框中输入"日期输入错误"文本，在"错误信息"文本框中输入"输入的日期范围不在2022/7/1～2022/7/31之间，请重新输入"文本，然后单击 确定 按钮，如图5-10所示。

（6）在H3:H22单元格区域中输入每位员工的入职时间，如果输入的日期不正确，则系统将会弹出刚刚设置的警告信息，如图5-11所示。

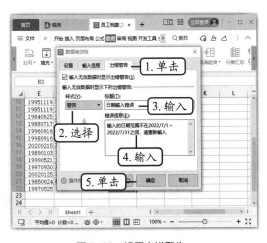

图5-10　设置出错警告

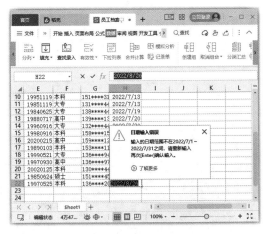

图5-11　弹出警告信息

（7）选择I3:I22单元格区域，再次打开"数据有效性"对话框，单击"输入信息"选项卡，在"标题"文本框中输入"注意"文本，在"输入信息"文本框中输入"实习期一般为3个月，特殊情况除外"文本，然后单击 确定 按钮，如图5-12所示。

（8）返回工作簿后，选择I3:I22单元格区域中的任意一个单元格，其下方都会出现刚刚设置的提示信息，然后仔细输入每位员工的转正时间。

（9）选择J3:J22单元格区域，打开"数据有效性"对话框，在"设置"选项卡的"有效性条件"栏中的"允许"下拉列表中选择"序列"选项，在"来源"参数框中输入"财务部，后勤部，技术部，市场部，销售部，行政部”文本，然后单击 [确定] 按钮，如图 5-13 所示。需要注意的是，"来源"参数框中的文本需要用英文逗号隔开，否则系统不能正确识别。

图 5-12　设置输入信息

图 5-13　设置序列

（10）与设置下拉列表后的效果一样，设置了序列的单元格右侧同样会出现一个下拉按钮 [▼]，在打开的下拉列表中可选择每位员工的部门。

（11）使用同样的方法为 K3:K22 单元格区域设置数据有效性，其数据有效性来源为"主管，经理，经理助理，会计，业务员，技术员，文员，销售代表"，然后在 L3:L22 单元格区域中输入对应的基本工资。

（四）设置单元格格式

完成数据的输入操作后，还需要设置单元格格式，如合并单元格、设置字体格式、设置行高和列宽、设置数字格式等，从而使表格内容更加直观。下面设置"员工档案表 .et"中的单元格格式，其具体操作如下。

微课视频
设置单元格格式

（1）选择 A1:L1 单元格区域，单击"开始"选项卡中的"合并居中"按钮 [田]，再设置其字体格式为"方正中雅宋简体、28、加粗"。

（2）选择 A2:L2 单元格区域，使文本加粗显示，然后选择 A2:L22 单元格区域，单击"开始"选项卡中的"水平居中"按钮 [≡]，使文本居中显示。

（3）选择 D 列，将鼠标指针移至 D 列和 E 列之间的分割线上，当鼠标指针变成 ✛ 形状时，按住鼠标左键不放并向右拖曳，此时鼠标指针右侧将显示具体的列宽值，待拖曳至合适位置处时释放鼠标，如图 5-14 所示。然后使用同样的方法调整其他列的列宽和第二行的行高。

（4）选择第 3 至 22 行，单击"开始"选项卡中的"行和列"按钮 [▯]，在打开的下拉列表中选择"行高"选项，或单

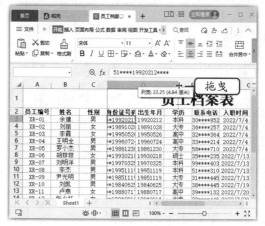
图 5-14　调整列宽

击鼠标右键，在弹出的快捷菜单中选择"行高"命令，打开"行高"对话框，并在"行高"数值框中输入"20"，然后单击 **确定** 按钮，如图 5-15 所示。

（5）选择 E3:E22 单元格区域，单击鼠标右键，在弹出的快捷菜单中选择"设置单元格格式"命令，打开"单元格格式"对话框，在"数字"选项卡的"分类"栏中选择"自定义"选项，修改"类型"文本框中的文本为"0000-00-00"，然后单击 **确定** 按钮，如图 5-16 所示。

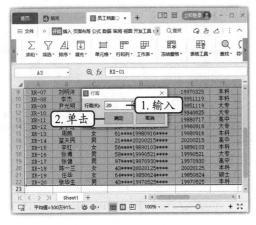
图 5-15　调整行高

图 5-16　自定义日期格式

（6）选择 L3:L22 单元格区域，按【Ctrl+Shift+4】组合键，为该区域的数据前添加货币符号，然后单击"开始"选项卡中的"减少小数位数"按钮，去掉后面的两位小数。

（五）套用表格样式

手动为表格设置样式不仅会浪费更多的时间，而且设计出来的效果可能也不太理想，因此，用户需学会使用 WPS 表格内置的表格样式来快速美化表格。下面为"员工档案表 .et"中的数据区域套用表格样式，其具体操作如下。

微课视频
套用表格样式

（1）选择 A2:L22 单元格区域，单击"开始"选项卡中的"表格样式"按钮，在打开的下拉列表中选择"中色系"栏中的"表样式中等深浅 2"选项，如图 5-17 所示。

（2）打开"套用表格样式"对话框，单击选中"转换成表格，并套用表格样式"单选项，再取消选中下方的"筛选按钮"复选框，然后单击 **确定** 按钮，如图 5-18 所示。

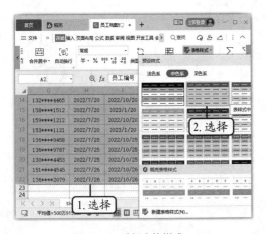
图 5-17　选择表格样式

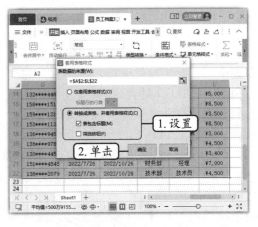
图 5-18　套用表格样式设置

（3）保持数据区域的选择状态，单击"开始"选项卡中"边框"按钮田右侧的下拉按钮，在打开的下拉列表中选择"其他边框"选项，如图 5-19 所示。

（4）打开"单元格格式"对话框，在"边框"选项卡的"样式"列表框中选择第 2 列第 5 个线条样式，在"颜色"下拉列表中选择"矢车菊蓝，着色 1"选项，在"预置"栏中单击"外边框"按钮田，接着在"颜色"下拉列表中选择"矢车菊蓝，着色 1，浅色 40%"选项，在"预置"栏中单击"内部"按钮田，在"边框"栏中预览设置无误后，单击 确定 按钮，如图 5-20 所示。

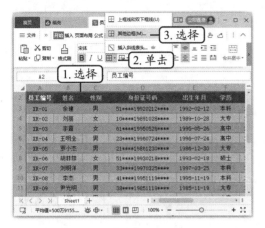

图 5-19　选择"其他边框"选项

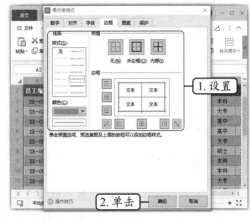

图 5-20　设置线条样式

> **知识补充**
>
> ### 新建表格样式
>
> 　　在"表格样式"下拉列表中选择"新建表格样式"选项，打开"新建表样式"对话框，设置好表元素后，单击 格式(F) 按钮，在打开的"单元格格式"对话框中对单元格的字体、边框和图案等进行设置后即可新建表格样式。

（六）冻结窗格

如果制作的表格行列数较多，那么在查看数据时，就有可能看不到表格的标题行或左侧的列字段，此时可以使用 WPS 表格的冻结窗格功能来固定标题行或列的位置。下面冻结"员工档案表 .et"中的标题行和列字段，其具体操作如下。

（1）选择 B3 单元格，单击"视图"选项卡中的"冻结窗格"按钮，在打开的下拉列表中选择"冻结至第 2 行 A 列"选项，如图 5-21 所示。

（2）滚动查看数据时，标题行和列字段的位置始终在表格开头显示，如图 5-22 所示。

> **知识补充**
>
> ### 冻结窗格选项
>
> 　　在"冻结窗格"下拉列表中选择"冻结至第 * 行 * 列"选项，表示冻结该单元格上方和左侧的行和列；选择"冻结至第 * 行"选项，表示冻结该单元格上方的行；选择"冻结至第 * 列"选项，表示冻结该单元格左侧的列；选择"冻结首行"选项，表示冻结整个工作表的第一行；选择"冻结首列"选项，表示冻结整个工作表的第一列。若要取消冻结窗格，则在该下拉列表中选择"取消冻结窗格"选项。

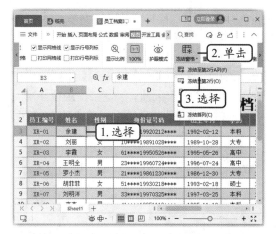

图 5-21　选择冻结选项

图 5-22　冻结窗格效果

（七）打印表格

微课视频

打印表格

工作表制作完成之后，为了方便提交或留存查阅，经常需要把它打印出来。而为了在纸张中完整呈现表格内容，用户就需要预览打印效果，然后再进行相应的调整，最后将其打印出来。下面将"员工档案表 .et"中的数据打印出来，其具体操作如下。

（1）单击快速访问工具栏中的"打印预览"按钮 🔍，进入"打印预览"界面，在"打印机"下拉列表中选择关联的打印机，然后单击"横向"按钮 □，如图 5-23 所示。

（2）经过上述设置后，发现"基本工资"列没有显示出来，此时需要单击"分页预览"按钮 □，进入"分页视图"界面，在其中将鼠标指针移至蓝色的虚线上，然后拖曳至"基本工资"列后，调整打印范围，如图 5-24 所示。

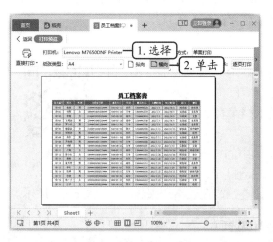

图 5-23　设置纸张方向

图 5-24　调整打印范围

（3）单击"页面设置"按钮 ⬚，打开"页面设置"对话框，单击"页边距"选项卡，在"居中方式"栏中单击选中"水平"和"垂直"复选框，然后单击 确定 按钮，如图 5-25 所示。

（4）在"份数"数值框中输入"2"，再单击"直接打印"按钮 🖨 即可。至此，完成本任务的制作。

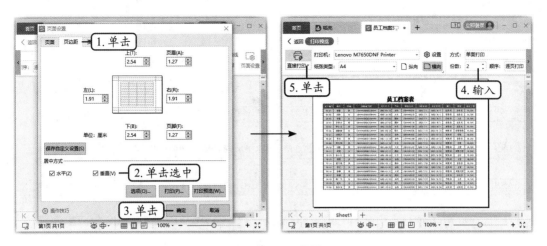

图 5-25　页面设置

任务二　计算“员工工资表”表格中的数据

到了月底，公司准备统计出每位员工的当月应发工资，并根据计算结果制作出工资条，以便员工进行核对。米拉接到任务后，首先查阅了制作工资表的相关资料，如工资的组成、工资表所涉及的知识等，然后再将员工工资表的基本信息录入表中。准备工作完成后，米拉便开始计算相关的工资数据。

一、任务目标

本任务将计算“员工工资表”表格中的数据，主要用到的操作是使用函数和公式计算数据。通过本任务的学习，读者可以掌握 DATEDIF 函数、SUM 函数、VLOOKUP 函数及 IF 函数等多种函数的使用方法，快速计算出庞大且复杂的数据结果。本任务的最终效果如图 5-26、图 5-27 所示（配套资源 :\ 效果文件 \ 项目五 \ 员工工资表 .et）。

员工编号	员工姓名	部门	岗位	基本工资	岗位补贴	工龄工资	提成工资	全勤奖	应发工资	考勤扣款	社保代扣	个人所得税代扣	应扣工资	实发工资
XR-10001	董强	销售部	主管	¥4,500.00	¥800.00	¥400.00	¥6,481.14	¥0.00	¥12,181.14	¥100.00	¥468.00	¥451.31	¥568.00	¥11,613.14
XR-10002	李丽	财务部	总监	¥10,000.00	¥1,200.00	¥600.00	¥0.00	¥100.00	¥11,900.00	¥0.00	¥1,040.00	¥376.00	¥1,040.00	¥10,860.00
XR-10003	张静	生产部	技术员	¥5,000.00	¥400.00	¥200.00	¥3,307.90	¥100.00	¥9,007.90	¥0.00	¥520.00	¥138.79	¥520.00	¥8,487.90
XR-10004	杨丰源	综合部	保安	¥3,000.00	¥400.00	¥200.00	¥0.00	¥0.00	¥3,600.00	¥20.00	¥312.00	¥0.00	¥332.00	¥3,268.00
XR-10005	刘敏	生产部	技术员	¥5,000.00	¥400.00	¥400.00	¥2,396.70	¥100.00	¥8,296.70	¥0.00	¥520.00	¥83.30	¥520.00	¥7,776.70
XR-10006	赵辉	生产部	总监	¥12,000.00	¥1,200.00	¥800.00	¥5,429.52	¥0.00	¥19,429.52	¥10.00	¥1,248.00	¥1,224.30	¥1,258.00	¥18,171.52
XR-10007	李明	财务部	会计	¥6,000.00	¥400.00	¥100.00	¥0.00	¥0.00	¥6,500.00	¥40.00	¥624.00	¥25.08	¥664.00	¥5,836.00
XR-10008	张永	生产部	质检员	¥4,500.00	¥400.00	¥400.00	¥1,819.02	¥100.00	¥7,219.02	¥0.00	¥468.00	¥52.53	¥468.00	¥6,751.02
XR-10009	李立强	销售部	销售代表	¥3,000.00	¥400.00	¥0.00	¥1,470.08	¥0.00	¥4,870.08	¥20.00	¥312.00	¥0.00	¥332.00	¥4,538.08
XR-10010	周国庆	生产部	主管	¥8,000.00	¥800.00	¥600.00	¥2,714.76	¥100.00	¥12,214.76	¥0.00	¥832.00	¥428.28	¥832.00	¥11,382.76
XR-10011	李佳佳	综合部	总监	¥8,000.00	¥1,200.00	¥800.00	¥0.00	¥100.00	¥10,100.00	¥0.00	¥832.00	¥216.80	¥832.00	¥9,268.00
XR-10012	张路	销售部	销售代表	¥3,000.00	¥400.00	¥1,000.00	¥3,285.92	¥0.00	¥7,685.92	¥50.00	¥312.00	¥69.72	¥362.00	¥7,323.92
XR-10013	赵琳	销售部	总监	¥12,000.00	¥1,200.00	¥700.00	¥1,818.64	¥0.00	¥15,718.64	¥20.00	¥1,248.00	¥735.06	¥1,268.00	¥14,450.64
XR-10014	李娜	综合部	行政专员	¥4,000.00	¥400.00	¥100.00	¥0.00	¥100.00	¥4,600.00	¥0.00	¥416.00	¥0.00	¥416.00	¥4,184.00
XR-10015	宋涛	销售部	销售代表	¥3,000.00	¥400.00	¥600.00	¥3,602.20	¥0.00	¥7,602.20	¥10.00	¥312.00	¥68.41	¥322.00	¥7,280.20
XR-10016	王亮	生产部	技术员	¥5,000.00	¥400.00	¥600.00	¥2,391.80	¥100.00	¥8,491.80	¥0.00	¥520.00	¥89.15	¥520.00	¥7,971.80
XR-10017	马帅	销售部	销售代表	¥3,000.00	¥400.00	¥300.00	¥1,613.00	¥0.00	¥5,313.00	¥50.00	¥312.00	¥0.00	¥362.00	¥4,951.00
XR-10018	赵伟	生产部	质检员	¥4,500.00	¥400.00	¥500.00	¥2,261.97	¥100.00	¥7,761.97	¥0.00	¥468.00	¥68.82	¥468.00	¥7,293.97
XR-10019	刘健	销售部	销售代表	¥3,000.00	¥400.00	¥0.00	¥1,976.32	¥0.00	¥5,376.32	¥40.00	¥312.00	¥0.73	¥352.00	¥5,024.32
XR-10020	陈丽华	生产部	技术员	¥5,000.00	¥400.00	¥500.00	¥1,172.95	¥0.00	¥7,072.95	¥20.00	¥520.00	¥45.99	¥540.00	¥6,532.95

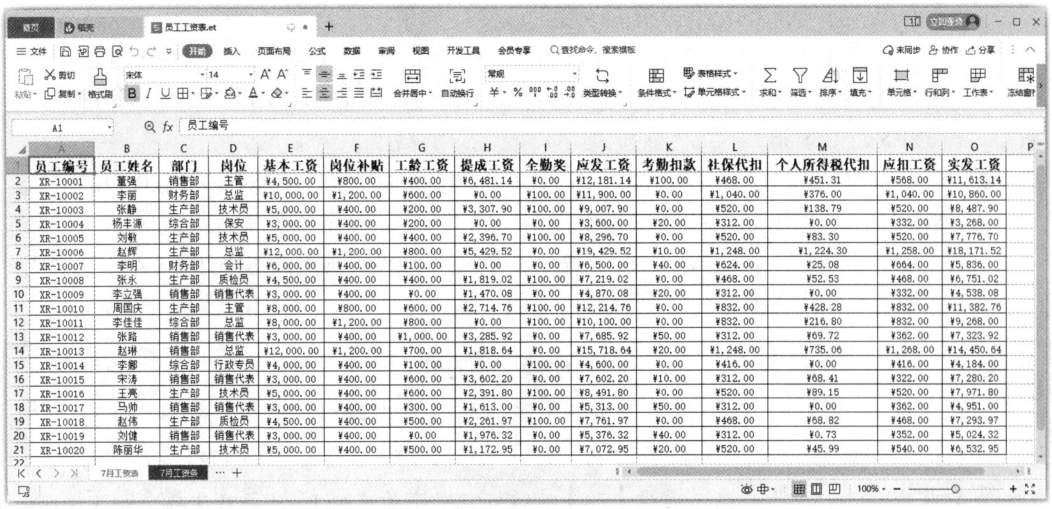

图 5-26　“员工工资表”表格中的工资表最终效果

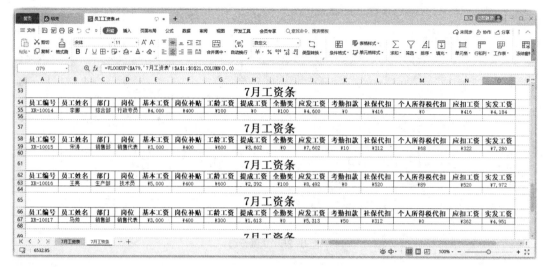

图 5-27 "员工工资表"表格中的工资条最终效果

二、相关知识

在 WPS 表格中计算数据时，还需要掌握一些公式和函数的基本知识，如引用单元格、运算符的优先级及函数的分类等，从而快速且正确地得出结果。

（一）引用单元格

引用单元格是指通过行号和列标来指定要进行运算的单元格地址。在计算时，WPS 表格会自动根据单元格地址来寻找单元格，并引用单元格中的数据。在 WPS 表格中，单元格的引用包括相对引用、绝对引用和混合引用 3 种。

- **相对引用**：指引用相对于公式所在单元格的位于某一位置的单元格。在相对引用中，复制相对引用的公式时，被粘贴公式中的引用将被更新，并指向与当前公式位置相对应的其他单元格。

- **绝对引用**：指公式所在单元格与引用单元格之间的位置关系是绝对的。绝对引用的计算结果不会随单元格位置的改变而改变。如果一个公式中有绝对引用作为组成元素，则当用户把该公式复制到其他单元格中时，该公式中的绝对引用地址会始终保持固定不变。绝对引用在单元格的行地址、列地址前都会加上一个"$"符号，如"$A$2""$G$2"等。

- **混合引用**：指公式中引用的单元格具有绝对列和相对行或绝对行和相对列的形式。绝对引用列采用如"$A1""$B1"等形式，绝对引用行采用"A$1""B$1"等形式。在混合引用中，若公式所在单元格的位置发生改变，则相对引用也将会发生改变，而绝对引用则保持不变。

知识
补充

切换引用方式

在引用的单元格地址中按【F4】键，可以使其在相对引用、绝对引用与混合引用之间来回切换。如选择公式"=A1+A2"中的"A1"，第 1 次按【F4】键时，它将变为"$A$1"；第 2 次按【F4】键时，它将变为"A$1"；第 3 次按【F4】键时，它将变为"$A1"；第 4 次按【F4】键时，它将变为"A1"。

（二）运算符的优先级

运算符分为算术运算符、比较运算符、文本运算符和引用运算符 4 种，不同的运算符有不同的计算顺序。当公式中同时运用多个运算符时，系统将按照运算符的优先级依次进行计算，相同优先级的运算符则从左到右依次进行计算。

- **算术运算符**：算术运算符包括加号（＋）、减号或负号（－）、星号或乘号（＊）、除号（/）、百分号（%）、乘方号（^）等，用于完成基本的数学运算，返回值为数值。例如，在单元格中输入"=2+3*3"后，按【Enter】键确认，得出的结果为11。
- **比较运算符**：比较运算符包括等于（＝）、大于（＞）、小于（＜）、大于等于（＞＝）、小于等于（＜＝）、不等于（＜＞）等。符号两边为同类数据时才能比较，其运算结果是 TRUE 或 FALSE。例如，在单元格中输入"=5<6"后，按【Enter】键确认，得出的结果为 TRUE。
- **文本运算符**：文本运算符是连接符号（&），符号两边均为文本型数据时才能连接，连接的结果仍是文本型数据。例如，在单元格中输入"=" 职业 "&" 学院 ""（文本输入时需加英文半角双引号）后，按【Enter】键确认，得出的结果为"职业学院"。
- **引用运算符**：引用运算符包括空格、逗号（，）和冒号（：）。其中，空格为交叉运算符，逗号（，）为联合运算符，冒号（：）为区域运算符。

依照比较运算符、文本运算符、算术运算符和引用运算符的顺序排列，优先级越来越高。对同类运算符而言，顿号分隔的运算符为相同优先级，以分号为界时为不同优先级，分号右边的运算符比左边的运算符优先。

（三）函数的分类

根据功能，WPS 表格将函数分为 10 种类型。

- **财务函数**：用于帮助财务人员完成一般的财务计算与分析工作，如确定贷款的支付额、投资的未来值或净现值，以及债券或息票的价值等。常用的财务函数有 PV、FV、DB、PPMT、IPMT、CUMPRINC、NPER 等。
- **日期和时间函数**：用于处理日期和时间值。常用的日期和时间函数有 TODAY、DATE、EOMONTH、TIME、WEEKDAY、DAY 等。
- **数学和三角函数**：用于各种数学和三角的计算，如求和、求乘积、求乘积之和、四舍五入及计算各种余弦值等。常用的数学和三角函数有 SUM、SUMIF、SUMPRODUCT 等。
- **统计函数**：用于对一定范围内的数据进行统计分析，如求平均值、求最大值、求最小值、求数据个数等。常用的统计函数有 MAX、MIN、AVERAGEA、COUNTIF 等。
- **查找与引用函数**：用于在数据区域内查找或引用满足条件的值。常用的查找与引用函数有 LOOKUP、VLOOKUP、INDEX、OFFSET 等。
- **数据库函数**：用于计算列表或搜索数据库中列的数据。常用的数据库函数有 DMAX、DMIN、DVAR 等。
- **文本函数**：用于截取、查找或搜索文本中的某个特殊字符，或提取某些字符。常用的文本函数有 LEFT、RIGHT、SUBSTITUTE、FIND 等。
- **逻辑函数**：用于测试某个条件的逻辑关系，若条件成立则返回逻辑值 TRUE，不成立则返回逻辑值 FALSE。常用的逻辑函数有 IF、IFERROR、AND、OR 等。
- **信息函数**：用于确定单元格中数据的类型，或使单元格在满足一定的条件时返回逻辑值。常用的信息函数有 CELL、INFO、ISERR 等。

● **工程函数**：主要应用于工程中，可以处理复杂的数字，在不同的计数体系和测量体系之间转换，如将二进制数转换为十进制数。常用的工程函数有 BESSELI、BESSELJ、BESSELK 等。

三、任务实施

（一）使用 DATEDIF 函数计算工龄

工龄是指职工自与用人单位建立劳动关系起，以工资收入为主要来源或全部来源的工作时间，以年为限，依次增长，是工作表中的固定部分。下面使用 DATEDIF 函数计算"员工工资表.et"中员工的工龄，其具体操作如下。

微课视频

使用 DATEDIF 函数
计算工龄

（1）打开"员工工资表.et"工作簿，选择"基本工资"工作表中的 G2 单元格，在该单元格中输入公式"=DATEDIF("，接着选择 F2 单元格，并输入一个英文逗号，此时的公式中将显示所选单元格的引用地址，如图 5-28 所示。

（2）单击"公式"选项卡中的"日期和时间"按钮，在打开的下拉列表中选择"TODAY"选项，如图 5-29 所示。

图 5-28　引用单元格　　　　　　　图 5-29　选择日期和时间函数

（3）打开"函数参数"对话框，保持默认设置后，单击**确定**按钮返回工作表，并在"TODAY()"后输入剩余的公式"，"Y")"，然后按【Enter】键计算结果，接着将鼠标指针移至 G2 单元格右下角，当鼠标指针变成✛形状时，双击该形状，将公式向下填充至 G21 单元格，如图 5-30 所示。

操作提示　　**公式解析**

　　DATEDIF 函数用于计算两个日期之间相隔的天数、月数或年数，其语法格式为：DATEDIF(开始日期 , 终止日期 , 比较单位)。上述公式"=DATEDIF(F2, TODAY(),"Y")"表示返回入职时间和系统当前日期这两个日期之间相差的年数。

　　需注意，若要使制作出来的效果与本案例相同，则需要将系统日期设置为 2022 年 7 月 29 日。

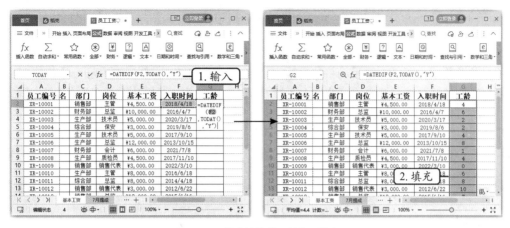

图 5-30　得出计算结果并向下填充

（二）使用公式计算提成金额

提成是指从交易金额中提取一部分作为员工的奖励，属于工资表中的浮动部分，需要根据每月的具体情况计算。下面使用公式计算"员工工资表 .et"中的提成金额（本任务中财务部、综合部的员工没有提成金额），其具体操作如下。

（1）单击"7 月提成"工作表标签，选择该工作表中的 G2 单元格，在其中输入运算符"="，然后选择 E2 单元格，再输入乘号"*"，并选择 F2 单元格，最后按【Enter】键计算出第一位员工的提成金额，如图 5-31 所示。

（2）选择 G2 单元格，按【Ctrl+Shift+4】组合键，在计算出的结果前添加货币符号，然后将该公式向下填充至 G16 单元格，如图 5-32 所示。

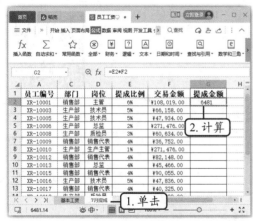

图 5-31　输入公式

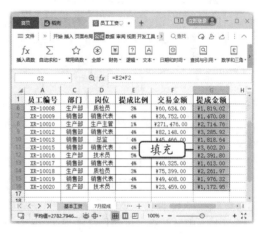

图 5-32　填充公式

（三）使用 SUM 函数计算扣款总额

迟到扣款、早退扣款、事假扣款、病假扣款等都属于考勤扣款，当人事部统计出员工当月的出勤情况后，再根据公司的缺勤扣款规定，就可以计算出员工当月的扣款总额。下面使用 SUM 函数计算"员工工资表 .et"中的扣款总额，其具体操作如下。

（1）单击"7 月考勤"工作表标签，选择该工作表中的 I2 单元格，

单击"公式"选项卡中"自动求和"按钮Σ下方的下拉按钮▼，在打开的下拉列表中选择"求和"选项，如图5-33所示。

（2）系统将自动在I2单元格中输入公式"=SUM(G2:H2)"，由于该公式未包含该员工的所有考勤数据，所以需要手动将其更改为"=SUM(E2:H2)"，然后按【Enter】键计算出第一位员工的扣款总额，接着将该公式向下填充至I21单元格，计算出其他员工的扣款总额。

（3）选择I2:I21单元格区域，单击≡文件按钮，在打开的下拉列表中选择"选项"选项，打开"选项"对话框，在"视图"选项卡右侧的"窗口选项"栏中取消选中"零值"复选框，然后单击 确定 按钮，如图5-34所示。

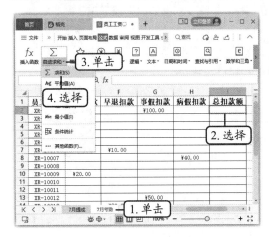

图5-33 插入求和函数

图5-34 设置零值不显示

（4）返回工作表后，I2:I21单元格区域中的零值将显示为空白。

（四）使用函数和公式完善工资表

计算完与工资表有关的工龄、提成金额、扣款总额等数据后，就可以计算工资表中的数据了。下面使用函数和公式计算"员工工资表.et"中的基本工资、岗位补贴等，其具体操作如下。

微课视频

使用函数和公式完善
工资表

（1）单击"7月工资表"工作表标签，在该工作表中选择E2:O21单元格区域，按【Ctrl+Shift+4】组合键，将其数字格式设置为货币形式。

（2）选择E2单元格，单击"公式"选项卡中的"插入函数"按钮fx，打开"插入函数"对话框，在"或选择类别"下拉列表中选择"查找与引用"选项，在"选择函数"列表框中选择"VLOOKUP"选项，然后单击 确定 按钮，如图5-35所示。

（3）打开"函数参数"对话框，在"查找值"参数框中输入"A2"，然后将文本插入点定位至"数据表"参数框内，再单击其右侧的"缩小"按钮 缩小该对话框。

（4）单击"基本工资"工作表标签，拖曳选择A1:G21单元格区域，然后单击"展开"按钮 回到"函数参数"对话框，接着选择"数据表"参数框内的"A1:G21"，按【F4】键，将其转换为绝对引用。

（5）在"列序数"参数框中输入"5"，表示在"基本工资"工作表中的A1:G21单元格区域中查找第5列中的数据；在"匹配条件"参数框中输入"FALSE"，表示精确查找，然后单击 确定 按钮，如图5-36所示。

（6）将公式向下填充至E21单元格，计算出其他员工的基本工资。

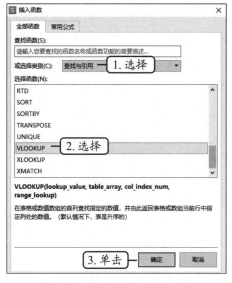

图 5-35 选择函数

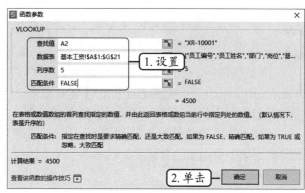

图 5-36 设置函数参数

操作提示	公式解析

VLOOKUP 函数可根据指定的条件，在指定的区域中查找与之匹配的数据，其语法格式为：VLOOKUP(查找值 , 数据表 , 列序数 , 匹配条件)。上述公式 "=VLOOKUP(A2, 基本工资 !\$A\$1:\$G\$21,5,FALSE)" 表示在 "基本工资" 工作表的 A1:G21 单元格区域中查找 "7 月工资表" 工作表中 A2 单元格中员工编号对应的基本工资。

（7）选择 F2 单元格，在其中输入公式 "=IF(D2=" 总监 ",1200,IF(D2=" 主管 ",800,400))"，然后按【Enter】键计算出第一位员工的岗位补贴，接着将该公式向下填充至 F21 单元格，计算出其他员工的岗位补贴，如图 5-37 所示。

（8）选择 G2 单元格，在其中输入公式 "= 基本工资 !G2*100"，然后按【Enter】键计算出第一位员工的工龄工资，接着将该公式向下填充至 G21 单元格，计算出其他员工的工龄工资，如图 5-38 所示。

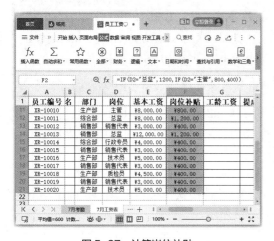

图 5-37 计算岗位补贴

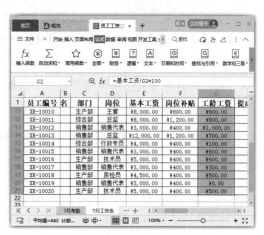

图 5-38 计算工龄工资

操作提示	公式解析

　　IF 函数可根据指定的条件判断真假，如果满足条件，则返回一个值，如果不满足条件，则返回另外一个值，其语法格式为：IF(测试条件,真值,假值)。上述公式"=IF(D2="总监",1200,IF(D2="主管",800,400))"表示 D2 单元格中的岗位为"总监"时，返回"1200"；D2 单元格中的岗位为"主管"时，返回"800"；D2 单元格中的岗位为其他时，返回"400"。

　　（9）选择 H2 单元格，在其中输入公式"=IFERROR(VLOOKUP(A2,'7 月提成 '!\$A\$1:\$G\$16,7,FALSE),0)"，然后按【Enter】键计算出第一位员工的提成工资，接着将该公式向下填充至 H21 单元格，计算出其他员工的提成工资，如图 5-39 所示。

　　（10）选择 I2 单元格，在其中输入公式"=IF('7 月考勤 '!I2=0,100,0)"，然后按【Enter】键计算出第一位员工的全勤奖，接着将该公式向下填充至 I21 单元格，计算出其他员工的全勤奖，如图 5-40 所示。

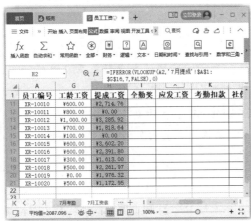

图 5-39　计算提成工资　　　　　　　　　　图 5-40　计算全勤奖

操作提示	公式解析

　　IFERROR 函数用于捕获和处理公式中的错误值，如果计算结果为错误值，则返回指定值，否则返回公式计算结果，其语法格式为：IFERROR(值,错误值)。上述公式"=IFERROR(VLOOKUP(A2,'7 月提成 '!\$A\$1:\$G\$16,7,FALSE),0)"表示如果在"7 月提成"工作表中的 A1:G16 单元格区域中找到了 A2 单元格中员工编号对应的提成金额，则返回计算出的提成金额，如果没有找到，则返回 0。

　　（11）选择 J2 单元格，在其中输入公式"=SUM(E2:I2)"，然后按【Enter】键计算出第一位员工的应发工资，接着将该公式向下填充至 J21 单元格，计算出其他员工的应发工资，如图 5-41 所示。

　　（12）选择 K2 单元格，在其中输入公式"=VLOOKUP(A2,'7 月考勤 '!\$A\$1:\$I\$21,9,FALSE)"，然后按【Enter】键计算出第一位员工的考勤扣款，接着将该公式向下填充至 K21 单元格，计算出其他员工的考勤扣款，如图 5-42 所示。

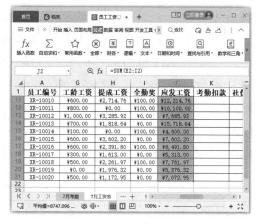

图 5-41 计算应发工资 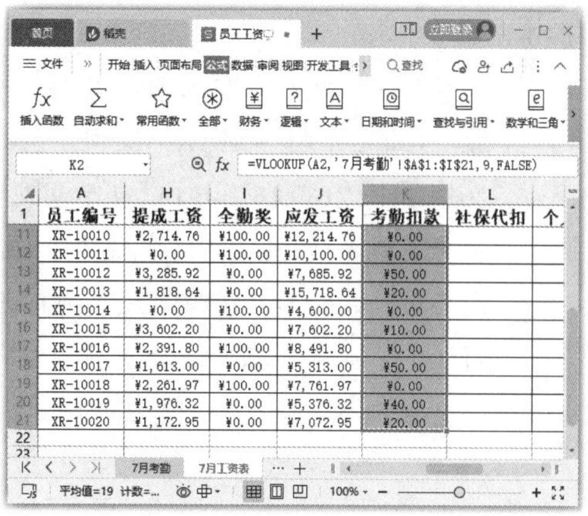　　　　　　　　　图 5-42 计算考勤扣款

（13）选择 L2 单元格，在其中输入公式"=E2*8%+E2*2%+E2*0.4%"，然后按【Enter】键计算出第一位员工的社保代扣金额，接着将该公式向下填充至 L21 单元格，计算出其他员工的社保代扣金额，如图 5-43 所示。

操作提示

社保缴纳比例

社会保险（简称社保）由企业和个人共同承担，"7月工资表"中的社保代扣部分是个人需要缴纳的部分。以某城市为例，养老保险企业缴纳 16%，个人缴纳 8%；医疗保险企业缴纳 7.5%（含 0.6% 职工大病补充医疗保险），个人缴纳 2%；失业保险企业缴纳 0.6%，个人缴纳 0.4%；工伤保险企业根据行业确定基准费率，实际费率为（基准费率+浮动费率）×0.5，个人不需要缴纳；生育保险企业缴纳 0.8%，个人不需要缴纳。另外，社保缴纳的基数根据地区或企业也会有所不同，本任务是按照基本工资来计算的。

（14）选择 M2 单元格，在其中输入公式"=MAX((J2-SUM(K2:L2)-5000)*{3,10,20,25,30,35,45}%-{0,210,1410,2660,4410,7160,15160},0)"，然后按【Enter】键计算出第一位员工的个人所得税代扣金额，接着将该公式向下填充至 M21 单元格，计算出其他员工的个人所得税代扣金额，如图 5-44 所示。

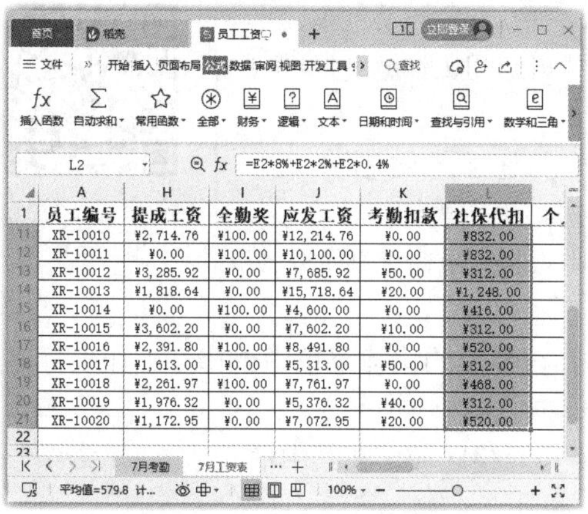

图 5-43 计算社保代扣金额 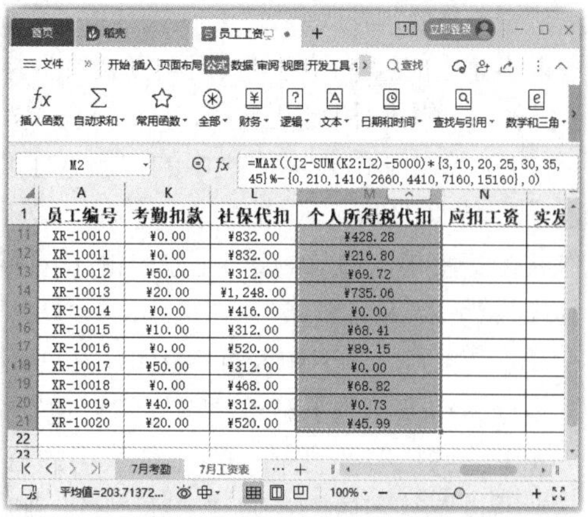　　　　　　　图 5-44 计算个人所得税代扣金额

操作提示

公式解析

　　MAX 函数用于返回一组值中的最大值，其语法格式为：MAX(数值 1, 数值 2,...)。上述公式 "=MAX((J2-SUM(K2:L2)-5000)*{3,10,20,25,30,35,45}%-{0,210,1410,2660,4410,7160,15160},0)" 表示用应发工资减去考勤扣款、社保代扣和起征点 "5000" 的计算结果与相应税级的税率 "{3,10,20,25,30,35,45}%" 相乘，乘积结果将保存在内存数组中，再用乘积结果减去税率级数对应的速算扣除数 "{0,210,1410,2660,4410,7160,15160}"，得到的结果与 "0" 比较，返回结果的最大值，得到个人所得税代扣金额。个人所得税税率如表 5-1 所示。

表 5-1　个人所得税税率

级数	全月应纳税所得额	税率 /%	速算扣除数 / 元
1	全月应纳税所得额不超过 3 000 元的部分	3	0
2	全月应纳税所得额超过 3 000 元至 12 000 元的部分	10	210
3	全月应纳税所得额超过 12 000 元至 25 000 元的部分	20	1 410
4	全月应纳税所得额超过 25 000 元至 35 000 元的部分	25	2 660
5	全月应纳税所得额超过 35 000 元至 55 000 元的部分	30	4 410
6	全月应纳税所得额超过 55 000 元至 80 000 元的部分	35	7 160
7	全月应纳税所得额超过 80 000 元的部分	45	15 160

　　（15）选择 N2 单元格，在其中输入公式 "=SUM(K2:M2)"，然后按【Enter】键计算出第一位员工的应扣工资，接着将该公式向下填充至 N21 单元格，计算出其他员工的应扣工资。

　　（16）选择 O2 单元格，在其中输入公式 "=J2-N2"，然后按【Enter】键计算出第一位员工的实发工资，接着将该公式向下填充至 O21 单元格，计算出其他员工的实发工资。

（五）使用 VLOOKUP 函数生成工资条

　　工资条是公司发放给员工的工资详细情况说明，一般可通过 VLOOKUP 函数来快速生成。下面在 "员工工资表 .et" 中使用 VLOOKUP 函数将 "7 月工资表" 中的数据生成工资条，其具体操作如下。

微课视频

使用 VLOOKUP 函数生成工资条

　　（1）单击工作表标签栏中的 "新建工作表" 按钮，系统将自动新建一个名为 "Sheet 1" 的空白工作表，然后双击该工作表标签或在该工作表标签上单击鼠标右键，在弹出的快捷菜单中选择 "重命名" 命令，将其修改为 "7 月工资条"。

　　（2）再次在该工作表标签上单击鼠标右键，在弹出的快捷菜单中选择 "工作表标签颜色" 命令，在弹出的子菜单中选择 "红色" 命令，如图 5-45 所示。

　　（3）合并 "7 月工资条" 工作表中的 A1:O1 单元格区域，在其中输入 "7 月工资条" 文本，然后设置其字体格式为 "宋体、24、加粗"。

（4）选择"7 月工资表"工作表中的 A1:O1 单元格区域，按【Ctrl+C】组合键复制，再选择"7 月工资条"工作表中的 A2 单元格，单击"开始"选项卡中"粘贴"按钮下方的下拉按钮，在打开的下拉列表中选择"选择性粘贴"选项，打开"选择性粘贴"对话框，在其中单击选中"列宽"单选项后，单击 确定 按钮，如图 5-46 所示。

（5）保持 A2 单元格的选择状态，按【Ctrl+V】组合键，将"7 月工资表"工作表中的 A1:O1 单元格区域粘贴过来。

（6）选择 A3 单元格，在其中输入"XR-10001"，然后选择 B3 单元格，在其中输入公式"=VLOOKUP($A3,'7 月工资表 '!$A$1:$O$21,COLUMN(),0)"，并将该公式向右填充至 O3 单元格，得到第一位员工的工资数据，如图 5-47 所示。

（7）选择 A3:O3 单元格区域，设置其"对齐方式"为"水平居中"，并单击"开始"选项卡中"边框"按钮右侧的下拉按钮，在打开的下拉列表中选择"所有框线"选项，为所选区域添加边框；选择 E3:O3 单元格区域，按【Ctrl+Shift+4】组合键，将其数字格式设置为货币形式，并单击"开始"选项卡中的"减少小数位数"按钮，去掉后面的两位小数。

图 5-45　添加工作表标签颜色

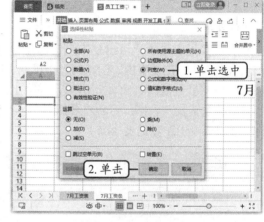

图 5-46　选择性粘贴

> **操作提示**
>
> **公式解析**
>
> 　　COLUMN 函数用于返回所选单元格的列数，其语法格式为"=COLUMN(参照区域)"，如果省略参照区域，则默认返回函数 COLUMN 所在单元格的列数。上述公式"=VLOOKUP($A3,'7 月工资表 '!$A$1:$O$21,COLUMN(),0)"表示在 B3 单元格中返回在"7 月工资表"A1:O21 单元格区域中查找到的 A3 单元格员工编号对应的员工姓名。

（8）选择 A1:O4 单元格区域，向下填充至 O80 单元格，得到其他员工的工资条数据。

（9）按【Ctrl+H】组合键，打开"替换"对话框，在"查找内容"下拉列表框中输入"*月工资条"，在"替换为"下拉列表框中输入"7 月工资条"，然后单击 全部替换(A) 按钮，如图 5-48 所示。

（10）单击 关闭 按钮，返回工作表，按【Ctrl+S】组合键保存，完成本任务的制作。

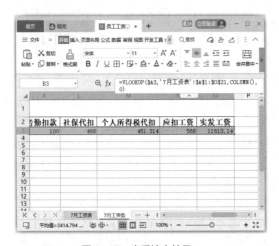

图 5-47　查看填充结果

图 5-48　替换标题

实训一　制作"出差登记表"表格

【实训要求】

出差登记表用于记录出差人员的出差信息，包括出差人姓名、出差人所在部门、出差事由、出差的起止日期、出差地点及各项花销等。在填写出差登记表时，应如实填写，并附上出差凭证。本实训要求制作"出差登记表"表格，参考效果如图 5-49 所示（配套资源 :\ 效果文件 \ 项目五 \ 出差登记表 .xlsx）。

微课视频

制作"出差登记表"表格

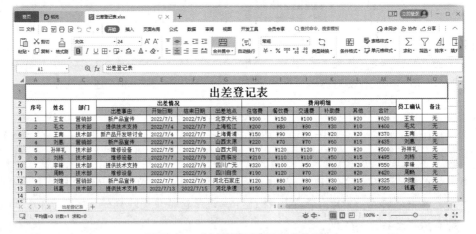

图 5-49　"出差登记表"表格参考效果

【实训思路】

在本实训中，首先要输入出差信息，然后设置单元格格式，并根据内容合并单元格，最后为数据区域应用表格样式并添加边框。

【步骤提示】

（1）新建并保存"出差登记表 .et"，合并 A1:O1 单元格区域，在其中输入"员工出差登记表"文本，并设置其字体格式为"宋体、24、加粗"。

（2）为 C4:C13 单元格区域设置下拉列表，然后在 A2:O13 单元格区域中输入出差信息，并使其居中对齐，接着将表头加粗显示，最后选择第 2 行至第 13 行，设置行高为"16"。

（3）选择 A2:O13 单元格区域，单击"开始"选项卡中的"表格样式"按钮，在打开的下拉列表中选择"浅色系"栏中的"表样式浅色 1"选项。

（4）打开"套用表格样式"对话框，在其中单击选中"仅套用表格样式"单选项。

（5）回到工作表后，单击"开始"选项卡中"边框"按钮田右侧的下拉按钮，在打开的下拉列表中选择"所有框线"选项，为所选区域添加边框。

（6）将"Sheet 1"工作表重命名为"出差登记表"，设置标签颜色为"钢蓝，着色 5"。

实训二 计算"固定资产核算表"表格中的数据

【实训要求】

固定资产是企业所持有的使用年限较长、单位价值较高，并且在使用过程中保持其原有实物形态的资产，是企业进行生产经营活动的物质基础。本实训需要根据已知的数据计算出未知的数据，并将其打印。本实训的参考效果如图 5-50 所示（配套资源:\效果文件\项目五\固定资产核算表 .et）。

微课视频

计算"固定资产核算表"表格中的数据

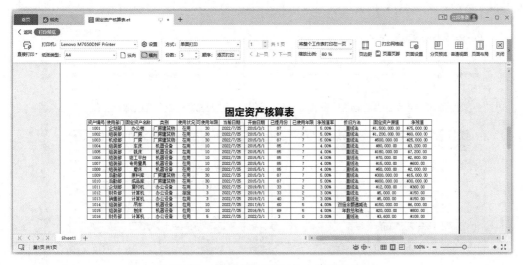

图 5-50 "固定资产核算表"表格参考效果

【实训思路】

在本实训中，首先要根据净残值率和固定资产原值计算出净残值，然后根据当前日期和固定资产的开始日期计算出该固定资产的已提月份，再根据已提月份计算出已使用年限，最后将整张表格打印 5 份。

【步骤提示】

（1）打开"固定资产核算表 .et"工作簿，选择 N3 单元格，在其中输入公式"=K3*M3"，然后按【Enter】键计算出第一个固定资产的净残值，接着将该公式向下填充至 N18 单元格，计算出其他固定资产的净残值。

（2）选择 I3 单元格，在其中输入公式"=IF(((YEAR(TODAY())−YEAR(H3))*12+(MONTH

(TODAY())-MONTH(H3))-1)>0,(YEAR(TODAY())-YEAR(H3))*12+(MONTH(TODAY())-MONTH(H3))-1,0)”，然后按【Enter】键计算出第一个固定资产的已提月份，接着将该公式向下填充至 I18 单元格，计算出其他固定资产的已提月份。

（3）选择 J3 单元格，在其中输入公式“=INT(I3/12)”，然后按【Enter】键计算出第一个固定资产的已使用年限，接着将该公式向下填充至 J18 单元格，计算出其他固定资产的已使用年限。

（4）单击快速访问工具栏中的“打印预览”按钮，进入“打印预览”界面，在“打印机”下拉列表中选择关联的打印机，设置“纸张方向”为“横向”，在“份数”数值框中输入“5”，在“无打印缩放”下拉列表中选择“将整个工作表打印在一页”选项。

（5）单击“页面设置”按钮，打开“页面设置”对话框，单击“页边距”选项卡，在“居中方式”栏中单击选中“水平”和“垂直”复选框，然后单击 打印(P)... 按钮开始打印。

课后练习

1. 制作“采购记录表”表格

采购记录表是指根据采购物品的名称、采购数量、应付款金额等内容编制的表格。在制作“采购记录表”时，要注意采购物品的规格和单位不要写错。本练习要求制作一份“采购记录表”表格，参考效果如图 5-51 所示（配套资源 :\ 效果文件 \ 项目五 \ 采购记录表 .et）。

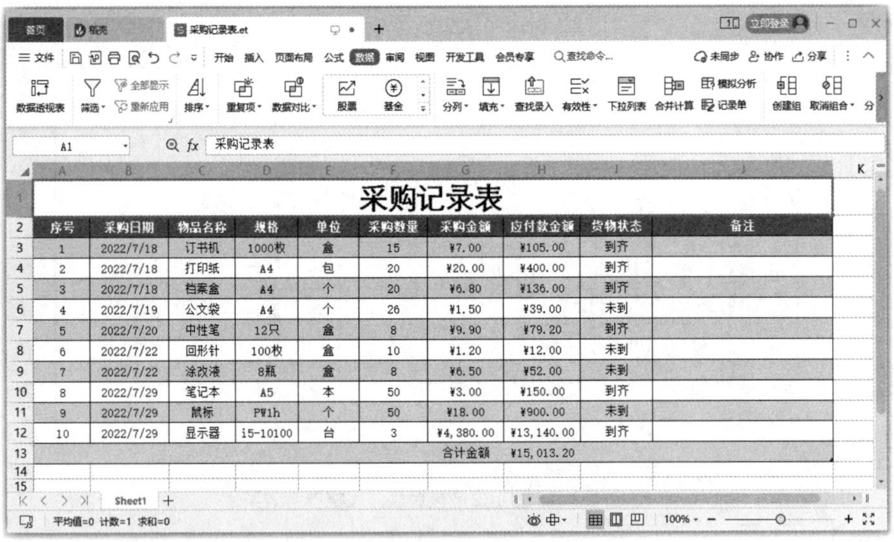

采购记录表

序号	采购日期	物品名称	规格	单位	采购数量	采购金额	应付款金额	货物状态	备注
1	2022/7/18	订书机	1000枚	盒	15	¥7.00	¥105.00	到齐	
2	2022/7/18	打印纸	A4	包	20	¥20.00	¥400.00	到齐	
3	2022/7/18	档案盒	A4	个	20	¥6.80	¥136.00	到齐	
4	2022/7/19	公文袋	A4	个	26	¥1.50	¥39.00	未到	
5	2022/7/20	中性笔	12只	盒	8	¥9.90	¥79.20	到齐	
6	2022/7/22	回形针	100枚	盒	10	¥1.20	¥12.00	未到	
7	2022/7/22	涂改液	8瓶	盒	8	¥6.50	¥52.00	未到	
8	2022/7/29	笔记本	A5	本	50	¥3.00	¥150.00	到齐	
9	2022/7/29	鼠标	P¥1h	个	50	¥18.00	¥900.00	未到	
10	2022/7/29	显示器	i5-10100	台	3	¥4,380.00	¥13,140.00	到齐	
						合计金额	¥15,013.20		

图 5-51 “采购记录表”表格参考效果

2. 计算“日常办公费用表”表格中的数据

公司日常办公支出的费用看似细微，但是对财务统计来说却十分重要，把费用表做得越细，对财务的把控就越到位。原则上一个合格的明细表应该包含公司要求的所有核算项目，并在不违反一定规则的前提下做到透明、公正，灵活运用，具体情况具体分析。本练习要求根据“日常办公费用表”文档（配套资源 :\ 素材文件 \ 项目五 \ 日常办公费用表 .txt）制作一份“日常办公费用表”表格，参考效果如图 5-52 所示（配套资源 :\ 效果文件 \ 项目五 \ 日常办公费用表 .et）。

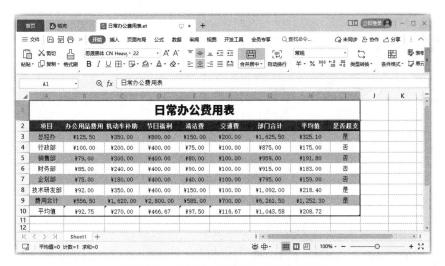

图 5-52　"日常办公费用表"表格参考效果

技能提升

1. 打印显示网格线

打印表格时，系统默认不会打印网格线，如果没有为表格添加边框，那么在打印时，最好将网格线打印出来，从而便于区分行与行、列与列之间的数据。打印显示网格线的方法是：在"视图"选项卡或"打印预览"界面中单击选中"打印网格线"复选框，然后再执行打印操作。

2. 为合并单元格填充序号

在编辑 WPS 表格时，经常会为不规则的单元格（合并单元格）填充序号，当用户通过拖曳填充的方式为合并单元格填充序号时，就会导致填充结果不正确或弹出"此操作要求合并单元格都具有相同大小"的提示对话框，此时用户可先选择需要填充序号的单元格区域，然后在数据区域的第一个单元格中输入公式"=MAX($A$1:A1)+1"，接着按【Ctrl+Enter】组合键，便可在所选单元格区域中得出结果。另外，运用该公式后，若删除了数据区域中的某一行，余下的序号也会随之更改。

3. 数据分列

数据分列是指将一个单元格中的数据根据指定的条件分列到多个单元格中，WPS 表格提供了 3 种数据分列方式，用户可根据实际情况选择合适的分列方式。

● **分列：** 选择需要分列的数据区域，单击"数据"选项卡中的"分列"按钮，打开"文本分列向导 -3 步骤之 1"对话框，如图 5-53 所示，在其中根据需求设置分隔符号和列数据类型后，单击 完成(F) 按钮即可。

● **智能分列：** 选择需要分列的数据区域，单击"数据"选项卡中"分列"按钮下方的下拉按钮，在打开的下拉列表中选择"智能分列"选项，系统将根据选择的数据区域自动分列，并在打开的"智能分列结果"对话框中显示分列结果，将鼠标指针移至列分割线上后再单击，可取消分列，如图 5-54 所示；如果对智能分列效果不满意，单击"手动设置分列"链接，打开"文本分列向导 2 步骤之一"对话框，在其中根据需求设置数据分列方式，在下方的"数据预览"栏中预览数据分列结果。

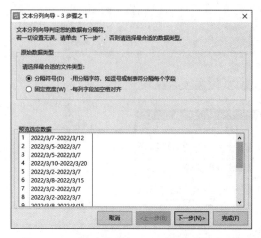

图 5-53　"文本分列向导 -3 步骤之1"对话框　　　　图 5-54　"智能分列结果"对话框

- **高级分列**：登录 WPS 账号后，选择需要分列的数据区域，单击"会员专享"选项卡中的"智能工具箱"按钮，激活"智能工具箱"选项卡，接着在该选项卡中单击"高级分列"按钮，打开"高级分列"对话框，在其中自定义分列规则后，单击按钮即可。

4. 批量添加工作表

若要在同一个工作簿内插入多个工作表，除了可以单击工作表标签栏中的"新建工作表"按钮＋新建外，还可以选择任意一个工作表标签，单击鼠标右键，在弹出的快捷菜单中选择"插入工作表"命令，打开"插入工作表"对话框，在其中设置插入工作表的数目和位置。

另外，用户还可直接设置工作簿内的工作表数，以减少建表的时间，其方法是：单击 ☰文件 按钮，在打开的下拉列表中选择"选项"选项，打开"选项"对话框，在对话框左侧选择"常规与保存"选项卡，在右侧的"新工作簿内的工作表数"数值框中输入需要的工作表数目，然后单击 确定 按钮，如图 5-55 所示。重启 WPS 表格后，工作簿中的工作表数目即设置的数目。如果有需要的话，还可以单击 高级(V)... 按钮，打开"选项"对话框，如图 5-56 所示，在其中可对"默认工作簿名"和"默认工作表名"进行设置。

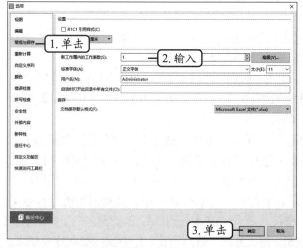

图 5-55　设置工作表数

图 5-56　设置默认工作簿名与默认工作表名

项目六
管理并分析 WPS 表格数据

情景导入

近日，公司准备开展上半年销售业绩总结会，对上半年销售部的销售情况进行总结，并根据总结结果调整下半年的销售目标与销售方向。于是老洪要求米拉将销售部同事 1 ~ 6 月的销售业绩制成表格，并统计他们的目标完成情况，然后再用图表对公司的产品年中销量和员工的加班情况进行分析。

米拉：老洪，制成的销售业绩统计表有什么要求吗？

老洪：首先，要按条件筛选出符合要求的数据，但不能覆盖原始数据，即同一张表中既要显示原来的数据，又要显示筛选的数据；其次，要突出显示符合条件的数据；最后，要分别计算出销售部全组和销售部各小组的总销售业绩及总提成金额。

米拉：好的，我明白了。

学习目标

- 掌握排序和筛选数据的方法。
- 掌握使用条件格式突出显示数据的方法。
- 掌握分类汇总数据的方法。

- 掌握新建名称的方法。
- 掌握使用图表分析数据的方法。
- 掌握使用数据透视图表分析数据的方法。

技能目标

- 能够根据需求筛选数据。
- 能够以指定的格式显示出符合条件的数据。

- 能够根据需求分类汇总数据。
- 能够根据原始数据创建出需要的图表或数据透视图表。

素质目标

- 培养数据处理、数据分析及数据可视化的能力。
- 把握数据采集的有效性及准确性，能用图表准确、直观、形象地反映事件变化规律。

任务一　管理"销售业绩统计表"表格中的数据

米拉找出了公司上半年的工作记录，从中找到了销售部同事的销售数据，并将其录入表格中，然后根据老洪的要求，使用 WPS 表格中的筛选功能对表格数据进行了筛选；接着又为销售业绩排名靠前的单元格数据设置了条件格式，使其能突出显示；最后用分类汇总功能求出了销售部全组和销售部各小组的总销售业绩及总提成金额。

一、任务目标

本任务将管理"销售业绩统计表"表格中的数据，主要用到的操作有排序和筛选数据、分类汇总数据、使用条件格式突出显示数据等，从而提高数据分析的准确性。通过本任务的学习，读者可以掌握数据的管理方法，并快速设置符合要求的数据。本任务的最终效果如图 6-1 所示（配套资源:\效果文件\项目六\销售业绩统计表 .et）。

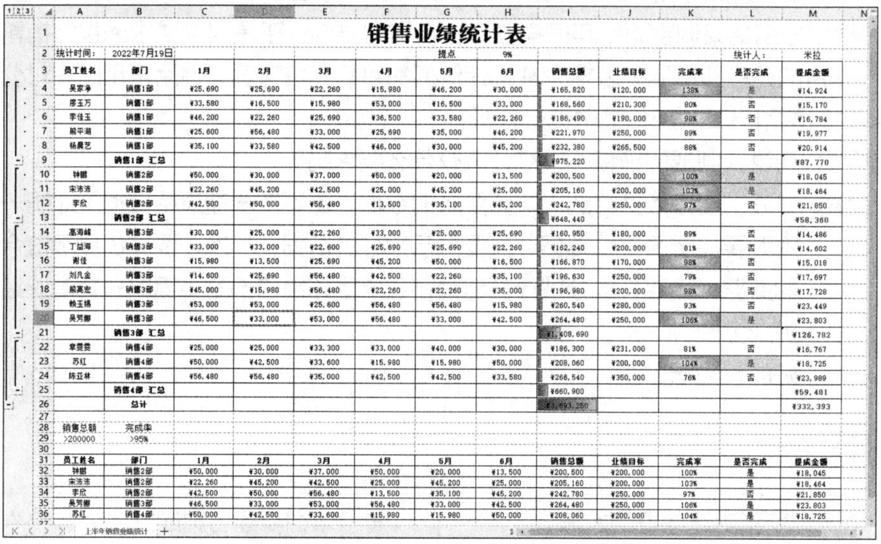

图 6-1　"销售业绩统计表"表格最终效果

二、相关知识

在管理表格的过程中，一般会用到数据排序、数据筛选，以及条件格式的运用等知识，下面分别进行介绍。

（一）数据排序

数据排序是指将表格中的数据按照其中某个或某些关键字来进行递增或递减排列。在 WPS 表格中，有简单排序、按条件排序和自定义排序 3 种排序方式。

- **简单排序**：选择数据区域中的任意一个单元格，单击"数据"选项卡中的"排序"按钮 A↓，系统将根据所选单元格的数据特点自动进行升序排列。需要注意的是，如果所选单元格所在的行或列是文本，则系统将按照第一个字的字母先后顺序进行排列；如果所选单元格所在的行或列是数字，则系统将按照数字的大小进行排列。
- **按条件排序**：选择数据区域中的任意一个单元格，单击"数据"选项卡中"排序"按钮 A↓下方的下拉按钮▼，在打开的下拉列表中选择"自定义排序"选项，打开"排序"对话框，在其中可以根据需求设置主要条件的排序列、排序依据和排序次序。

如果主要条件中存在多个重复值，则可单击 ➕添加条件(A) 按钮添加次要条件，依次设置次要条件的排序列、排序依据和排序次序，便于系统在主要条件相同的情况下按照次要条件继续排序。

● **自定义排序**：在"排序"对话框中设置好主要条件的排序列和排序依据后，在"次序"下拉列表中选择"自定义序列"选项，打开"自定义序列"对话框，在其中的"输入序列"列表框中输入排序顺序，然后单击 添加(A) 按钮，即可将该序列添加到左侧的"自定义系列"列表框中，使系统按照输入的序列顺序进行排序。

（二）数据筛选

数据筛选是指将表格中符合条件的数据筛选出来，而不符合条件的数据将被隐藏。在 WPS 表格中，有自动筛选和高级筛选两种筛选方式。

● **自动筛选**：选择数据区域后，单击"数据"选项卡中的"筛选"按钮▽，系统将自动为每个字段行的单元格右下角添加一个筛选按钮⬇️，单击某个字段后面的筛选按钮⬇️打开相应的下拉列表，在其中可根据需求选择不同的筛选方式。

● **高级筛选**：选择数据区域后，单击"数据"选项卡中"筛选"按钮▽下方的下拉按钮⬇️，在打开的下拉列表中选择"高级筛选"选项，打开"高级筛选"对话框，在其中输入筛选的列表区域和条件区域后，便可筛选出同时满足两个或两个以上条件的数据。

（三）条件格式

WPS 表格提供了 5 种内置的条件格式，分别是突出显示单元格规则、项目选取规则、数据条、色阶和图标集，它们可以按照指定的条件对表格中的数据进行判断，并返回指定的格式，以突出显示表格中重要的数据。

● **突出显示单元格规则**：用于突出显示工作表中满足某个条件的数据，如大于某个数据、小于某个数据、介于某两个数据之间、等于某个数据、文本包含于某个数据、发生日期在某个时候、某个区域中的重复值或唯一值等。

● **项目选取规则**：用于突出显示前几项、后几项、高于平均值或低于平均值的数据。

● **数据条**：用于标识单元格中的值的大小，数据条越长，表示单元格中的值越大，反之，则表示值越小。

● **色阶**：将不同范围内的数据用不同的颜色进行区分。

● **图标集**：以不同的形状或颜色表示数据的大小，可以按阈值将数据分为 3 ~ 5 个类别，每个图标代表一个数值范围。

三、任务实施

（一）自动排序

自动排序是数据排序管理中基本的排序方式，选择该方式后，系统将自动识别和排序数据。下面以"部门"为依据排序"销售业绩统计表 .et"中的数据，其具体操作如下。

（1）打开"销售业绩统计表 .et"工作簿（配套资源 :\ 素材文件 \ 项目六 \ 销售业绩统计表 .et），选择 B4:B21 单元格区域，单击"数据"选项卡中的"排序"按钮⬇️，打开"排序警告"对话框，在其中保持"扩展选定区域"单选项的默认设置后，单击 排序▼ 按钮，如图 6-2 所示。

微课视频

自动排序

（2）返回工作表后，由于 B4:B21 单元格区域中前两个字均为"销售"，所以系统将按照数字大小进行升序排列，而与之相对应的其他同行单元格也将随之同步排列，如图 6-3 所示。

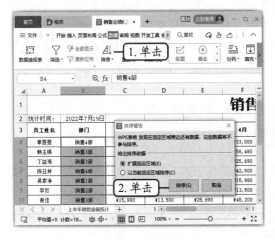

图 6-2　单击"排序"按钮　　　　　　　　图 6-3　查看排序结果

（二）按条件排序

按条件排序与自动排序方式相似，如果需要同时对多列内容进行排序，用户可以使用 WPS 表格的按条件排序功能，此时若第一个条件的数据相同，就按第二个条件的数据进行排序。下面在"销售业绩统计表 .et"中添加次要条件，其具体操作如下。

微课视频

按条件排序

（1）选择 A4:M21 单元格区域，单击"数据"选项卡中"排序"按钮 下方的下拉按钮 ，在打开的下拉列表中选择"自定义排序"选项。

（2）打开"排序"对话框，保持"主要关键字"的默认设置后，单击 ＋ 添加条件(A) 按钮，在"次要关键字"下拉列表中选择"销售总额"选项，在"排序依据"下拉列表中选择"数值"选项，在"次序"下拉列表中选择"升序"选项，然后单击 确定 按钮，如图 6-4 所示。

（3）返回工作表后，系统将按照"部门"列的数据升序排列，如果"部门"列的数据相同，则按照"销售总额"列的数据升序排列，如图 6-5 所示。

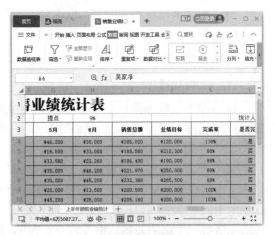

图 6-4　设置次要关键字　　　　　　　　图 6-5　查看排序结果

知识补充

使文本按照笔画排序

在"排序"对话框中单击 选项(O)... 按钮，打开"排序选项"对话框，在"方式"栏中单击选中"笔画排序"单选项，再单击 确定 按钮后，系统就会按照笔画进行排序，相同笔画则按照起笔顺序（横、竖、撇、捺、折）进行排列。

（三）高级筛选

微课视频

高级筛选

自动筛选功能仅可以显示需要的数据而隐藏其他数据，如果要在同一张工作表中既显示原始数据，又显示筛选出的数据，那么可以通过 WPS 表格的高级筛选功能来实现。下面在"销售业绩统计表 .et"中筛选出销售总额为 200 000 元以上、完成率为 95% 以上的数据，其具体操作如下。

（1）在 A23 单元格中输入"销售总额"，在 A24 单元格中输入">200000"，在 B23 单元格中输入"完成率"，在 B24 单元格中输入">95%"。

（2）选择 A3:M21 单元格区域，单击"数据"选项卡中"筛选"按钮▽下方的下拉按钮▼，在打开的下拉列表中选择"高级筛选"选项，如图 6-6 所示。

（3）打开"高级筛选"对话框，在"方式"栏中单击选中"将筛选结果复制到其他位置"单选项，保持"列表区域"参数框的默认设置，然后将文本插入点定位至"条件区域"参数框中，在"上半年销售业绩统计"工作表中用鼠标拖曳步骤（1）中建立的数据区域，接着在"复制到"参数框中输入"A26"，最后单击 确定 按钮，如图 6-7 所示。

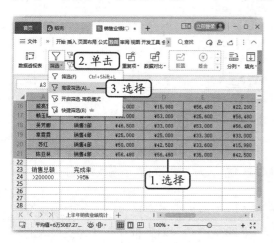

图 6-6　选择"高级筛选"选项

图 6-7　设置筛选区域及筛选条件

（4）返回工作表后，可在 A26:M31 单元格区域中查看筛选出的数据。

知识补充

设置筛选条件

使用高级筛选时，作为筛选条件的列标题文本必须放在同一行中，且应与数据区域中的列标题文本完全相同。另外，在列标题下方输入条件文本时，如果有多个条件且各条件为"与"关系（筛选出来的结果必须同时满足多个条件），则需要将条件文本并排放在同一行中；如果各条件为"或"关系（筛选出来的结果只需要满足其中任意一个条件），则需要将条件放在不同行中。

（四）使用条件格式突出显示数据

设置条件格式后，系统能够根据单元格的内容自动应用单元格格式，当用户在该范围内输入或修改某个数值时，WPS 表格会自动检测该数值并评定单元格的条件格式规则，如果该数值符合规则，则为其应用设置的格式，如果不符合，则不应用格式，以达到突出显示单元格的目的。下面在"销售业绩统计表 .et"中使用条件格式突出显示销售业绩等列的数据，其具体操作如下。

微课视频

使用条件格式突出显示数据

（1）选择 I4:I21 单元格区域，单击"开始"选项卡中的"条件格式"按钮，在打开的下拉列表中选择"数据条"选项，在打开的子列表中选择"渐变填充"栏中的"蓝色数据条"选项，如图 6-8 所示。

（2）选择 L4:L21 单元格区域，在"条件格式"下拉列表中选择"突出显示单元格规则"选项，在打开的子列表中选择"等于"选项，打开"等于"对话框，在"为等于以下值的单元格设置格式"参数框中输入"=$L$4"，在"设置为"下拉列表中选择"黄填充色深黄色文本"选项，然后单击 确定 按钮，如图 6-9 所示。

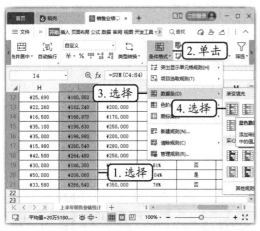

图 6-8　数据条填充　　　　　　　　图 6-9　设置"是否完成"列条件格式

（3）返回工作表后，可发现 L4:L21 单元格区域中显示为"是"的单元格底纹变成了黄色，其字体颜色也变成了深黄色。

（4）选择 M4:M21 单元格区域，在"条件格式"下拉列表中选择"项目选取规则"选项，在打开的子列表中选择"前 10 项"选项，打开"前 10 项"对话框，在"为值最大的那些单元格设置格式"数值框中输入"5"，在"设置为"下拉列表中选择"自定义格式"选项，单击 确定 按钮，如图 6-10 所示。

（5）打开"单元格格式"对话框，单击"字体"选项卡，在"字形"列表框中选择"粗体"选项，在"颜色"下拉列表中选择"红色"选项，然后单击 确定 按钮，如图 6-11 所示。

（6）返回"前 10 项"对话框后，单击 确定 按钮返回工作表，可发现"提成金额"列前 5 项数据均已加粗并呈红色文本显示，如图 6-12 所示。

（7）选择 K4:K21 单元格区域，在"条件格式"下拉列表中选择"新建规则"选项，打开"新建格式规则"对话框，在"选择规则类型"列表框中选择"使用公式确定要设置格式的单元格"选项，在"只为满足以下条件的单元格设置格式"参数框中输入公式"=$K4>95%"，

然后单击 格式(F)... 按钮，如图 6-13 所示。

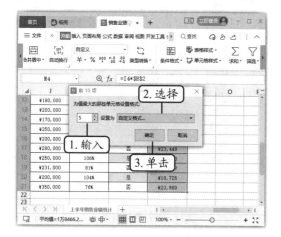

图 6-10　设置"提成金额"列条件格式

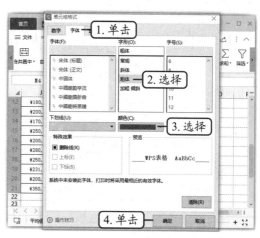

图 6-11　设置字体格式

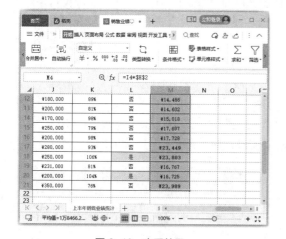

图 6-12　查看效果

图 6-13　设置条件格式

（8）打开"单元格格式"对话框，单击"图案"选项卡，再单击 填充效果(I)... 按钮，打开"填充效果"对话框，在"颜色 2"下拉列表中选择"浅绿，着色 6，浅色 40%"选项，在"底纹样式"栏中单击选中"中心辐射"单选项，然后单击 确定 按钮，如图 6-14 所示。

（9）返回"单元格格式"对话框，再依次单击 确定 按钮返回工作表，可发现符合条件的单元格已被突出显示，如图 6-15 所示。

> **知识补充**
>
> **条件格式规则管理**
>
> 　　在"条件格式"下拉列表中选择"管理规则"选项，打开"条件格式规则管理器"对话框，在"显示其格式规则"下拉列表中选择"当前工作表"选项，可显示当前工作表中的所有条件格式。单击 编辑规则(E)... 按钮，可在打开的"编辑规则"对话框中对选择的条件规则进行修改；在规则对应的"应用于"参数框中可对条件格式应用的单元格区域进行修改；单击 ✕ 删除规则(D) 按钮，可删除当前选择的条件格式。

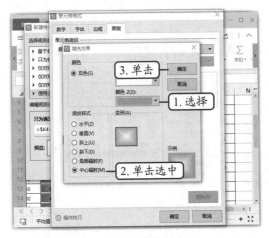

图 6-14 设置填充效果

图 6-15 查看效果

（五）分类汇总

分类汇总功能可以汇总性质相同的数据，使表格的结构更加清晰，从而便于用户分析数据。下面对"销售业绩统计表 .et"中的数据进行分类汇总，其具体操作如下。

微课视频

分类汇总

（1）选择 A3:M21 单元格区域，单击"数据"选项卡中的"分类汇总"按钮▦，打开"分类汇总"对话框，在"分类字段"下拉列表中选择"部门"选项，在"汇总方式"下拉列表中选择"求和"选项，在"选定汇总项"下拉列表框中单击选中"销售总额"和"提成金额"复选框，然后单击 确定 按钮，如图 6-16 所示。

（2）返回工作表后，单击左侧代表级别的 2 按钮，显示汇总数据，如图 6-17 所示。

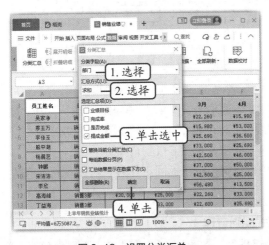

图 6-16 设置分类汇总

图 6-17 查看 2 级汇总数据

> **知识补充**
>
> **多重分类汇总**
>
> 多重分类汇总是从执行第二重分类汇总开始时，就必须在"分类汇总"对话框中取消选中"替换当前分类汇总"复选框，这表示当前分类汇总结果不会替换掉前一重分类汇总结果；如果选中该复选框，则表示当前分类汇总结果会替换掉前一重分类汇总结果，并且只会保留最后一重分类汇总结果。

任务二 使用图表分析"销量统计表"表格中的数据

老洪对米拉统计的销售数据并不是很满意，老洪告诉米拉，在制作某统计表或某分析表时，除了要正确输入相关数据外，还要根据实际情况对数据进行图表分析，其目的是让杂乱的数据以图表形式展现出来，让使用者能够一目了然，并清楚地知道数据的变化趋势，从而为未来的企业决策提供数据支持。

一、任务目标

本任务将使用图表分析"销量统计表"表格中的数据，主要用到的操作是新建名称并计算表格数据、创建图表、编辑并美化图表、制作动态图表。通过本任务的学习，读者可以掌握创建与编辑图表的方法，准确找到需要查看的数据。本任务的最终效果如图6-18所示（配套资源：\效果文件\项目六\销量统计表.et）。

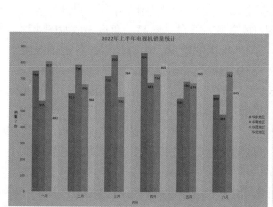
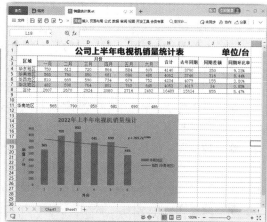

图6-18 "销量统计表"表格最终效果

二、相关知识

WPS 表格为用户提供了多种图表，可以将数据形象、直观地展示出来。但在使用图表分析数据前，用户还需要掌握图表的相关知识。

（一）图表的类型

在 WPS 表格中，有各种动态图表，不同类型的图表有不同的作用和意义。

- **柱形图**：柱形图是一种以长方形的长度为变量的图表，在 WPS 表格中，柱形图是默认的图表类型，可以显示一段时间内数据的变化情况，或者展示各数据之间的比较情况。柱形图包括簇状柱形图、堆积柱形图、百分比堆积柱形图3种。
- **折线图**：折线图可以按时间或类别显示数据的变化趋势，轻松判断在不同时间段内数据是呈上升趋势还是下降趋势，数据变化是呈平稳趋势还是波动趋势。折线图包括传统折线图、堆积折线图、百分比堆积折线图、带数据标记的折线图、带数据标记的堆积折线图、带数据标记的百分比堆积折线图6种。
- **饼图**：饼图可以显示一个数据系列中各项数据的大小与各项数据总和的比例，虽然不能显示更复杂的数据系列，但通常更容易理解。饼图包括传统饼图、三维饼图、复合饼图、复合条饼图、圆环图5种。

- **条形图**：条形图可以显示各项目之间数据的差异，它与柱形图具有相同的表现目的，不同的是，柱形图在水平方向上依次展示数据，条形图在垂直方向上依次展示数据。条形图包括簇状条形图、堆积条形图和百分比堆积条形图3种。

- **面积图**：面积图可以表现数据在一段时间内或者一个类型中的相对关系，一个值所占的面积越大，那么它在整体关系中所占的比例就越大。面积图包括传统面积图、堆积面积图、百分比堆积面积图3种。

- **ＸＹ（散点图）**：ＸＹ（散点图）可以显示单个或多个数据系列中各数值之间的关系，ＸＹ（散点图）将两组数据绘制为多个坐标点，通过观察坐标点的分布来判断变量间是否存在关联关系，以及相关关系的强度等。ＸＹ（散点图）包括传统散点图、带平滑线和数据标记的散点图、带平滑线的散点图、带直线和数据标记的散点图、带直线的散点图、气泡图、三维气泡图7种。

- **股价图**：股价图可用于描绘股票的价格走势。在创建股价图时必须按照正确的顺序排列数据，如要创建一个简单的盘高－盘低－收盘股价图，那么应该根据盘高、盘低和收盘的顺序依次输入各项数据。股价图包括盘高－盘低－收盘图、开盘－盘高－盘低－收盘图、成交量－盘高－盘低－收盘图、成交量－开盘－盘高－盘低－收盘图4种。

- **雷达图**：雷达图可以表示由一个中心点向外辐射的数据，中心是零，各种轴线由中心向外扩散。雷达图包括传统雷达图、带数据标记的雷达图、填充雷达图3种。

- **组合图**：组合图由两种或两种以上的图表类型组合而成，可以同时展示多组数据，不同类型的图表可以拥有一个共同的横坐标轴和不同的纵坐标轴，以便更好地区分不同的数据类型。

- **玫瑰图**：玫瑰图又称为鸡冠花图、极坐标区域图，它可以用圆弧的半径来表示数据的大小。需要注意的是，玫瑰图的每个扇形角度都是相等的，它强调的是数据大小的对比，而不是各部分数据的占比。

- **桑基图**：桑基图又称为桑基能量平衡图，用于表达流量分布与结构对比，它是一种特定类型的流程图，图中延伸的分支宽度对应数据流量的大小，通常应用于能源、材料成分、金融等数据的可视化分析中。

（二）图表的组成

图表一般由图表区、绘图区、图表标题、坐标轴、数据系列、数据标签、网格线和图例等部分组成，如图6-19所示。

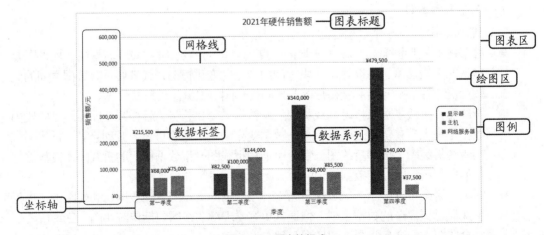

图6-19　图表的组成

● **图表区**：图表区是指图表的整个区域，图表的各组成部分均存放于图表区中。

● **绘图区**：通过横坐标轴和纵坐标轴界定的矩形区域，用于显示图表数据系列、数据标签和网格线等。

● **图表标题**：用于简要概述该图表信息的文本，可以位于图表上方，也可以覆盖于绘图区中。

● **坐标轴**：包含横坐标轴（又称为 x 轴或水平轴）和纵坐标轴（又称为 y 轴或垂直轴）两种，前者常用于显示类别标签，后者常用于显示刻度大小。

● **数据系列**：根据用户指定的图表类型以系列的方式显示在图表中的可视化数据。在图表中可以有一到多组数据系列，多组数据系列之间通常采用不同的图案、颜色或符号来区分。

● **数据标签**：用于标识数据系列所代表的数值大小，可以位于数据系列外部，也可以位于数据系列内部。

● **网格线**：贯穿绘图区的线条，作为估算数据系列所示值的标准。

● **图例**：用于指出图表中不同的数据系列采用的标识方式。

三、任务实施

（一）新建名称并计算表格数据

在计算表格数据时，为单元格、单元格区域、数据常量、公式等定义名称，不仅可以简化公式，而且便于他人理解。下面新建名称并计算"销量统计表 .et"中的相关数据，其具体操作如下。

微课视频

新建名称并计算表格数据

（1）打开"销量统计表 .et"工作簿，单击"公式"选项卡中的"名称管理器"按钮，打开"名称管理器"对话框，在其中单击 新建(N)... 按钮，打开"新建名称"对话框。

（2）在"名称"文本框中输入"一月"，在"范围"下拉列表中选择"Sheet 1"选项，在"引用位置"参数框中输入"=Sheet1!\$B\$4:\$B\$7"，然后单击 确定 按钮，如图 6-20 所示。

（3）使用同样的方法新建"二月"名称、"三月"名称、"四月"名称、"五月"名称、"六月"名称，然后单击 确定 按钮，如图 6-21 所示。

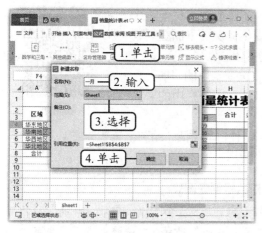

图 6-20　新建"一月"名称

图 6-21　查看新建的名称

（4）返回工作表后，选择 H4 单元格，在其中输入公式"= 一月 + 二月 + 三月 + 四月 +

五月＋六月"，然后按【Enter】键计算出华东地区上半年的电视机总销量，接着将该公式向下填充至 H7 单元格，计算出其他地区上半年的电视机总销量。

（5）选择 B8 单元格，在其中输入公式"=SUM(B4:B7)"，然后按【Enter】键计算出一月各地区上半年的电视机总销量，接着将该公式向右填充至 I8 单元格，计算出其他月份各地区上半年的电视机总销量、合计总销量和去年同期总销量，如图 6-22 所示。

（6）在 J4 单元格中输入公式"=H4-I4"，计算出华东地区本期与去年同期之间的差额；在 K4 单元格中输入公式"=(H4-I4)/I4*100%"，计算出同期环比率，然后选择 J4:K4 单元格区域，将公式向下填充至 J8:K8 单元格区域，如图 6-23 所示。

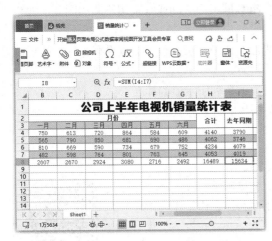

图 6-22　计算合计数

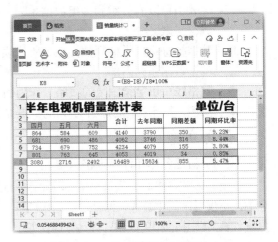

图 6-23　计算同期差额与同期环比率

知识补充

批量新建名称

选择数据区域中的多行或多列，单击"公式"选项卡中的"指定"按钮，打开"指定名称"对话框，在其中根据需求单击选中相应的复选框后，再单击 确定 按钮，系统即可根据选择的行或列批量新建名称。

（二）创建图表

通常，图表不同，其所适用的场合也不同，如柱形图常用于对比多个数据，折线图常用于显示时间间隔的数据变化情况。下面在"销量统计表 .et"中根据相应的数据创建柱形图，其具体操作如下。

（1）选择 A2:G7 单元格区域，单击"插入"选项卡中的"插入柱形图"按钮，在打开的下拉列表中选择"二维柱形图"栏中的"簇状柱形图"选项，如图 6-24 所示。

（2）返回工作表后，可以看见创建的柱形图，且自动激活"绘图工具"选项卡、"文本工具"选项卡和"图表工具"选项卡，如图 6-25 所示。

微课视频
创建图表

操作提示

通过"图表"对话框创建图表

用户还可以单击"插入"选项卡中的"全部图表"按钮，打开"图表"对话框，在其中选择更多类型的图表和图表样式。另外，用户也可选择图表并单击鼠标右键，在弹出的快捷菜单中选择"另存为模板"命令，将其存为模板。

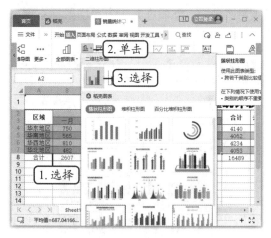

图 6-24　选择图表

图 6-25　创建图表

（三）编辑并美化图表

为了使展示的数据更清晰、效果更美观，用户可为图表添加如数据标签、坐标轴等图表元素，并对图表内的文本字体和填充颜色等进行设置。下面编辑并美化"销量统计表 .et"中的图表，其具体操作如下。

（1）选择图表，当鼠标指针变成✛形状时，按住鼠标左键不放，将其移至数据区域下方，然后适当调整其大小。

（2）选择图表，单击"图表工具"选项卡中的"快速布局"按钮🔳，在打开的下拉列表中选择"布局 1"选项，如图 6-26 所示。

（3）选中"图表标题"，将其修改为"2022 年上半年电视机销量统计"，选中标题文本内容后单击鼠标右键，在弹出的快捷菜单中选择"字体"命令，打开"字体"对话框，在"字体"选项卡中的"字形"列表框中选择"加粗"选项，在"字号"列表框中选择"16"选项，在"字体颜色"下拉列表中选择"红色"选项，然后单击 确定 按钮，如图 6-27 所示。

> 微课视频
>
> 编辑并美化图表

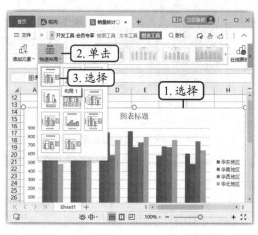

图 6-26　更改图表布局

图 6-27　设置图表标题

（4）单击图表右侧出现的"图表元素"按钮📊，在打开的下拉列表中单击选中"轴标题"/"主要纵坐标轴"复选框，如图 6-28 所示。

（5）选择添加的纵坐标轴，将其修改为"销量/台"，然后在其上方单击鼠标右键，在弹出的快捷菜单中选择"设置坐标轴标题格式"命令，如图6-29所示。

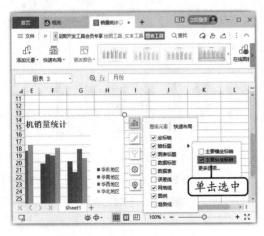

图6-28 添加主要纵坐标轴

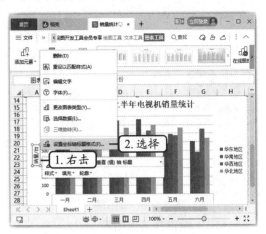

图6-29 选择"设置坐标轴标题格式"命令

（6）打开"属性"任务窗格，单击"标题选项"下的"大小与属性"按钮，在"对齐方式"栏中的"文字方向"下拉列表中选择"堆积"选项，如图6-30所示。

（7）单击"标题选项"右侧的下拉按钮，在打开的下拉列表中选择"图表区"选项，然后在"图表选项"下单击"填充与线条"按钮，在"填充"栏中单击选中"纯色填充"单选项，在"填充"栏右侧的下拉列表中选择"亮天蓝色，着色5，浅色60%"选项，如图6-31所示。

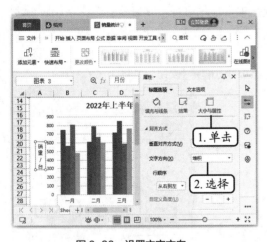

图6-30 设置文字方向

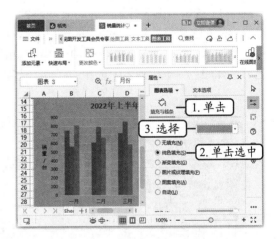

图6-31 设置图表填充颜色

（8）将鼠标指针移至"属性"任务窗格右侧的按钮上，单击鼠标右键，在弹出的快捷菜单中选择"隐藏任务窗格"命令，隐藏该任务窗格。

（9）选择图表，单击图表右侧出现的"图表元素"按钮，在打开的下拉列表中取消选中"网格线"复选框，然后单击"图表工具"选项卡中的"添加元素"按钮，在打开的下拉列表中选择"数据标签"选项，在打开的子列表中选择"数据标签内"选项。

（四）制作动态图表

相对于普通图表来说，动态图表更能够帮助用户从众多数据中找到其需要的信息，且数据源发生改变时，动态图表也会发生相应的改变。下面在"销量统计表 .et"中制作动态图表，其具体操作如下。

微课视频

制作动态图表

（1）选择 A35 单元格，单击"数据"选项卡中的"有效性"按钮，打开"数据有效性"对话框，在"设置"选项卡中的"允许"下拉列表中选择"序列"选项，在"来源"参数框中输入"=$A$4:$A$7"，然后单击 确定 按钮，如图 6-32 所示。

（2）在 A35 单元格的下拉列表中任选一个地区后，在 B35 单元格中输入公式"=VLOOKUP($A$35,$A$4:$G$7,COLUMN(),0)"，然后将该公式向右填充至 G35 单元格。

（3）选择图表，按【Ctrl+C】组合键复制，然后选择 A37 单元格，按【Ctrl+V】组合键粘贴，接着单击"图表工具"选项卡中的"选择数据"按钮，打开"编辑数据源"对话框，将"图表数据区域"参数框中的内容修改为"=Sheet1!$A$35:$G$35"，最后单击 确定 按钮，如图 6-33 所示。

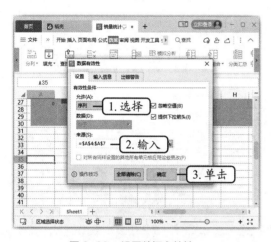

图 6-32　设置数据有效性　　　　　　图 6-33　编辑图表数据源

（4）返回工作表后，可发现图表内容将随着 A35 单元格的改变而改变，然后为图表添加"主要横坐标轴标题"，并将其修改为"月份"，再取消其加粗显示。

（5）选择任意一个数据系列，单击鼠标右键，在弹出的快捷菜单中单击"填充"按钮下方的下拉按钮，在打开的"主题颜色"面板中选择"巧克力黄，着色 2"选项，如图 6-34 所示。然后使用同样的方法将数据系列的轮廓设置为同样的颜色。

（6）选择图表，单击"图表工具"选项卡中的"添加元素"按钮，在打开的下拉列表中选择"趋势线"选项，在打开的子列表中选择"更多选项"选项。

（7）打开"属性"任务窗格，在"趋势线选项"栏中单击选中"指数"单选项，然后再单击"显示公式"复选框，如图 6-35 所示。

（8）将公式移至右侧空白区域，然后选择添加的趋势线，单击"填充与线条"按钮，在"线条"栏的"颜色"下拉列表中选择"红色"选项，在"宽度"数值框中输入"1.00 磅"，如图 6-36 所示。

（9）选择创建的第一个图表，单击"图表工具"选项卡中的"移动图表"按钮，打开"移动图表"对话框，单击选中"新工作表"单选项，然后单击 确定 按钮，如图 6-37 所示。

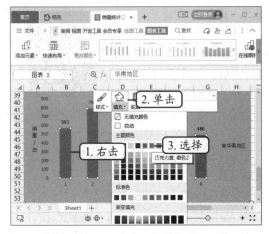

图 6-34　设置数据系列颜色

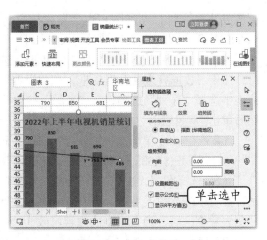

图 6-35　添加趋势线

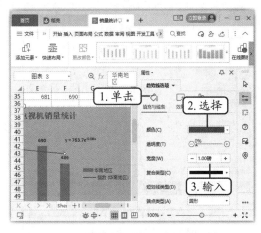

图 6-36　设置趋势线

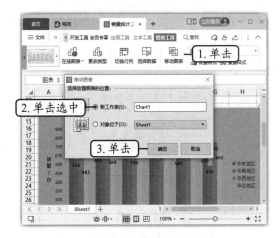

图 6-37　移动图表

（10）删除"Sheet 1"工作表中数据源与图表之间的空白单元格区域。至此，完成本任务的制作。

任务三　使用数据透视图表分析"员工加班表"表格中的数据

公司生产部、研发部、质量部这 3 个部门在 6 月的加班次数较多，为了统计出员工的加班总时间及部门加班总时间，分析加班数据，米拉认为可以用数据透视图表，借助该图表形象地展示各员工及部门的加班情况，并分析各部门加班时间在总加班时间中的占比，得出加班时间最多的部门，以便于接下来调查其加班原因，使其在后续的工作安排中得以改进。老洪听后，认可了米拉的想法，并让她放手去做。

一、任务目标

本任务将使用数据透视图表分析"员工加班表"表格中的数据，主要用到的操作有创建数据透视表、创建数据透视图、通过数据透视图筛选数据等。通过本任务的学习，读者可以掌握数据透视图表的创建与编辑方法，以及通过数据透视图表筛选数据的方法，从而快速得出复杂数据的计算结果。本任务的最终效果如图6-38所示（配套资源：\效果文件\项目六\员工加班表.et）。

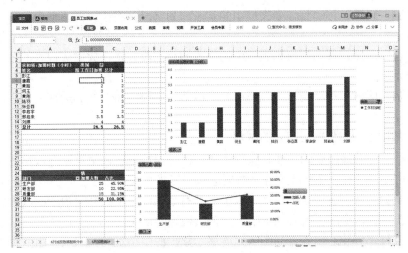

图 6-38 "员工加班表"表格最终效果

二、相关知识

数据透视图表可以从不同的层次和角度来分析数据，用户若要灵活运用数据透视图表，首先就要掌握数据透视表各个区域的作用，以及数据透视图与普通图表的区别。

（一）认识数据透视表界面

在 WPS 表格中，执行数据透视表的创建操作后，系统将进入数据透视表界面，如图6-39所示，它主要由数据源、数据透视表区域、字段列表框、"筛选器"区域、"列"区域、"行"区域、"值"区域等部分组成。

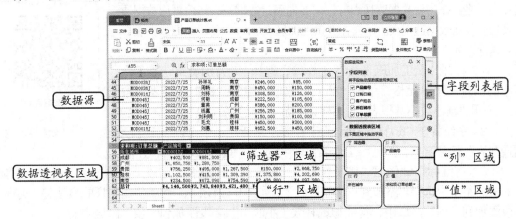

图 6-39 数据透视表界面

● **数据源**：数据透视表根据数据源提供的数据创建，数据源既可以与数据透视表存放在同一工作表中，也可以存放在不同的工作表或工作簿中。

● **数据透视表区域**：用于显示创建的数据透视表，包含筛选字段区域、行字段区域、列字段区域和求值项区域。

● **字段列表框**：包含数据透视表中所需数据的字段，在该列表框中单击选中或取消选中字段标题对应的复选框，可以更改数据透视表中展示的数据。

- **"筛选器"区域**：移动到该列表框中的字段即筛选字段，将在数据透视表的筛选区域中显示。
- **"列"区域**：移动到该列表框中的字段即列字段，将在数据透视表的列字段区域中显示。
- **"行"区域**：移动到该列表框中的字段即行字段，将在数据透视表的行字段区域中显示。
- **"值"区域**：移动到该列表框中的字段即值字段，将在数据透视表的求值项区域中显示。

（二）数据透视图与普通图表的区别

数据透视图与普通图表的功能和操作大致一样，但数据透视图可以像数据透视表一样，灵活地变换布局，以及排序和筛选等。数据透视图与普通图表的区别主要体现在以下 3 点。

- **数据源**：数据透视图和普通图表虽然都有数据源，但数据透视图的数据源是存放于数据透视表中的，它必须依附于数据透视表而创建。
- **交互性**：创建的单张普通图表只能展示数据源中指定的一组或多组数据，但它们不能交互，而数据透视图只需创建单张图表，就能通过动态筛选数据，以不同的方式交互查看数据。
- **图表元素**：数据透视图除了包含普通图表的元素外，还包含字段和项、筛选按钮。另外，数据透视图可以直接根据报表筛选按钮对展示的数据进行筛选，同时数据透视表中展示的数据也将随着数据透视图的变化而变化。

三、任务实施

（一）创建数据透视表

数据透视表能将大量繁杂的数据转换成可以用不同方式进行汇总的交互式表格。在创建数据透视表前，需要先确定数据源，然后再用数据透视表功能创建数据透视表。下面在"员工加班表.et"中创建数据透视表，其具体操作如下。

微课视频

创建数据透视表

（1）打开"员工加班表.et"工作簿，选择"6 月加班统计"工作表中的任意一个单元格，单击"插入"选项卡中的"数据透视表"按钮，打开"创建数据透视表"对话框，保持默认设置后，单击 确定 按钮。

（2）系统将在"6 月加班统计"工作表左侧新建一个"Sheet 1"工作表，并自动打开"数据透视表"任务窗格，然后将工作表重命名为"6 月加班数据图表分析"。

（3）将鼠标指针移至"字段列表"列表框中的"姓名"字段上，单击鼠标右键，在弹出的快捷菜单中选择"添加到行标签"命令，如图 6-40 所示。然后使用同样的方法将"类别"字段添加到"列"区域中，将"加班时数（小时）"字段添加到"值"区域中。

操作提示

将字段拖曳到数据透视表区域的各列表框中

除了上述操作方法外，用户还可以在"将字段拖动至数据透视表区域"列表框中选择需要的字段，按住鼠标左键不放，然后将其拖曳到"数据透视表区域"下方的"筛选器""列""行"或"值"区域中。

（4）隐藏"数据透视表"任务窗格，单击"设计"选项卡中的"报表布局"按钮，在打开的下拉列表中选择"以大纲形式显示"选项，如图 6-41 所示。

图 6-40　添加字段

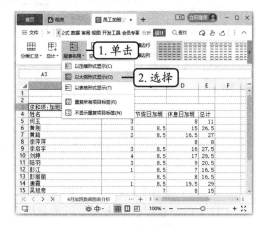

图 6-41　调整布局

（5）单击"设计"选项卡中"样式"列表框右侧的按钮，在打开的下拉列表中单击"中色系"选项卡，在下方的列表框中选择"数据透视表样式中等深浅 9"选项，如图 6-42 所示。

（6）返回"6 月加班统计"工作表，再次单击"数据透视表"按钮，在打开的"创建数据透视表"对话框中单击选中"请选择放置数据透视表的位置"栏中的"现有工作表"单选项，并在其下方的参数框中输入"'6 月加班数据图表分析'!$A$24"，然后单击　按钮。

（7）将"部门"字段拖曳至"行"区域中，将"员工编号"和"加班时数（小时）"字段添加到"值"区域中，然后设置其以大纲形式显示，并为其应用"数据透视表样式中等深浅 14"样式。

（8）单击"值"区域中"求和项：员工编号"字段右侧的下拉按钮，在打开的下拉列表中选择"值字段设置"选项，如图 6-43 所示。

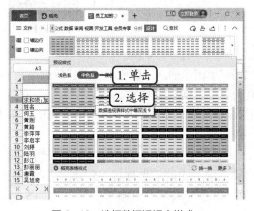

图 6-42　选择数据透视表样式

图 6-43　选择"值字段设置"选项

（9）打开"值字段设置"对话框，在"值字段汇总方式"列表框中选择"计数"选项，并修改"自定义名称"文本框中的内容为"加班人数"，然后单击　按钮，如图 6-44 所示。

（10）选择 C25 单元格，修改其中的内容为"占比"，然后选择 C26 单元格，单击鼠标右键，在弹出的快捷菜单中选择"值显示方式"命令，在弹出的子菜单中选择"总计的百分比"命令，如图 6-45 所示。

图6-44　设置值字段汇总方式和名称　　　　　　图6-45　设置值显示方式

（11）返回数据透视表后，可看到值字段名称和显示方式发生了相应的变化，然后适当调整表格的列宽。

> **知识补充　值字段设置**
>
> 　　在对值字段名称和值字段汇总方式或值显示方式同时进行设置时，需要先对值字段汇总方式或值显示方式进行设置，最后再对值字段名称进行设置，因为设置值字段汇总方式或值显示方式后，值字段名称将变回默认的名称。

（二）创建数据透视图

数据透视图不仅具有数据透视表的交互功能，还具有图表的图示功能，用户可以通过它直观地查看工作表中的数据，便于分析与对比数据。下面在"员工加班表.et"中创建数据透视图，其具体操作如下。

微课视频

创建数据透视图

（1）选择"姓名"数据源中的任意一个单元格，单击"插入"选项卡中的"数据透视图"按钮🖿，打开"图表"对话框，在对话框左侧单击"柱形图"选项卡，在右侧选择"簇状柱形图"选项。

（2）将插入的数据透视图移至数据源右侧，并适当调整其大小。

（3）选择"部门"数据源中的任意一个单元格，单击"插入"选项卡中的"数据透视图"按钮🖿，打开"图表"对话框，在对话框左侧单击"组合图"选项卡，在"占比"系列名右侧的"图表类型"下拉列表中选择"带数据标记的折线图"选项，并单击选中右侧的"次坐标轴"复选框，然后单击 插入预设图表 按钮，如图6-46所示。

（4）将插入的数据透视图移至数据源右侧，并适当调整其大小，然后双击右侧的百分比坐标轴，打开"属性"任务窗格，单击"坐标轴选项"中的"坐标轴"按钮🖮，在"坐标轴选项"栏的"最大值"文本框中输入"0.6"，在"次要"文本框中输入"0.1"，如图6-47所示。

> **知识补充　更改图表类型**
>
> 　　如果插入的数据透视图类型不合适，则可以在选择数据透视图后，单击"图表工具"选项卡中的"更改类型"按钮🗂，打开"更改图表类型"对话框，选择需要的图表并单击 插入预设图表 按钮，即可将数据透视图更改为选择的图表类型。

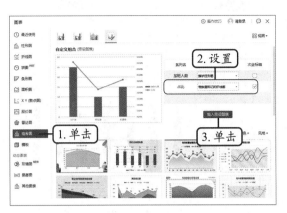

图 6-46　插入组合图

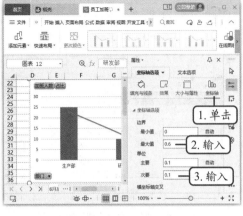

图 6-47　设置次坐标轴边界和单位

（5）返回数据透视图后，可看到设置次坐标轴边界和单位后的组合图效果。

（三）通过数据透视图筛选数据

用户可以通过数据透视图中的报表筛选按钮对数据透视图中的数据进行筛选，而且数据透视表中的数据也将随之发生相同的变化。下面通过数据透视图筛选数据，其具体操作如下。

微课视频

通过数据透视图筛选
数据

（1）单击柱形图中的 类别 ▼ 按钮，在打开的下拉列表中取消选中"全部"复选框，再单击选中"工作日加班"复选框，如图 6-48 所示。

（2）数据透视图中将只显示各工作日加班的人员名单及其加班时间，如图 6-49 所示。

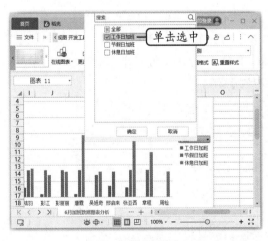

图 6-48　按类别筛选

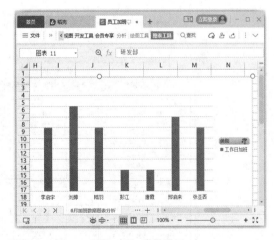

图 6-49　筛选结果

（3）选择数据透视表"工作日加班"列中的任意一个单元格，单击"数据"选项卡中"排列"按钮 下方的下拉按钮 ▼，在打开的下拉列表中选择"升序"选项，如图 6-50 所示。

（4）返回数据透视图后，可看到图中的数据将按照工作日的加班时间进行升序排列，如图 6-51 所示。至此，完成本任务的制作。

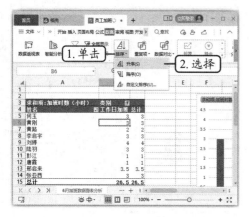

图 6-50　设置排序选项

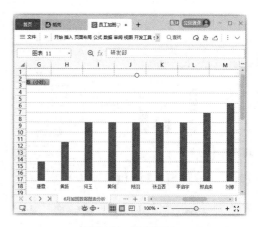

图 6-51　排序结果

实训一　管理"业务提成表"表格中的数据

【实训要求】

业务提成也称为销售激励，在日常办公中，业务提成对稳定公司营销体系、提升营销业绩有着重大的意义。它通常与销售目标的完成情况相结合，根据销售目标的完成情况不同，提成比例会有所变化，若超额完成销售目标，那么一般还有额外的奖励。本实训要求管理"业务提成表"表格中的数据，参考效果如图 6-52 所示（配套资源:\ 效果文件 \ 项目六 \ 业务提成表 .et）。

微课视频

管理"业务提成表"
表格中的数据

图 6-52　"业务提成表"表格参考效果

【实训思路】

在本实训中，首先要对数据进行排列，然后再使用条件格式使 D 列和 F 列中符合要求的数据突出显示，最后分类汇总数据。

【步骤提示】

（1）打开"业务提成表.et"工作簿（配套资源:\素材文件\项目六\业务提成表.et），选择 B 列中的任意一个单元格，对其进行升序排列。

（2）选择 D3:D22 单元格区域，设置该数据区域中高于平均值的数据为浅红填充色深红色文本。

（3）选择 F3:F24 单元格区域，设置该数据区域中大于 750 的数据为红色、加粗显示，并添加黄色的底纹。

（4）对"商品名称"列进行分类汇总。

实训二　使用图表分析"年度销售额统计表"表格中的数据

【实训要求】

年度销售额统计表是联系管理者与基层销售人员之间的桥梁，大多数情况下，管理者不会直接参与、监控销售管理，因此，年度销售额统计表中应反映出真实的数据，并尽量使用图表进行分析，使其更简单、易懂。本实训要求使用图表分析"年度销售额统计表"表格中的数据，参考效果如图 6-53 所示（配套资源:\效果文件\项目六\年度销售额统计表.et）。

微课视频

使用图表分析"年度销售额
统计表"表格
中的数据

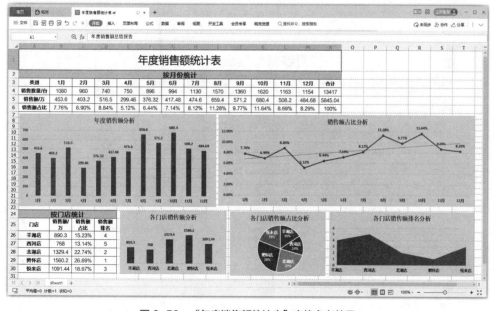

图 6-53　"年度销售额统计表"表格参考效果

【实训思路】

在本实训中，首先要用公式或函数计算出表格中的部分数据，然后再根据需求创建柱形图、饼图、折线图等图表，最后美化图表，并为图表添加需要的元素。

【步骤提示】

（1）打开“年度销售额统计表.et”工作簿（配套资源:\素材文件\项目六\年度销售额统计表.et），在N4单元格中输入公式“=SUM(B4:M4)”，在B6单元格中输入公式“=B5/$N$5”，在C26单元格中输入公式“=B26/$N$5”，在D26单元格中输入公式“=RANK(B26,$B$26:$C$30,0)”，然后向右或向下填充公式，将表格补充完整。

（2）选择A3:M3、A5:M5单元格，插入簇状柱形图，然后修改图表标题为“年度销售额分析”。接着设置图表填充色为“亮天蓝色，着色1，淡色80%”，并为数据系列添加数据标签。

（3）复制柱形图，更改其图表类型为“带数据标记的折线图”，并修改图表标题为“销售额占比分析”，然后再添加线性趋势线。

（4）使用同样的方法为按门店统计中的数据添加柱形图、饼图和面积图。

课后练习

1. 突出显示“绩效考核表”表格中的数据

绩效考核表可以为人力资源开发和管理提供依据，在编制绩效考核表时，用户应注重考核指标的合理性。如果考核指标定得过低，则会失去考核的激励意义；如果考核指标定得过高，则会导致目标无法实现，降低员工的积极性。因此，在制定考核指标时，用户可以根据企业的综合因素来考虑，以保证考核指标的合理性。本练习要求使用条件格式突出显示“绩效考核表”表格（配套资源:\素材文件\项目六\绩效考核表.et）中的数据，参考效果如图6-54所示（配套资源:\效果文件\项目六\绩效考核表.et）。

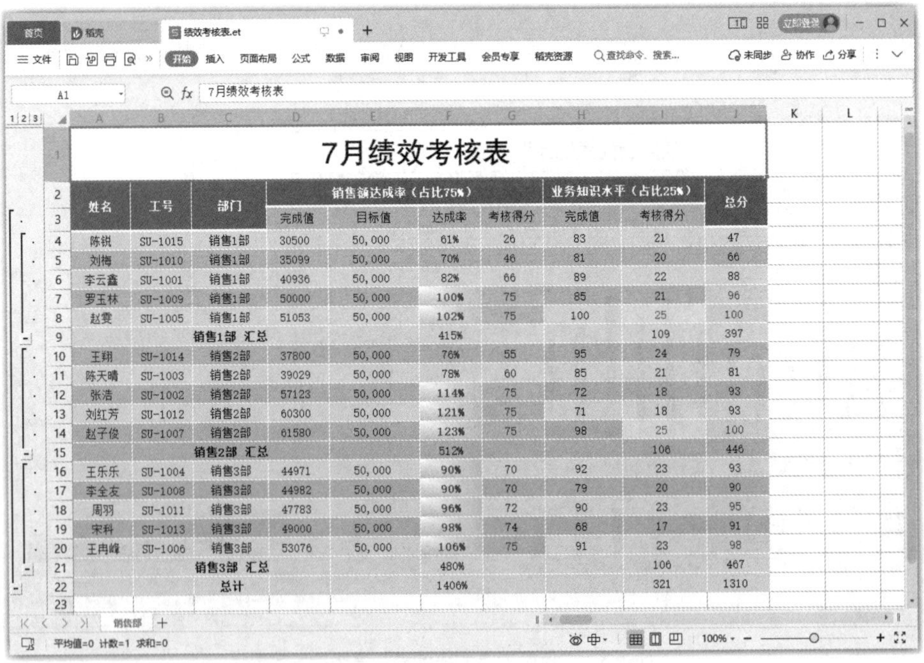

姓名	工号	部门	销售额达成率（占比75%）				业务知识水平（占比25%）		总分
			完成值	目标值	达成率	考核得分	完成值	考核得分	
陈锐	SU-1015	销售1部	30500	50,000	61%	26	83	21	47
刘梅	SU-1010	销售1部	35099	50,000	70%	46	81	20	66
李云鑫	SU-1001	销售1部	40936	50,000	82%	66	89	22	88
罗玉林	SU-1009	销售1部	50000	50,000	100%	75	85	21	96
赵雯	SU-1005	销售1部	51053	50,000	102%	75	100	25	100
		销售1部 汇总			415%			109	397
王翔	SU-1014	销售2部	37800	50,000	76%	55	95	24	79
陈天晴	SU-1003	销售2部	39029	50,000	78%	60	85	21	81
张浩	SU-1002	销售2部	57123	50,000	114%	75	72	18	93
刘红芳	SU-1012	销售2部	60300	50,000	121%	75	71	18	93
赵子俊	SU-1007	销售2部	61580	50,000	123%	75	98	25	100
		销售2部 汇总			512%			106	446
王乐乐	SU-1004	销售3部	44971	50,000	90%	70	92	23	93
李全友	SU-1008	销售3部	44982	50,000	90%	70	79	20	90
周羽	SU-1011	销售3部	47783	50,000	96%	72	90	23	95
宋科	SU-1013	销售3部	49000	50,000	98%	74	68	17	91
王冉峰	SU-1006	销售3部	53076	50,000	106%	75	91	23	98
		销售3部 汇总			480%			106	467
		总计			1406%			321	1310

图6-54 “绩效考核表”表格参考效果

2. 分析“产品订单表”表格中的数据

对生产企业来说，每个月的产品订单量都是巨大的，货物发送的地点也是多样的，因此，企业可以在某一时间点统计出这一段时间的订单量，然后根据产品编号、订单所在城市等进行归类，最后进行统一配送。本练习要求使用数据透视表和数据透视图分析"产品订单表"表格（配套资源:\素材文件\项目六\产品订单表.et）中的数据，参考效果如图6-55所示（配套资源:\效果文件\项目六\产品订单表.et）。

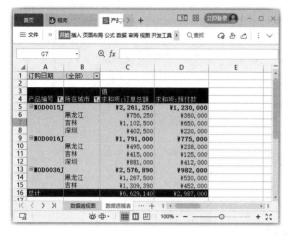
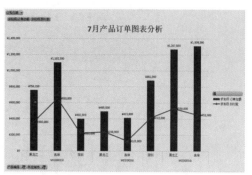

图6-55 "产品订单表"表格参考效果

技能提升

1. 为数据透视表创建分组

如果创建的数据透视表行标签或列标签是数字，且数字较多易混乱，那么可以使用 WPS 表格提供的组合功能让数字分段显示，使其更加简洁、有规律。为数据透视表创建分组的方法是：选择需要组合字段中的任意一个单元格，单击鼠标右键，在弹出的快捷菜单中选择"组合"命令，打开"组合"对话框，取消选中"起始于"和"终止于"复选框，在"步长"文本框中输入间隔数，然后单击 **确定** 按钮即可，如图6-56所示。

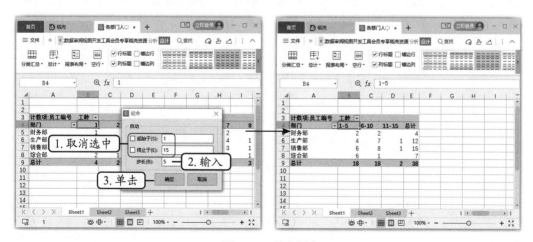

图6-56 创建分组

2. 使用图表填充数据系列

使用图表对具象事物（如产品数据、人员结构等）进行分析时，可以使用具有代表意义且相关联的图片或图形来填充图表的数据系列，使图表更直观、形象。使用图表填充数据系列的方法是：选择图表中的数据系列，打开对应的"属性"任务窗格，单击"填充与线条"按钮◇，在"填充"栏中单击选中"图片或纹理填充"单选项，在"图片填充"下拉列表中选择"本地文件"选项，打开"选择纹理"对话框，选择相应的图片后，单击 打开(O) 按钮即可。

　　需要注意的是，图片默认填满整个数据系列，但填充的图片或图形会变形，因此需要在"填充"栏中单击选中"层叠"单选项，使图片或图形根据数值的大小进行填充，如图6-57所示。

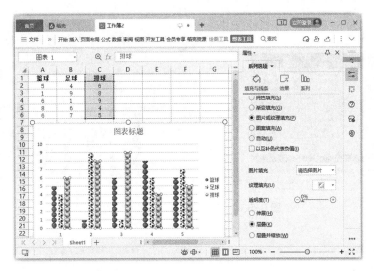

图6-57　使用图表填充数据系列

3. 将图表以图片形式应用到其他文档中

　　如果在制作 WPS 文档或 WPS 演示文稿时需要用到在 WPS 表格中制作的图表，那么用户就可将图表复制为图片，然后再将其粘贴至 WPS 文档或 WPS 演示文稿中。将图表以图片形式应用到其他文档中的方法是：选择图表，单击"开始"选项卡中"复制"按钮□右侧的下拉按钮▼，在打开的下拉列表中选择"复制为图片"选项，打开"复制图片"对话框，在其中选择好图片需要的外观和格式后，单击 确定 按钮，然后切换到需要插入图表的文档中，按【Ctrl+V】组合键将图表以图片形式进行粘贴。

项目七

制作并编辑 WPS 演示文稿

07

情景导入

WPS 演示同属于 WPS Office 的三大组件之一，主要用于制作生动形象的课件、产品展示、工作总结等演示文稿。米拉入职公司已经半年了，在这段时间里她收获了很多，因此米拉想用 WPS 演示制作一份工作总结演示文稿。

米拉：老洪，这是我通过 WPS 演示制作的工作总结演示文稿，你觉得怎么样？

老洪：效果不错，但还有一些问题需要注意，首先你应该在标题页幻灯片后面加一张目录页幻灯片，从而让观者知道整篇演示文稿的主要内容。其次，制作演示文稿的内容页时，不能把文字全部放在一张幻灯片中，你可以尝试用图片或是智能图形来编排文字，使幻灯片展现出来的效果更具有美观性和设计感，这样的演示文稿才能让人印象深刻，你明白了吗？

米拉：原来制作演示文稿有这么多要求呀，是我想得太简单了，那我再改一改。

老洪：你还可以借用 PPT 网站的模板、素材等，这样可以提高演示文稿的制作效率。

学习目标

- 掌握在幻灯片中插入并编辑各种对象的方法。
- 掌握制作演示文稿幻灯片母版的方法。
- 掌握为幻灯片添加切换效果的方法。
- 掌握为幻灯片对象添加动画效果的方法。

技能目标

- 能够学习网上优秀设计案例的配色、排版布局，使演示文稿更加美观。
- 能够借用相关 PPT 网站的模板、素材等，提高演示文稿的制作效率。

素质目标

- 具备利用数字化学习系统、资源、工具等提升职业技能和职业素养的意识。
- 培养符合时代要求的信息化办公能力和相关素养。

任务一　制作"工作总结"演示文稿

米拉听了老洪的指导意见后，添加了目录页幻灯片，反思了自己的不足，重新制作了一份"工作总结"演示文稿。这次，她设置了幻灯片的背景，并在幻灯片中添加了图片、智能图形、形状、文本框、图表和表格等元素，不仅丰富了页面，还使演示文稿整体看起来更加美观。

一、任务目标

本任务将制作"工作总结"演示文稿，主要用到的操作有新建并保存演示文稿、设置背景、为幻灯片添加如图片和形状等各种对象，使演示文稿具有美观性和设计感。通过本任务的学习，用户可以掌握幻灯片对象的插入与编辑方法，从而丰富幻灯片页面，制作出引人注目的演示文稿。本任务的最终效果如图7-1所示（配套资源:\效果文件\项目七\工作总结.dps）。

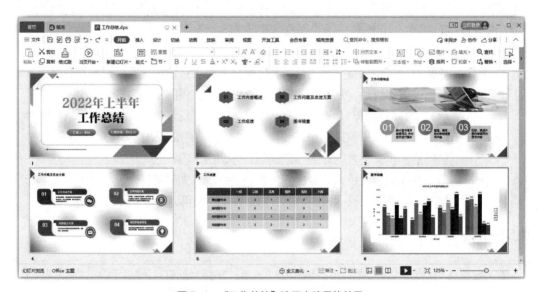

图7-1　"工作总结"演示文稿最终效果

二、相关知识

在制作演示文稿时，首先要了解WPS演示的操作界面，同时要知道图片裁剪、合并形状等知识，下面分别进行介绍。

（一）认识WPS演示的操作界面

WPS演示的操作界面除了有与WPS文字、WPS表格相似的快速访问工具栏、标题栏、选项卡、滚动条、状态栏等组成部分外，还包括"大纲"/"幻灯片"浏览窗格、幻灯片编辑区和备注窗格等，如图7-2所示。

- **"大纲"/"幻灯片"浏览窗格：** 用于显示当前演示文稿中所包含的幻灯片，并且可对幻灯片执行选择、新建、删除、复制、移动等基本操作，但不能对其中的内容进行编辑。
- **幻灯片编辑区：** 用于显示或编辑幻灯片中的文本、图片、图形等内容，是制作幻灯片的主要区域。

"大纲"/"幻灯片"浏览窗格

幻灯片编辑区

备注窗格

图 7-2　WPS 演示的操作界面

● **备注窗格**：用于为幻灯片添加说明等备注信息，便于演讲者在演示幻灯片时查看。在下方的状态栏中单击"隐藏"按钮≡，可隐藏备注窗格；隐藏后，单击"显示"按钮≡，则可重新显示备注窗格。

（二）图片裁剪

WPS 演示共提供了 4 种图片裁剪方法，分别是直接裁剪、形状裁剪、比例裁剪和创意裁剪。在幻灯片中插入图片后，用户可以根据需求选择合适的裁剪方法来裁剪图片。

● **直接裁剪**：直接裁剪可根据需求对图片的上、下、左、右 4 条边进行裁剪。直接裁剪的方法是：选择图片，单击"图片工具"选项卡中的"裁剪"按钮⊿，图片的 4 条边上将出现裁剪框，然后将鼠标指针移至其中一条裁剪边框线上，按住鼠标左键拖曳以选取裁剪的范围，调整完成后，在幻灯片其他区域单击鼠标，退出图片裁剪。

● **形状裁剪**：形状裁剪可将图片裁剪为指定的形状。形状裁剪的方法是：选择图片，单击"图片工具"选项卡中"裁剪"按钮⊿下方的下拉按钮▾，在打开的下拉列表中选择"裁剪"选项，在打开的子列表中单击"按形状裁剪"选项卡，在其下方的列表中选择需要的裁剪形状。

● **比例裁剪**：比例裁剪可根据指定的比例裁剪图片。此例裁剪的方法是：选择图片，单击"图片工具"选项卡中"裁剪"按钮⊿下方的下拉按钮▾，在打开的下拉列表中选择"裁剪"选项，在打开的子列表中单击"按比例裁剪"选项卡，在其下方的列表中选择需要的裁剪比例。

● **创意裁剪**：创意裁剪可将图片裁剪为创意十足的图案或形状，以增加图片的视觉效果。创意裁剪的方法是：登录 WPS 账号后，选择图片，单击"图片工具"选项卡中"裁剪"按钮⊿下方的下拉按钮▾，在打开的下拉列表中选择"创意剪裁"选项，在打开的子列表中选择需要的裁剪形状。

（三）合并形状

合并形状可以将两个或两个以上的形状组成一个新的形状，在 WPS 演示中，共有 5 种合并形状方式，分别是结合、组合、拆分、相交和剪除。

● **结合**：结合是指将多个相互重叠或分离的形状结合生成一个新的形状，图 7-3 所示为合并前的两个形状，图 7-4 所示为结合形状后的效果。

● **组合**：组合是指将多个相互重叠或分离的形状结合生成一个新的形状，但形状的重合部分将被剪除，如图 7-5 所示。

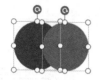
图 7-3 合并前的两个形状

图 7-4 结合

图 7-5 组合

- **拆分**：拆分是指将多个形状重叠和未重叠的部分拆分为多个形状，并且每个形状可自由调整大小、位置和填充效果等，如图 7-6 所示。
- **相交**：相交是指将多个形状未重叠的部分剪除，保留重叠的部分，如图 7-7 所示。
- **剪除**：剪除是指将被其他对象覆盖的部分清除掉，然后生成一个新的形状，如图 7-8 所示。

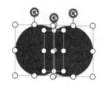
图 7-6 拆分

图 7-7 相交

图 7-8 剪除

三、任务实施

（一）新建并保存演示文稿

在制作演示文稿前，用户需要先将其保存在计算机中，以免发生意外情况而导致演示文稿丢失。下面新建"工作总结"演示文稿，并将其以 WPS 演示特有的格式保存在计算机中，其具体操作如下。

微课视频

新建并保存演示文稿

（1）启动 WPS Office，进入"首页"界面，单击"新建"按钮➕，进入"新建"界面，然后在左侧单击"新建演示"选项卡，在右侧"新建空白演示"中选择"以【白色】为背景色新建空白演示"选项，如图 7-9 所示。

（2）系统将新建以"演示文稿 1"为名的空白演示文稿，然后按【Ctrl+S】组合键，打开"另存文件"对话框，在其中设置好文件的保存位置后，在"文件名"下拉列表框中输入"工作总结"文本，在"文件类型"下拉列表中选择"WPS 演示 文件（*.dps）"选项，最后单击 保存(S) 按钮进行保存，如图 7-10 所示。

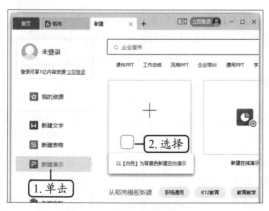
图 7-9 新建演示

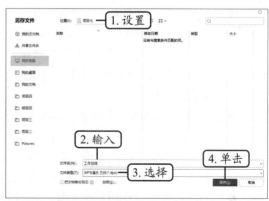
图 7-10 保存演示文稿

（二）设置背景

如果不想让演示文稿显得那么单调，那么用户可为其设置背景，并将该背景应用到所有幻灯片中。下面设置"工作总结 .dps"演示文稿中的背景，其具体操作如下。

微课视频

设置背景

（1）单击"设计"选项卡中的"背景"按钮，打开"对象属性"任务窗格，在"填充"栏中单击选中"图片或纹理填充"单选项，在"图片填充"下拉列表中选择"本地文件"选项，如图 7-11 所示。

（2）打开"选择纹理"对话框，在"项目七"文件夹中选择"工作总结背景 .png"图片（配套资源 :\ 素材文件 \ 项目七 \ 工作总结背景 .png），然后单击 打开(O) 按钮，如图 7-12 所示。

图 7-11　选择"本地文件"选项

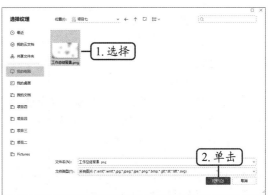

图 7-12　打开背景图片

（3）返回演示文稿后单击"对象属性"任务窗格中的 全部应用 按钮，将该背景应用到整个演示文稿的幻灯片中。

（三）插入并编辑形状

在制作演示文稿时，形状是比较常用的元素之一，它既可以用来表达演示文稿的重点内容，又能美化幻灯片。下面在"工作总结 .dps"演示文稿中插入并编辑形状，其具体操作如下。

微课视频

插入并编辑形状

（1）单击"插入"选项卡中的"形状"按钮，在打开的下拉列表中选择"基本形状"栏中的"直角三角形"选项。

（2）当鼠标指针变成＋形状时，按住【Shift】键绘制一个正直角三角形，然后选择形状，单击"绘图工具"选项卡中的"旋转"按钮，在打开的下拉列表中选择"垂直翻转"选项，如图 7-13 所示。

（3）将形状移至页面左上角，并再次选择形状，单击"绘图工具"选项卡中"填充"按钮下方的下拉按钮，在打开的下拉列表中选择"其他填充颜色"选项，打开"颜色"对话框，单击"自定义"选项卡，在"颜色模式"下拉列表中选择"RGB"选项，在"红色""绿色""蓝色"数值框中分别输入"245""100""51"，然后单击 确定 按钮，如图 7-14 所示。

（4）保持形状的选择状态，单击"绘图工具"选项卡中"轮廓"按钮下方的下拉按钮，在打开的下拉列表中选择"最近使用颜色"栏中刚刚自定义的颜色。

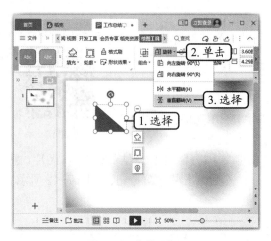

图 7-13　旋转形状

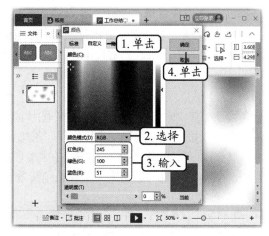

图 7-14　自定义颜色

（5）使用同样的方法绘制一个平行四边形，然后选择该形状，缩小其高度，并向右旋转90°，接着单击形状上方的黄色图标◇，当鼠标指针变成↓形状时，向下拖曳，调整其角度，效果如图7-15所示。

（6）设置平行四边形填充颜色和轮廓颜色后，适当调整其大小，并将其移至直角三角形下方，保持形状的选择状态，单击"绘图工具"选项卡中的"下移一层"按钮⬕，使其位于直角三角形下方，如图7-16所示。

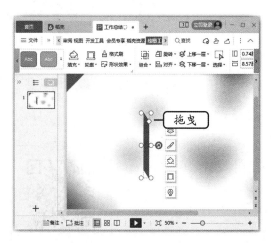

图 7-15　调整形状角度

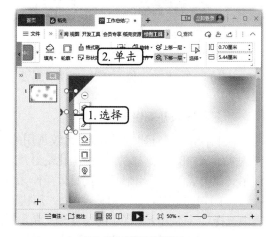

图 7-16　设置形状顺序

（7）绘制一个圆角矩形，选择"填充"下拉列表中的"更多设置"选项，打开"对象属性"任务窗格的"形状选项"选项卡，在"填充与线条"按钮◇下方的"填充"栏中单击选中"幻灯片背景填充"单选项，如图7-17所示。

（8）在"线条"栏的"颜色"下拉列表中选择"橙色"选项，在"宽度"数值框中输入"1.5"，然后单击"形状选项"中的"效果"按钮▣，在"阴影"下拉列表中选择"外部"栏中的"右下斜偏移"选项，接着设置"透明度"为"70%"，"大小"为"100%"，"模糊"为"32磅"，"距离"为"0磅"，"角度"为"135.0°"，如图7-18所示。

（9）单击圆角矩形左上角的黄色图标◇，向左拖曳，增大圆角矩形的圆角角度。然后使用同样的方法绘制其他形状，并为其应用自定义的填充颜色和内置的填充颜色。

图 7-17 设置形状填充

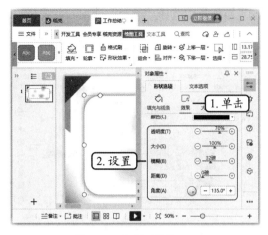

图 7-18 设置形状效果

（四）插入并编辑文本框

文本框是用户在幻灯片中输入文本的另一种方式，它不拘泥于页面的大小，可以放置在页面的任何位置。下面在"工作总结 .dps"演示文稿中插入并编辑文本框，其具体操作如下。

（1）单击"插入"选项卡中的"文本框"按钮图，当鼠标指针变成十形状时，拖曳鼠标在圆角矩形中绘制文本框。

微课视频

插入并编辑文本框

（2）在其中输入"2022年上半年工作总结"文本，并设置其字体格式为"方正特雅宋简、80、居中"，然后将文本插入点定位至"工作总结"文本前，按【Enter】键强制换行，并适当调整文本框的大小。

（3）选中"2022年上半年"文本，单击"文本工具"选项卡中"文本填充"按钮▲右侧的下拉按钮▾，在打开的下拉列表中选择"更多设置"选项，打开"对象属性"任务窗格的"文本选项"选项卡，在"填充与轮廓"按钮▲下方的"文本填充"栏中单击选中"渐变填充"单选项并设置渐变颜色，如图7-19所示。

（4）在"2022年上半年工作总结"文本左下方绘制一个文本框，在其中输入"汇报人：米拉"文本，并设置其字体格式为"方正黑体简体、20、居中"，字体颜色为"白色，背景1"。

（5）在"文本填充"下拉列表中选择"渐变"选项，打开"对象属性"任务窗格，单击"形状选项"选项卡，在"填充与线条"按钮◇下方的"填充"栏中单击选中"渐变填充"单选项，选择第一个渐变光圈，在下方的"色标颜色"下拉列表中选择"橙色"选项，然后选择第二个渐变光圈，在下方的"色标颜色"下拉列表中选择"巧克力黄"选项，如图7-20所示。

（6）保持文本框的选择状态，单击"绘图工具"选项卡中的"编辑形状"按钮⫞，在打开的下拉列表中选择"更改形状"选项，在打开的子列表中选择"流程图"栏中的"流程图：终止"选项。

（7）调整文本框的大小，然后在右侧复制一个同样的文本框，并将文本框内的文本修改为"汇报时间：2022.07"。

（8）在"大纲"/"幻灯片"浏览窗格中选择第一张幻灯片，按【Enter】键，新建一张目录页幻灯片，删除其中的标题占位符和内容占位符后，在其中插入两个六边形，接着按【Ctrl】键同时选择两个形状，单击"绘图工具"选项卡中的"合并形状"按钮⫶，在打开的下拉列表中选择"结合"选项，如图 7-21 所示。

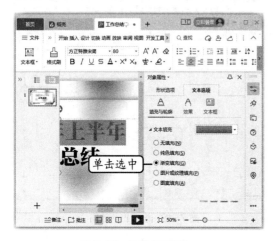

图 7-19　设置文本颜色

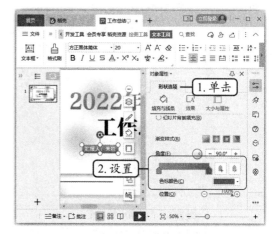

图 7-20　设置文本框填充颜色

（9）两个形状将组合成一个新形状，然后将其向左旋转 90°，设置"填充"和"轮廓"均为"珊瑚红，着色 5"，再适当调整其大小和位置。

（10）插入一个文本框，在其中输入"01"文本，并设置其字体格式为"方正黑体简体、28"，接着将其放置于组合形状上方。

（11）复制文本框至组合形状右侧，将其中的内容修改为"工作内容概述"，然后同时选择组合形状和两个文本框，单击浮动工具栏中的"组合"按钮，或单击"绘图工具"选项卡中的"组合"按钮，在打开的下拉列表中选择"组合"选项，将所选内容组合成一个整体，如图 7-22 所示。

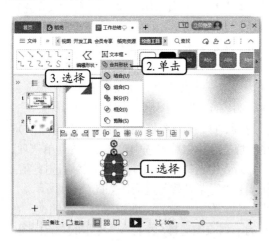

图 7-21　合并形状

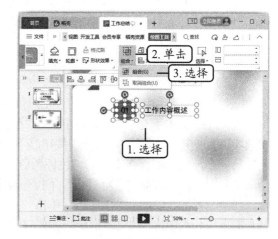

图 7-22　组合对象

（12）复制 3 次组合对象，修改其中的内容，然后选择第一条目录和第二条目录，单击"绘图工具"选项卡中的"对齐"按钮，在打开的下拉列表中选择"靠上对齐"选项，如图 7-23 所示。

（13）使用同样的方法设置其他目录的对齐方式，效果如图 7-24 所示。

图 7-23　设置对齐方式　　　　　　　　　图 7-24　目录页效果

操作提示

设置智能形状对齐

　　WPS 演示默认会开启"形状对齐时显示智能导向"功能，用户在设置对象的对齐方式时，被对齐对象会根据参照对象的位置显示出相应的智能参考线。如果"形状对齐时显示智能导向"功能未开启，则可在"对齐"下拉列表中选择"网格线和参考线"选项，打开"网格线和参考线"对话框，在其中单击选中"参考线设置"栏中的"形状对齐时显示智能导向"复选框，开启该功能。

（五）插入并编辑图片

　　为了帮助观者更好地理解文字内容，提升演示文稿的观赏效果，用户可以在部分幻灯片中插入与编辑相应的图片。下面在"工作总结 .dps"演示文稿中插入并编辑图片，其具体操作如下。

微课视频

插入并编辑图片

　　（1）新建一张幻灯片，删除该幻灯片中的标题占位符和内容占位符。

　　（2）单击"插入"选项卡中的"图片"按钮，打开"插入图片"对话框，在其中选择"项目七"文件夹中的"图片1.jpg"图片（配套资源:\ 素材文件 \ 项目七 \ 图片1.jpg）后，单击 打开(O) 按钮。

　　（3）选择图片，将鼠标指针移至图片的左边框上，当鼠标指针变成↔形状时，向左拖曳，拉长图片宽度，使其与幻灯片页面一致，然后使用同样的方法将图片的右边框线拉至页面右侧。

　　（4）单击"图片工具"选项卡中的"裁剪"按钮，当图片四周出现黑色的控制图形时，选择图片上方的控制图形，向下拖曳至合适位置处，去掉图片的多余部分，如图 7-25 所示。

　　（5）使用同样的方法裁剪图片的下边框，然后将其移至页面上方，接着选择图片的下边框，当鼠标指针变成↕形状时，向上拖曳，缩短图片高度。

　　（6）双击图片，打开"对象属性"任务窗格，单击"图片"按钮，在"图片透明度"栏中设置"透明度"为"35%"，如图 7-26 所示。

图 7-25　裁剪图片

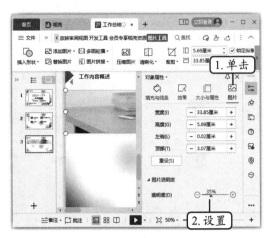

图 7-26　设置图片透明度

（六）插入并编辑智能图形

在制作演示文稿时，用户可能需要在某些幻灯片中插入一些组织结构图、流程图等，如果通过矩形等图形依次绘制组合，实在是既费时又费力，此时，用户就可通过 WPS 演示提供的智能图形功能快速插入流程图等智能图形，以提高工作效率。下面在"工作总结.dps"演示文稿中插入并编辑智能图形，其具体操作如下。

微课视频

插入并编辑智能图形

（1）单击"插入"选项卡中的"智能图形"按钮，打开"智能图形"对话框，在"列表"选项卡的列表框中选择"堆叠列表"选项，如图 7-27 所示。

（2）在插入的智能图形中输入与工作内容概述相关的文本，然后选择第一个图形下方的形状，按【Delete】键删除，再将文本插入点定位至第二个图形下方的形状中，单击"设计"选项卡中的"升级"按钮，使其上升一个级别，如图 7-28 所示。

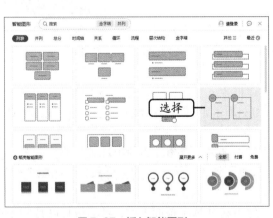

图 7-27　插入智能图形

图 7-28　升级形状

（3）在升级后的智能图形中输入相应的文本后，单击"设计"选项卡中的"更改颜色"按钮，在打开的下拉列表中选择"彩色"栏中的第 4 个选项，如图 7-29 所示。

（4）调整智能图形的大小，将其移至图片下方，然后在"大纲"/"幻灯片"浏览窗格中选择第 3 张幻灯片，按【Ctrl+C】组合键复制，再按【Ctrl+V】组合键粘贴，新建第 4 张幻灯片。

（5）删除其中的图片和文本框后，登录 WPS 账号，并再次单击"插入"选项卡中的"智能图形"按钮，在打开的"智能图形"对话框中单击"并列"选项卡，在"稻壳智能图形"栏右侧选择"4 项"选项，再单击 免费 按钮，接着在下方的列表框中选择第 7 行第 4 个选项，如图 7-30 所示。

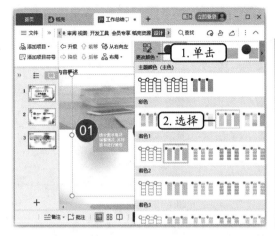

图 7-29　更改颜色

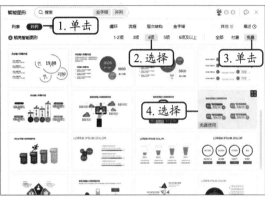

图 7-30　选择稻壳智能图形

（6）在智能图形中输入需要的文本，并对文本的字体、字号进行设置，然后再调整智能图形的大小。

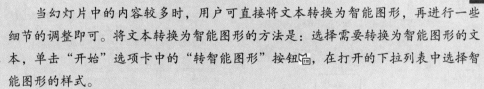

知识补充

将文本转换为智能图形

当幻灯片中的内容较多时，用户可直接将文本转换为智能图形，再进行一些细节的调整即可。将文本转换为智能图形的方法是：选择需要转换为智能图形的文本，单击"开始"选项卡中的"转智能图形"按钮，在打开的下拉列表中选择智能图形的样式。

（七）插入并编辑表格

对于幻灯片中的数据信息，用户可以通过表格来进行直观展示，便于观者查看和快速获取有效信息。下面在"工作总结.dps"演示文稿中插入并编辑表格，其具体操作如下。

微课视频

插入并编辑表格

（1）新建第 5 张幻灯片，删除其中多余的内容后，单击"插入"选项卡中的"表格"按钮，在打开的下拉列表中通过拖曳选择 5 行 7 列的表格，如图 7-31 所示。

（2）在表格中输入相关内容后，全选表格，设置其字体格式为"方正正中黑简体、20、居中对齐、水平居中"，然后将鼠标指针移至第 1 列与第 2 列之间的分割线上，当鼠标指针变成 形状时，向右拖曳，使文本成一行显示，如图 7-32 所示。

（3）使用同样的方法调整其他列的宽度，然后选择第 2 列至第 7 列，单击"表格工具"选项卡中的"平均分布各列"按钮，均匀分布列宽，如图 7-33 所示。

（4）调整表格行高，然后通过单击"表格工具"选项卡中的"平均分布各行"按钮使表格行高均匀分布。

（5）全选表格，单击"表格样式"选项卡中"样式"列表框右侧的￥按钮，在打开的下拉列表中单击"中色系"选项卡，在下方的列表框中选择"中度样式2-强调6"选项，如图7-34所示。

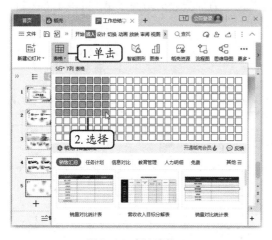

图7-31　插入表格

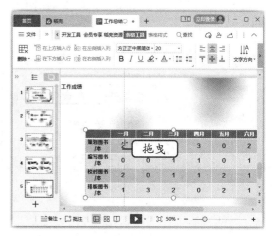

图7-32　调整列宽

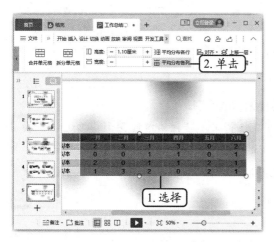

图7-33　均匀分布列宽

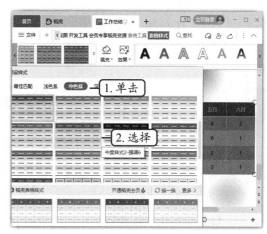

图7-34　设置表格样式

（八）插入并编辑图表

除了可以在幻灯片中通过表格来展示数据外，用户还可在其中插入图表，使数据更加生动、形象，让人一目了然。下面在"工作总结.dps"演示文稿中插入并编辑图表，其具体操作如下。

（1）新建一张幻灯片，删除其中多余的内容后，单击"插入"选项卡中的"图表"按钮，打开"图表"对话框，在对话框左侧单击"柱形图"选项卡，在右侧选择"簇状柱形图"选项，如图7-35所示。

（2）选择图表，单击"图表工具"选项卡中的"编辑数据"按钮，打开"WPS演示中的图表"工作簿，在其中输入图表数据（见图7-36）后，单击"关闭"按钮关闭该工作簿。

（3）选择图表，单击"图表工具"选项卡中的"快速布局"按钮，在打开的下拉列表中选择"布局4"选项，如图7-37所示。

微课视频

插入并编辑图表

（4）保持图表的选择状态，单击"图表工具"选项卡中的"更改颜色"按钮，在打开的下拉列表中选择"彩色"栏中的第 4 行第 4 个选项，如图 7-38 所示。

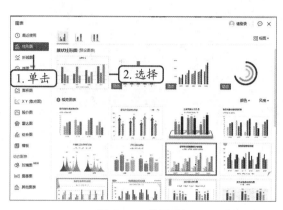

图 7-35　选择图表　　　　　　　　　　　图 7-36　输入图表数据

> **知识补充**
>
> ## 插入在线图表
>
> 如果 WPS 演示内置的表格样式不能满足要求，用户也可选择插入在线图表，其方法是：登录 WPS 账号后，单击"插入"选项卡中"图表"按钮下方的下拉按钮▼，在打开的下拉列表中选择"在线图表"选项，在打开的子列表中选择需要的图表类型。

图 7-37　设置图表布局

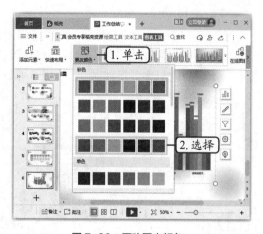

图 7-38　更改图表颜色

（5）单击"绘图工具"选项卡中的"填充"按钮，在打开的下拉列表中的"主题颜色"栏中选择"白色，背景 1"选项，如图 7-39 所示。

（6）单击"图表工具"选项卡中的"添加元素"按钮，在打开的下拉列表中选择"图表标题"选项，在打开的子列表中选择"图表上方"选项，如图 7-40 所示。

（7）将图表标题修改为"2022 年上半年图书销量分析"，然后将图例移至表格右侧，并添加坐标轴，设置横坐标轴为"图书类型"，纵坐标轴为"销量 / 本"，最后调整图表的大小和位置。至此，完成本任务的制作。

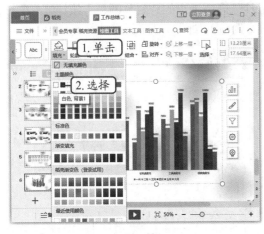

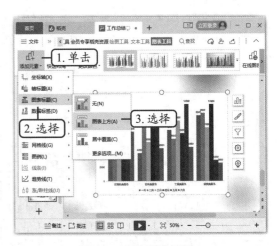

图 7-39　设置图表背景　　　　　　　　　　图 7-40　添加图表标题

任务二　制作"述职报告"母版

　　米拉入职公司已经半年了，在这段时间里，米拉工作非常认真，做事也井井有条，得到了领导和同事的一致认可，于是公司提升了她的级别。根据公司规定，级别提升后的一个月后需要制作一份述职报告交于上级主管，用于进行自我回顾、评估和鉴定。于是米拉在准备好相关资料后，就制作了述职报告演示文稿。由于述职报告演示文稿的幻灯片张数过多，所以在制作前，米拉准备先设计演示文稿的幻灯片母版。

一、任务目标

　　本任务将制作"述职报告"母版，主要用到的操作是在幻灯片母版中插入并编辑各种对象。通过本任务的学习，用户可以掌握幻灯片母版的设计方法，快速制作出具有统一效果的演示文稿。本任务的最终效果如图 7-41 所示（配套资源 :\ 效果文件 \ 项目七 \ 述职报告 .dps）。

图 7-41　"述职报告"母版最终效果

二、相关知识

　　幻灯片母版用于定义演示文稿中标题幻灯片及正文幻灯片的布局样式，如统一的标志、背景、占位符格式和各级标题文本的格式等。制作幻灯片母版实际上就是在母版视图下设置占位符格式、项目符号、背景、页眉页脚等，并将其应用到全部幻灯片中。因此，在设计幻灯片母版前，用户需要认识母版，以及了解母版的应用。

（一）认识母版

幻灯片母版中有母版幻灯片、标题幻灯片和版式幻灯片 3 个类型（见图 7-42），不同的类型有不同的呈现结果，下面分别进行介绍。

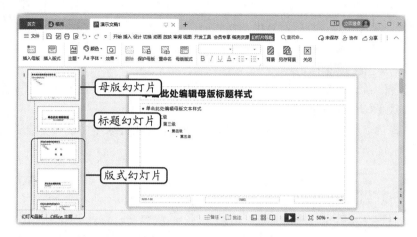

图 7-42　幻灯片母版视图

● **母版幻灯片**：默认为第 1 张幻灯片，可称为通用幻灯片，在其中设置的效果将应用到下方的所有幻灯片中。

● **标题幻灯片**：默认为第 2 张幻灯片，用于设置演示文稿中标题幻灯片的布局、结构、格式等。

● **版式幻灯片**：版式幻灯片的设置只对该版式的幻灯片有效，如设置"标题和内容"幻灯片，则只对"标题和内容"版式的幻灯片起作用。

（二）母版的应用

除了幻灯片母版外，WPS 演示还提供了另外两种母版，分别是备注母版和讲义母版，不同的母版有不同的设计方法和作用，下面分别进行介绍。

● **幻灯片母版**：幻灯片母版能够存储幻灯片中的所有信息，包括背景、颜色、字体格式、段落格式、形状、图片、文本框、智能图形、表格、切换效果、动画等，当幻灯片母版发生变化时，与幻灯片母版对应的幻灯片也会随之发生相同的变化。另外，通过幻灯片母版添加的对象、动画、页眉页脚等，只能在幻灯片母版中进行更改，不能在普通视图中进行更改。

● **备注母版**：当演示者需要为演示文稿输入提示内容，且需要将这些提示内容打印到纸张上时，就可以通过备注母版对备注内容、备注页方向、幻灯片大小，以及页眉、页脚、日期、正文、幻灯片图形等进行设置。

● **讲义母版**：为了便于演示者在演示过程中能通过纸稿快速地了解每张幻灯片的内容，此时可以通过讲义母版对演示文稿中幻灯片在纸稿中的显示方式进行设置，包括每页幻灯片数量、幻灯片大小、讲义方向，以及页眉、页脚、日期、页码等信息。

三、任务实施

（一）设置母版背景

用户若要为所有幻灯片应用统一的背景，那么可在幻灯片母版视图中进行相应的设置。下面设置"述职报告.dps"演示文稿的背景，其具体操作如下。

微课视频
设置母版背景

（1）新建并保存"述职报告.dps"演示文稿，然后单击"视图"选项卡中的"幻灯片母版"按钮圖，进入幻灯片母版视图。

（2）选择第1张幻灯片，单击"插入"选项卡中的"图片"按钮，打开"插入图片"对话框，在其中选择"项目七"文件夹中的"述职报告背景1.png"图片（配套资源:\素材文件\项目七\述职报告背景1.png）后，单击 打开(O) 按钮。

（3）选择图片，单击鼠标右键，在弹出的快捷菜单中选择"置于底层"命令，使占位符显示出来，如图7-43所示。

（4）选择第2张幻灯片，单击鼠标右键，在弹出的快捷菜单中选择"设置背景格式"命令，如图7-44所示。

图7-43 选择"置于底层"命令

图7-44 选择"设置背景格式"命令

（5）打开"对象属性"任务窗格，在"填充"栏中单击选中"隐藏背景图形"复选框，再单击选中"图片或纹理填充"单选项，接着在"图片填充"下拉列表中选择"本地文件"选项，如图7-45所示。

（6）打开"选择纹理"对话框，在其中选择"项目七"文件夹中的"述职报告背景2.png"图片（配套资源:\素材文件\项目七\述职报告背景2.png），然后单击 打开(O) 按钮。

（7）返回幻灯片后，可看到第2张幻灯片的背景变了，而其他幻灯片的背景则保持不变，如图7-46所示。

图7-45 设置标题幻灯片背景

图7-46 标题幻灯片效果

（二）设置文本占位符的字体格式

演示文稿中各张幻灯片的占位符是固定的，如果要逐一更改占位符格式，则既费时又费力，此时可以在幻灯片母版中预先设置好各占位符的位置、大小、字体和颜色等格式，使幻灯片中的占位符自动应用该格式。下面设置"述职报告.dps"演示文稿中文本占位符的字体格式，其具体操作如下。

（1）选择第 1 张幻灯片中的正文占位符，将字体设置为"方正兰亭准黑简体"，再设置"单击此处编辑母版文本样式"的字号为"20"，下方的各级文本"字号"为"18"。

（2）再次选择第 1 张幻灯片中的正文占位符，单击"文本工具"选项卡中"插入项目符号"按钮：右侧的下拉按钮▼，在打开的下拉列表中选择"其他项目符号"选项。

（3）打开"项目符号与编号"对话框，在"项目符号"选项卡的列表框中选择第 2 排的第 3 个样式，在"颜色"下拉列表中选择"矢车菊蓝，着色 1，浅色 40%"选项，然后单击 ▇▇ 按钮，如图 7-47 所示。

（4）选择第 2 张幻灯片，在其中插入"标题幻灯片图片.png"图片（配套资源:\素材文件\项目七\标题幻灯片图片.png），调整其大小后，将其移至页面右侧。

（5）选择图片，将其置于底层后，单击"图片工具"选项卡中的"效果"按钮▧，在打开的下拉列表中选择"阴影"选项，在打开的子列表中选择"外部"栏下的"左下斜偏移"选项，如图 7-48 所示。

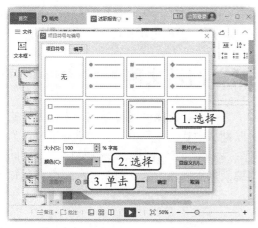

图 7-47　设置正文占位符的字体格式

图 7-48　设置图片效果

（6）将标题占位符和副标题占位符向左移动，直至不遮挡图片为止，然后设置标题占位符文本的颜色为"矢车菊蓝，着色 1"，副标题占位符文本的颜色为"红色"。

（三）设置页眉页脚

演示文稿中的页眉和页脚可以显示一些附加信息，如日期、时间、当前幻灯片编号等，使演示文稿看起来更加专业。下面设置"述职报告.dps"演示文稿中的页眉页脚，其具体操作如下。

（1）选择第 1 张幻灯片，单击"插入"选项卡中的"页眉页脚"按钮▢。

（2）打开"页眉和页脚"对话框，在"幻灯片"选项卡的"幻灯片包含内容"栏中单击选中"日期和时间""幻灯片编号""页脚"复选框，在"页脚"复选框下方的文本框中输入"星染有限公司"文本，然后单击选中"标题幻灯片不显示"复选框，最后单击 全部应用(Y) 按钮，如图7-49所示。

（3）同时选择时间文本框、页脚文本框和编号文本框，将其向下移动，并设置字体颜色为"白色，背景1"。

（4）绘制一个矩形，通过取色器功能选取页面右上角的颜色为形状的填充颜色和轮廓颜色，然后将其下移至3个文本框的下方，效果如图7-50所示。

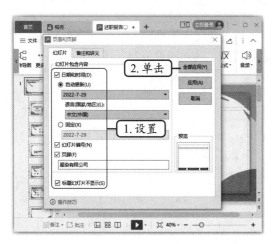 

图7-49　设置页脚　　　　　　　　　　　　图7-50　页脚效果

（5）单击"幻灯片母版"选项卡中的"关闭"按钮 X，退出母版视图。

任务三　动态展示"助力健康生活"演示文稿

在生活水平不断提高、物质生活得到充分保障的情况下，健康问题日渐成为人们关注的焦点，于是公司准备统计出员工的一些生活方式，以期从中找出差别，并针对不健康的行为采取一定的措施，使公司形成健康、良好的工作氛围。老洪让米拉针对这次活动制作一个"助力健康生活"演示文稿，方便在开展活动时放映，要求动态展示演示文稿中的内容，增加观者观看的兴趣。

一、任务目标

本任务将动态展示"助力健康生活"演示文稿，主要用到的操作有为幻灯片设置切换效果、为幻灯片对象添加动画效果等。通过本任务的学习，用户可以掌握动态展示幻灯片中各元素的方法，使演示文稿更具趣味性。本任务的最终效果如图7-51所示（配套资源:\效果文件\项目七\助力健康生活.dps）。

二、相关知识

在动态展示演示文稿时，主要可通过切换效果和动画效果等来设置，但要想熟练地进行操作，用户还需要掌握一些基础知识，如切换效果与动画效果的区别、动画类型等，下面分别进行介绍。

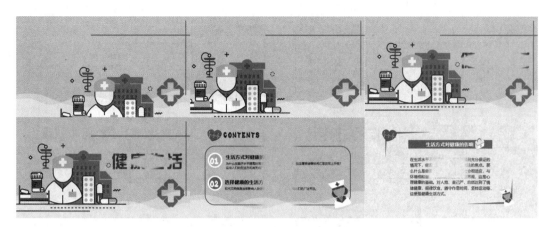

图 7-51 "助力健康生活"演示文稿最终效果

（一）切换效果与动画效果的区别

切换效果是指幻灯片与幻灯片之间的过渡动画效果，它应用的对象是演示文稿中的幻灯片；而动画效果则是为幻灯片中的图片、占位符、文本框、形状、智能图形、表格、图表等对象添加的播放动画效果，针对的是幻灯片中的对象。另外，每张幻灯片只能设置一种切换效果，而幻灯片中的同一对象则可以添加两种或两种以上的动画效果。

（二）动画类型

WPS 演示为用户提供了进入、强调、退出和动作路径 4 种动画类型，每种动画类型下又提供了多种动画效果，用户可根据需求自行设置。

● **进入动画**：进入动画是指对象进入幻灯片的动画效果，可以实现对象从无到有、陆续展现的动画效果，如出现、飞入、切入、劈裂、擦除等。

● **强调动画**：强调动画是指对象从初始状态变化到另一个状态，再回到初始状态的动画效果，如放大 / 缩小、更改填充颜色、更改线条颜色、更改字号、更改字体、更改字形、透明、陀螺旋等。

● **退出动画**：退出动画是指让对象从有到无、逐渐消失的动画效果，如百叶窗、擦除、飞出、盒状、劈裂等。

● **动作路径动画**：动作路径动画是指让对象按照绘制的路径运动的一种高级动画效果，可以实现动画的灵活变化，如直线、曲线、任意多边形、自由曲线等。另外，用户还可以根据需求自定义动作路径。

三、任务实施

（一）为幻灯片设置切换效果

幻灯片切换方案是 WPS 演示为幻灯片从一张切换到另一张时提供的动态视觉显示方式，可以使幻灯片在放映时更加生动。下面为"助力健康生活 .dps"演示文稿设置切换效果，其具体操作如下。

（1）打开"助力健康生活 .dps"演示文稿，选择第 1 张幻灯片，单击"切换"选项卡中"效果"列表框右侧的 按钮，在打开的下拉列表中选择"抽出"选项，如图 7-52 所示。

（2）单击"切换"选项卡中的"效果选项"按钮 ，在打开的下拉列表中选择"从右"选项，如图 7-53 所示。

微课视频

为幻灯片设置切换效果

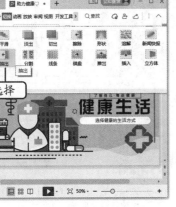

图 7-52　选择切换效果　　　　　　　　图 7-53　设置切换效果选项

（3）在"切换"选项卡的"声音"下拉列表中选择"风铃"选项，在"速度"数值框中输入"01.75"，然后单击"应用到全部"按钮，如图 7-54 所示。

（4）单击"切换"选项卡中的"预览效果"按钮，预览幻灯片的切换效果，如图 7-55所示。

图 7-54　设置切换效果的声音及速度　　　　图 7-55　预览切换效果

（二）为幻灯片对象添加动画效果

　　为了使演示文稿中某些关键或需要强调的内容如文字或图片等在放映过程中能够生动地展示在观者面前，用户可以为这些对象添加合适的动画效果，使幻灯片内容更加生动。下面为"助力健康生活.dps"演示文稿中的对象添加动画效果，其具体操作如下。

微课视频

为幻灯片对象添加
动画效果

　　（1）选择第 1 张幻灯片中的图片，单击"动画"选项卡中"效果"列表框右侧的按钮，在打开的下拉列表中选择"绘制自定义路径"栏中的"曲线"选项，如图 7-56 所示。

　　（2）当鼠标指针变成十形状时，拖曳在页面中绘制图片的动作路径，如图 7-57 所示。

　　（3）绘制到最后一个点时，双击鼠标确认，同时系统将自动播放绘制的动作路径。其中，绿色三角形表示动画的开始位置，红色三角形表示动画的结束位置。

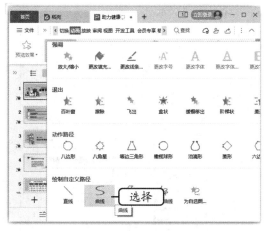

图 7-56　选择动作路径

图 7-57　绘制动作路径

（4）选择绿色三角形，单击鼠标右键，在弹出的快捷菜单中选择"编辑顶点"命令，如图 7-58 所示。

（5）当鼠标指针变成 ⊕ 形状时，再次单击鼠标右键，在弹出的快捷菜单中选择"添加顶点"命令，如图 7-59 所示。

图 7-58　选择"编辑顶点"命令　　　　　　图 7-59　选择"添加顶点"命令

（6）将绿色三角形向左上方拖曳至合适的地方，然后单击鼠标右键，在弹出的快捷菜单中选择"退出顶点编辑"命令，完成动作路径的设置。

（7）选择"健康生活"文本框，在"动画"选项卡的"效果"列表框中选择"菱形"选项，然后单击该选项卡中的"动画窗格"按钮☆，打开"动画窗格"任务窗格。

（8）单击 添加效果▾ 按钮，在打开的下拉列表中选择"强调"栏中的"更改字体颜色"选项，如图 7-60 所示。

（9）选择添加的动画效果，在"开始"下拉列表中选择"与上一动画同时"选项，在"字体颜色"下拉列表中选择"红色"选项，如图 7-61 所示。

（10）选择"了解自己·增进健康"文本框，为其添加"飞入"的动画效果，然后单击"动画"选项卡中的"动画属性"按钮☆，在打开的下拉列表中选择"自顶部"选项，如图 7-62 所示。

（11）保持"了解自己·增进健康"文本框的选择状态，单击"动画"选项卡中的"动画刷"按钮☆，当鼠标指针变成 ↙ 形状时，选择"选择健康的生活方式"文本框，为其应用同样的动画效果，然后设置其"动画属性"为"自底部"。

（12）选择图片，在"开始播放"下拉列表中选择"在上一动画之后"选项，在"持续时间"数值框中输入"02.50"，如图 7-63 所示。然后使用同样的方法设置该张幻灯片中其他对象的动画效果，并为其他幻灯片中的对象设置需要的动画效果。

图 7-60　选择"更改字体颜色"选项

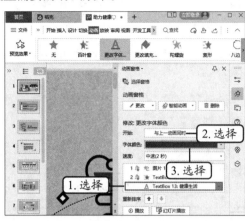

图 7-61　设置第 2 个动画

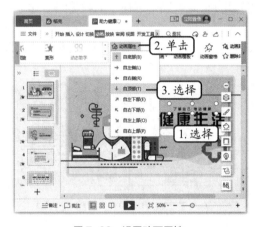

图 7-62　设置动画属性

图 7-63　设置动画开始播放时间和持续时间

> **知识补充　为同一对象添加多个动画效果**
>
> 　　为幻灯片中的同一对象添加多个动画效果时，只能一次一次地添加，而不能一次性添加多个。另外，从添加第 2 个动画开始，就必须通过添加动画功能来实现，如果直接选择其他动画，那么系统就会替换该对象当前的动画效果。

实训一　制作"人力资源分析报告"演示文稿

【实训要求】

　　人力资源分析是人力资源开发与管理的基础，也是组织现代化管理的客观需求，它在企业决策管理、促进组织变革与组织创新、提高现代社会生产力方面起着重要的作用，是人力资源管理不可或缺的重要手段和组成部分。在分析企业人力资源时，应从企业人力资源的整体状况、人员流动情况、人员结构变化等方面开展。本实训要求制作"人力资源分析报告"演示文稿，参考效果如图 7-64 所示（配套资源 :\ 效

微课视频

制作"人力资源分析报告"演示文稿

果文件 \ 项目七 \ 人力资源分析报告 .dps）。

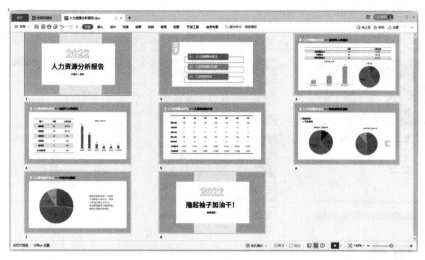

图 7-64　"人力资源分析报告" 演示文稿参考效果

【实训思路】

在本实训中，首先要在母版视图中设置背景，然后在母版中添加并设置形状，最后退出母版视图，新建多张幻灯片，在其中添加与人力资源分析相关的内容。

【步骤提示】

（1）新建 "人力资源分析报告" 演示文稿，进入幻灯片母版视图，选择第 1 张幻灯片，统一设置母版背景填充色为 "亮天蓝色，着色 1，浅色 60%"。

（2）在第 1 张幻灯片中绘制一个燕尾形形状，并设置其 "填充" 为 "白色，背景 1"，"轮廓" 为 "无边框颜色"，然后将其移至 "单击此处编辑母版标题样式" 文本框的左上角。

（3）使用相同的方法在第一张幻灯片中绘制一个 "填充" 和 "轮廓" 均为 "白色，背景 1" 的矩形，然后将其置于底层，为其添加 "居中偏移" 的阴影效果，并设置阴影的 "透明度" 为 "76%"，"大小" 为 "100%"，"模糊" 为 "14 磅"。

（4）选择第 2 张幻灯片，隐藏背景图形，然后复制粘贴第 1 张幻灯片中绘制的矩形，将其置于底层，并适当调整其大小，接着在中间绘制一个与幻灯片同等高度的，"填充" 色为 "橙色，着色 4，浅色 80%"，且 "轮廓" 为 "无边框颜色" 的矩形，再将其置于底层。

（5）使用相同的方法设置其他版式的幻灯片，然后退出母版视图，并在相应的幻灯片中输入文本、插入表格和图表。

实训二　动态展示 "企业盈利能力分析" 演示文稿

【实训要求】

企业盈利能力指企业获取利润的能力，利润不仅是一个企业经营业绩和管理成效的表现，也是职工福利设施、投资者收益、债权人收取本息资金的主要来源。因此，企业盈利能力分析就显得尤为重要。一般来说，企业盈利能力分析的主要指标包括销售利润率、成本费用利润率、资产总额利润率、资本金利润率、股东权益利润率等。本实训要求动态展示

微课视频

动态展示 "企业盈利能力分析" 演示文稿

素材文件中的"企业盈利能力分析"演示文稿，参考效果如图7-65所示（配套资源:\ 效果文件\ 项目七\ 企业盈利能力分析.dps）。

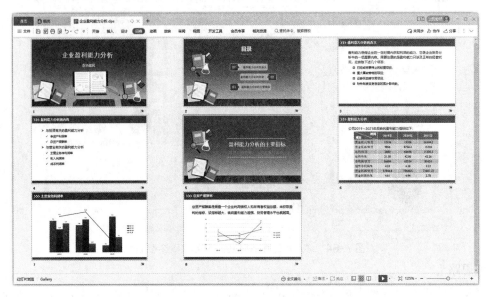

图7-65　"企业盈利能力分析"演示文稿参考效果

【实训思路】

在本实训中，首先要为打开的演示文稿设置幻灯片切换效果和切换计时，然后再为幻灯片中的各个对象设置动画效果和动画计时。

【步骤提示】

（1）打开"企业盈利能力分析.dps"演示文稿（配套资源:\ 素材文件\ 项目七\ 企业盈利能力分析.dps），为幻灯片设置合适的切换效果，并将其应用到全部幻灯片。

（2）为幻灯片中的各个对象设置动画效果、开始播放时间和动画计时。

> **操作提示**　　　　　　　　　　**设置文本属性**
>
> 在设置第3张幻灯片的动画效果时，可以先为上方的总概况文本设置动画效果，然后再选择下方的4个段落，为其应用另一个动画效果后，为了让其一条一条地显示，可以单击"动画"选项卡中的"文本属性"按钮，在打开的下拉列表中选择"按段落播放"选项。

课后练习

1. 设计"公司形象宣传"演示文稿幻灯片母版

形象宣传是企业全面展示自身实力，拓展工作、扩大业务的重要手段，它涉及企业的各个层面，能有效传达企业文化、增强品牌知名度和美誉度，使消费者对企业及企业产品产生深厚的信赖感。同时，通过企业形象宣传，能让大众及客户了解企业的独特性，也有利于品牌个性的发展。本练习要求根据提供的素材（配套资源:\ 素材文件\ 项目七\ 公司形象宣传.dps）设计"公司形象宣传"演示文稿幻灯片母版，参考效果如图7-66所示

（配套资源 :\ 效果文件 \ 项目七 \ 公司形象宣传 .dps）。

图 7-66 "公司形象宣传"演示文稿幻灯片母版参考效果

2. 制作"培训考核管理办法"演示文稿

制订培训考核管理办法不仅可以提高员工的职业能力，还可以提高员工在工作执行中的主动性，改进员工工作绩效。培训考核管理办法一般包括新进员工的入职培训管理、员工在职培训、业务培训、员工轮岗培训、升迁考核管理等。本练习要求根据提供的素材制作"培训考核管理办法"演示文稿，参考效果如图 7-67 所示（配套资源 :\ 效果文件 \ 项目七 \ 培训考核管理办法 .dps）。

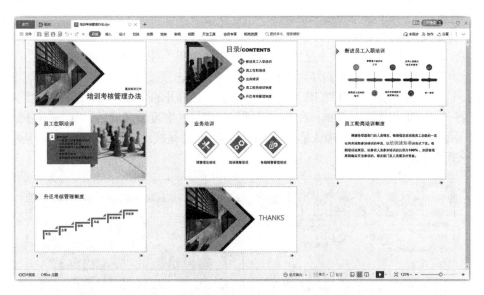

图 7-67 "培训考核管理办法"演示文稿参考效果

技能提升

1. 将 WPS 演示另存为模板

在制作演示文稿的过程中，使用模板不仅可以提高效率，还能为演示文稿设置统一的背景、外观，使整个演示文稿风格统一。模板既可以是在网上下载的，也可以是 WPS 演示自带的，另外，用户也可将制作的较为满意的演示文稿保存为模板，以供日后使用。将 WPS 演示另保存为模板的方法为：打开制作好的演示文稿，在"另存文件"对话框的"文件名"下拉列表框中输入保存的名称，在"保存类型"下拉列表中选择"WPS 演示 模板文件（*.dpt）"选项，系统会将该演示文稿自动保存在计算机中。

2. 自定义母版字体

当用户需要统一对幻灯片母版中文本框或占位符的文本格式进行设置和更改时，就可以通过"自定义母版字体"对话框来快速设置。自定义母版字体的方法是：单击"开始"选项卡中的"演示工具"按钮 ⟨⟩，在打开的下拉列表中选择"自定义母版字体"选项，打开"自定义母版字体"对话框，在"请选择下图中的文本框"中选择需要更改文本格式的文本框，在"设置文本格式"栏中对所选文本框的字体、字号、字体颜色、加粗效果、斜体、下画线、行距等进行设置。设置完成后，单击 [应用] 按钮，即可将设置的文本格式应用于演示文稿的所有幻灯片中。

3. 智能排版演示文稿

在对幻灯片进行排版布局时，如果不知道某一页该怎么排版，那么用户就可以使用 WPS 演示提供的"单页美化"功能自动美化排版，轻松解决幻灯片的排版难题。智能排版演示文稿的方法是：在幻灯片中输入需要的文本、图片、形状等对象后，单击"设计"选项卡中的"单页美化"按钮 ⟨⟩，或单击状态栏中的"智能美化"按钮 ⟨⟩，在打开的下拉列表中选择"单页美化"选项，系统将会根据幻灯片中的内容来进行智能排版，并显示出多个排版方案。

另外，用户也可在"智能美化"下拉列表中选择"全文美化"选项，或单击"设计"选项卡中的"智能美化"按钮 ⟨⟩，打开"全文美化"对话框，在其中设置幻灯片的背景，统一幻灯片的版式、字体或设置智能配色等。

4. 自定义幻灯片大小

WPS 演示默认的幻灯片大小是宽屏（16：9），如果不能满足实际需求，则用户可选择自定义幻灯片的大小。自定义幻灯片大小的方法为：单击"设计"选项卡中的"页面设置"按钮 ⟨⟩，或单击该选项卡中的"幻灯片大小"按钮 ⟨⟩，在打开的下拉列表中选择"自定义大小"选项，打开"页面设置"对话框，在其中设置好幻灯片的宽度、高度后，单击 [确定] 按钮，打开"页面缩放选项"对话框，确认是按最大化内容大小还是按比例缩小以确保适应新幻灯片，如图 7-68 所示。

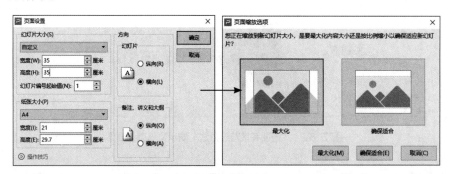

图 7-68　自定义幻灯片大小

5. 图片拼接

在制作产品宣传、景点介绍等演示文稿时，一张幻灯片中可能需要插入多张图片，要想使图片的排版更加合理、美观，用户可以利用 WPS 演示提供的"图片拼接"功能拼接图片。图片拼接的方法是：登录 WPS 账号后，选择幻灯片中的多张图片，单击"图片工具"选项卡中的"图片拼接"按钮 ⟨⟩，在打开的下拉列表中选择图片张数所对应的拼图样式。

另外，在"对象属性"任务窗格的"对象属性"下拉列表中选择"稻壳智能特性"选项，切换到"稻壳智能特性"任务窗格，用户可在其中对"拼图"栏中的图片间距、拼图样式等进行设置。

项目八

添加交互及放映和输出 WPS 演示文稿

情景导入

前段时间，公司新进了很多员工，为了规范新员工在日常工作中的行为，使其在对外活动中能够展示出良好的公司形象，公司准备在近期开展一个礼仪培训活动，老洪便将制作培训演示文稿的工作交给了米拉。

米拉：老洪，我想制作可以跳转的幻灯片，该怎么做呢？

老洪：很简单，通过超链接功能和动作按钮功能就能实现。

米拉：原来是这样的啊，那我明白了。

老洪：提醒你一下，交互式演示文稿制作完后，为了避免在正式放映时出现问题，你还需要放映一遍，检查是否有遗漏的地方。另外，为了保护幻灯片中的内容不被篡改或复制，还可以将其导出为视频、压缩文件和 PDF 文件等。

学习目标

- 掌握添加音 / 视频文件的方法。
- 掌握创建超链接和动作按钮的方法。
- 掌握设置排练计时的方法。
- 掌握在放映时添加批注的方法。
- 掌握打包 WPS 演示文稿的方法。

技能目标

- 能够插入超链接，在放映时实现幻灯片的自由切换。
- 能够插入需要的音频文件或视频文件，并根据需要设置播放选项。
- 能够根据排练计时放映演示文稿。
- 能够根据需要将演示文稿导出为不同的文件格式。

素质目标

- 学会综合运用信息技术的知识与技能解决实际问题，激发学习兴趣。
- 在学习中反思、总结，调整自己的学习目标，取得更高水平的发展。

任务一 制作"礼仪培训"交互式演示文稿

米拉听了老洪的意见后，在"礼仪培训"演示文稿中插入了能够在放映过程中全程播放的音频文件和展示礼仪的视频文件并为某些对象添加了超链接和动作按钮，以帮助观者更好地沉浸其中，学习相关知识。

一、任务目标

本任务将制作"礼仪培训"交互式演示文稿，主要用到的操作有为幻灯片添加音频文件和视频文件、为幻灯片对象设置超链接和动作按钮。通过本任务的学习，读者可以掌握交互式演示文稿的制作方法。本任务的最终效果如图8-1所示（配套资源:\效果文件\项目八\礼仪培训.dps）。

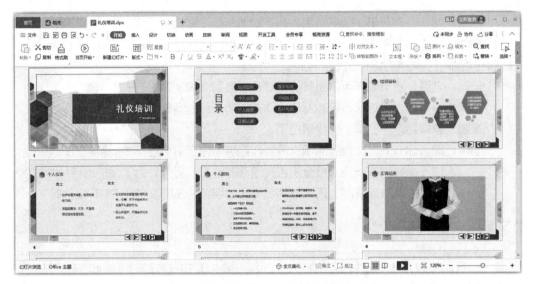

图8-1 "礼仪培训"交互式演示文稿最终效果

二、相关知识

为了更好地突显内容和增强幻灯片的播放效果，有时需要为幻灯片中的对象或幻灯片添加一些交互设计和多媒体文件，下面分别进行介绍。

（一）幻灯片交互设置

在放映幻灯片时，如果希望单击某个对象，便能跳转到指定的幻灯片，那么需要为幻灯片设置交互功能。在WPS演示中，幻灯片交互功能主要是通过超链接、动作按钮和动作来实现的。

- **超链接：** 超链接是实现对象与幻灯片或对象与其他文件之间交互的一种方法。添加超链接的方法为：在幻灯片中选择需要添加超链接的对象，单击"插入"选项卡中的"超链接"按钮✎，打开"插入超链接"对话框，在"链接到"栏中选择链接的位置，在右侧设置要链接到的幻灯片、文件或网址等，然后单击 确定 按钮，即可为该对象创建超链接。另外，如果是为文本对象添加超链接，那么添加超链接后的文本将自动添加下画线，且文本颜色也将发生变化。

- **动作按钮：** 动作按钮可用于跳转到下一张幻灯片、上一张幻灯片、开始幻灯片和结束幻灯片等指定幻灯片，通过单击动作按钮，即可在放映幻灯片时实现幻灯片之间的自由跳转。添加动作按钮的方法为：单击"插入"选项卡中的"形状"按钮🔘，在打开的下拉列表中选择"动作按钮"栏中某个代表动作的形状，然后在幻灯片中绘制该形状。绘制完成后释放鼠标，系统将自动打开"动作设置"对话框，在该对话框中设置链接位置后，单击 确定 按钮。在放映幻灯片时，单击设置的动作按钮，就可切换到对应的幻灯片。

● **动作**：动作可以对所选对象进行单击鼠标或鼠标悬停时的操作，实现对象与幻灯片或对象与其他文件之间的交互。设置动作的方法为：在幻灯片中选择需要添加动作的对象，单击"插入"选项卡中的"动作"按钮⊙，打开"动作设置"对话框，在"鼠标单击"选项卡中单击选中"超链接到"单选项，在下方的下拉列表中选择动作链接的对象（如果选择"其他文件"选项，将打开"超链接到其他文件"对话框，在其中选择需要链接的文件后，单击 打开(O) 按钮，如图 8-2 所示），然后单击 确定 按钮，即可为该对象设置动作。放映幻灯片时，单击设置了动作的对象，就会打开链接的文件或幻灯片。

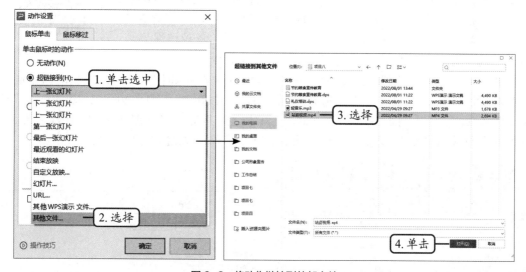

图 8-2　将动作链接到外部文件

（二）插入的视频类型

用户除了可以在幻灯片中插入保存在计算机中的视频外，还可以插入根据视频模板制作的开场动画视频。

● **本地视频**：选择需要插入视频的幻灯片，单击"插入"选项卡中的"视频"按钮▶，在打开的下拉列表中选择"嵌入视频"或"链接视频"选项，打开"插入视频"对话框，在其中选择需要的视频文件后，单击 打开(O) 按钮。

● **开场动画视频**：登录 WPS 账号后，选择需要插入视频的幻灯片，在"视频"下拉列表中选择"开场动画视频"选项，打开"视频模板"对话框，在其中选择需要的视频类型后，下方的列表框中将显示多种视频模板。在模板上单击 立即制作 按钮，打开视频模板对应的对话框，在其中根据需要对视频模板中的图片或文字内容进行更改，然后单击 预选视频 按钮，可对当前更改的视频效果进行预览，确认无误后单击 生成视频 按钮，将修改后的视频插入幻灯片中，如图 8-3 所示。

图 8-3　插入开场动画视频

三、任务实施

（一）添加并设置音频文件

当用户制作好幻灯片后，就可以为幻灯片添加音频文件，以活跃气氛，如在正式放映前先播放音乐，舒缓演讲者的紧张情绪，营造良好的演讲氛围，使演讲更具感染力和欣赏价值。下面在"礼仪培训.dps"演示文稿中插入并设置计算机中的音频文件，其具体操作如下。

（1）打开"礼仪培训.dps"演示文稿（配套资源:\ 素材文件 \ 项目八 \ 礼仪培训.dps），选择第 1 张幻灯片，单击"插入"选项卡中的"音频"按钮 ◁», 在打开的下拉列表中选择"嵌入音频"选项，打开"插入音频"对话框，在其中选择"项目八"文件夹中的"轻音乐.mp3"（配套资源:\ 素材文件 \ 项目八 \ 轻音乐.mp3）后，单击 打开(O) 按钮，如图 8-4 所示。

图 8-4　插入音频

（2）插入音频文件后，幻灯片中将显示声音图标和播放控制条，用户可通过单击控制条中的"播放 / 暂停"按钮 ● 或"音频工具"选项卡中的"播放"按钮 ● 来试听音频。

（3）选择音频图标，调整其大小，并将其移至页面左下角，然后单击"图片工具"选项卡中的"色彩"按钮 ✐，在打开的下拉列表中选择"黑白"选项，如图 8-5 所示。

（4）保持音频图标的选择状态，在"音频工具"选项卡中单击选中"跨幻灯片播放"单选项、"循环播放，直至停止"复选框和"放映时隐藏"复选框，如图 8-6 所示。

> **知识补充**
>
> ### 设置音频图标
>
> 用户可在音频图标上单击鼠标右键，在弹出的快捷菜单中选择"设置对象格式"命令，打开"对象属性"任务窗格，在其中进一步美化图标。

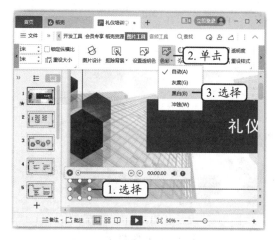

图 8-5　设置音频图标颜色　　　　图 8-6　设置音频选项

> **知识补充**
>
> ### 裁剪音频
>
> 如果音频时间过长，那么用户可以裁剪音频，其方法是：选择音频图标，单击"音频工具"选项卡中的"裁剪音频"按钮，打开"裁剪音频"对话框，在其中设置音频的开始播放时间和结束播放时间即可。

（二）添加并设置视频文件

在幻灯片中添加视频文件能够增强视觉效果，与音频文件相比，视频文件不仅包含声音，还能呈现出画面，其表现力更加丰富、直观，也更容易被观者理解和接受。下面在"礼仪培训.dps"演示文稿中插入计算机中的视频文件，并对其进行设置，其具体操作如下。

微课视频

添加并设置视频文件

（1）选择第 6 张幻灯片，单击"插入"选项卡中的"视频"按钮，在打开的下拉列表中选择"嵌入视频"选项，打开"插入视频"对话框，在其中选择"项目八"文件夹中的"站姿视频.mp4"（配套资源:\素材文件\项目八\站姿视频.mp4）后，单击 打开(Q) 按钮，如图 8-7 所示。

（2）插入视频文件后，幻灯片中将显示视频文件和播放控制条，用户可通过单击控制条中的"播放/暂停"按钮▶或"视频工具"选项卡中的"播放"按钮◉来查看视频。

（3）调整视频的位置和大小，使其合理分布在页面中，然后单击"视频工具"选项卡中的"裁剪视频"按钮，打开"裁剪视频"对话框，在其中设置"开始时间"为"00:05.10"，"结束时间"为"00:36"，然后单击 确定 按钮，如图 8-8 所示。

（4）保持视频文件的选择状态，单击选中"视频工具"选项卡中的"全屏播放"复选框和"播放完返回开头"复选框，如图 8-9 所示。

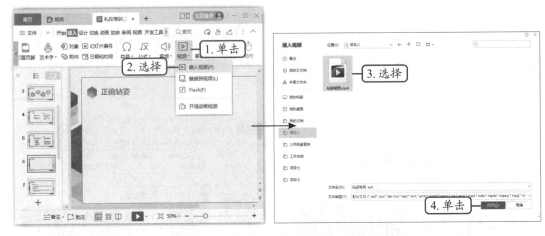

图 8-7　插入视频

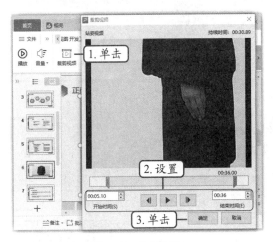

图 8-8　裁剪视频

图 8-9　设置视频选项

（5）单击"视频工具"选项卡中的"视频封面"按钮，在打开的下拉列表中选择"来自文件"选项，如图 8-10 所示。

（6）打开"选择图片"对话框，在其中选择"项目八"文件夹中的"封面 .png"图片（配套资源 :\ 素材文件 \ 项目八 \ 封面 .png），然后单击 打开(O) 按钮，返回演示文稿后，可看到视频文件的封面已经替换为选择的图片，如图 8-11 所示。

（7）登录 WPS 账号，选择视频文件，再次单击"视频封面"按钮，在打开的下拉列表中选择"封面样式"栏中的第 6 行第 2 个选项，如图 8-12 所示。

（8）系统将自动打开"智能特性"任务窗格，展开"封面图片"栏，在颜色区域选择第 2 种颜色，如图 8-13 所示。

> **知识补充**
>
> **将当前画面设为视频封面**
>
> 　　如果不想用其他图片作为视频封面，用户也可选择用视频中的某一帧作为视频封面，其方法为：单击控制条中的"播放 / 暂停"按钮 ▶ 播放视频，当播放到可以作为视频封面的某一帧时，暂停播放，然后单击 设为视频封面 按钮即可。

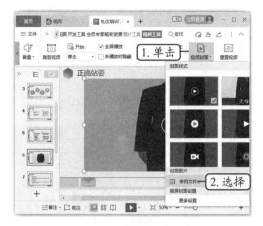

图 8-10　选择"来自文件"选项

图 8-11　替换视频封面后的效果

图 8-12　设置封面样式

图 8-13　设置封面图片颜色

> **操作提示**
>
> **保留音、视频文件**
>
> 　　再次打开含有音、视频的演示文稿后，会发现音频图标和视频文件均变成了图片形式，这是因为将演示文稿保存为 .dps 格式的文件后，会丢失部分数据，此时可再次进行添加音、视频的操作，但在另存文件时，需将其保存为 .pptx 的格式。

（三）创建超链接

　　工作汇报、企业宣传等演示文稿内容繁多，信息量很大，所以这类演示文稿中通常会设计一个目录页，然后为目录页的内容添加超链接，方便演讲者在演讲时能够跳转到对应的幻灯片页面进行讲解。下面为"礼仪培训.dps"演示文稿中的目录页创建超链接，其具体操作如下。

微课视频

创建超链接

　　（1）选择第 2 张幻灯片中的"培训目标"文本，单击"插入"选项卡中的"超链接"按钮✐，打开"插入超链接"对话框，在"链接到"栏中选择"本文档中的位置"选项，在"请选择文档中的位置"列表框中选择"3. 幻灯片 3"选项，然后单击 **确定** 按钮，如图 8-14 所示。

　　（2）返回幻灯片后，可发现创建了超链接的文本颜色发生了变化，并且添加了下画线，如图 8-15 所示。但创建超链接后，文本在有底纹的状态下并不明显，很容易使观众看不到文本，因此需要再次单击"超链接"按钮 🔗，打开"编辑超链接"对话框。

（3）单击 超链接颜色(C) 按钮，打开"超链接颜色"对话框，在"超链接颜色"下拉列表中选择"橙色，着色4"选项，在"已访问超链接颜色"下拉列表中选择"热情的粉红，着色6"选项，并单击选中"链接无下画线"单选项，然后单击 应用到全部 按钮，如图8-16所示。

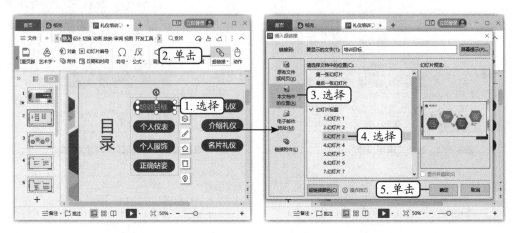

图 8-14　创建超链接

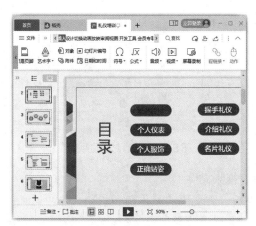

图 8-15　创建超链接后的效果

图 8-16　设置超链接颜色

（4）返回"编辑超链接"对话框，单击 确定 按钮，返回幻灯片，使用同样的方法为其他目录设置超链接。

操作提示

为文本创建超链接

　　在为文本创建超链接时，一定要全选需要创建超链接的文本，如果只是将文本插入点定位到了文本中，那么仅为文本插入点前的文本创建了超链接。

　　另外，如果要取消超链接，则可按【Ctrl+K】组合键打开"编辑超链接"对话框，在其中单击 删除链接(R) 按钮，或选择创建了超链接的对象，单击鼠标右键，在弹出的快捷菜单中选择"超链接"命令，在弹出的子菜单中选择"取消超链接"命令。

（四）创建动作按钮

　　除了可以通过创建超链接来实现幻灯片之间的交互功能外，用户还可以通过为幻灯片中的对象创建动作按钮来实现幻灯片之间的跳转。下面在"礼仪培训 .dps"
演示文稿中创建动作按钮，其具体操作如下。

（1）选择第 3 张幻灯片，单击"插入"选项卡中的"形状"按钮 ⬡，
在打开的下拉列表中选择"动作按钮"栏中的"动作按钮：后退或前一项"
选项，然后在页面右下角绘制动作按钮。绘制完成后，系统将自动打开"动
作设置"对话框，保持默认设置后，单击 确定 按钮，如图 8-17 所示。

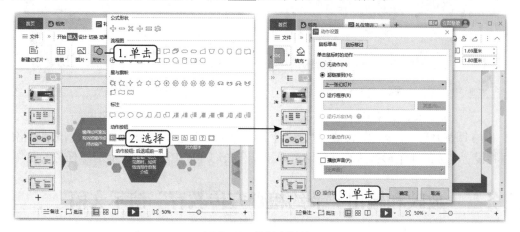

图 8-17　绘制动作按钮

（2）使用同样的方法绘制"动作按钮：前进或下一项""动作按钮：开始""动作按钮：
结束"形状，并分别将其链接到下一张幻灯片、第 1 张幻灯片和最后一张幻灯片。

（3）同时选择 4 个形状，在"绘图工具"选项卡中的"形状高度"数值框中输入"1.30
厘米"，在"形状宽度"数值框中输入"1.50 厘米"，如图 8-18 所示。

（4）保持形状的选择状态，在"绘图工具"选项卡中的"样式"列表框中选择"彩色轮廓 –
黑色，深色 1"选项，如图 8-19 所示。

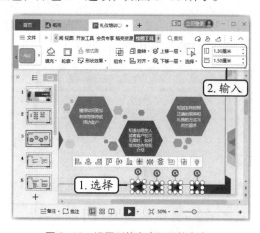

图 8-18　设置形状高度和形状宽度

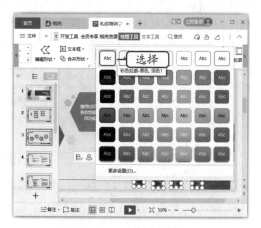

图 8-19　选择形状样式

（5）选择任意一个形状，单击"绘图工具"选项卡中的"对齐"按钮 ⬚，在打开的下
拉列表中选择"网格线"选项，如图 8-20 所示。

（6）网格线出现后，将形状移至相应格子的右上角，然后再将 4 个形状向右平移，如
图 8-21 所示。

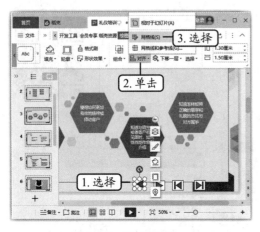

图 8-20　显示网格线

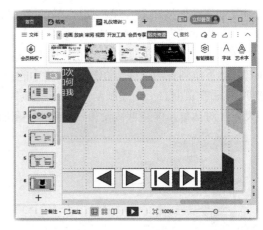

图 8-21　形状效果

（7）调整好形状的位置后，在"对齐"下拉列表中再次选择"网格线"选项，取消网格线，然后将设置完成的 4 个形状复制并粘贴至第 4 ～ 9 张幻灯片中。至此，完成本任务的制作。

任务二　放映和输出"节约粮食宣传教育"演示文稿

"一粥一饭，当思来处不易；半丝半缕，恒念物力维艰"，这句话出自我国理学家、教育家朱柏庐所著的《朱子家训》一书，而公司也要以这句话为主旨举行为期两个月的节约粮食主题活动。因此，老洪要求米拉对之前制作完成的"节约粮食宣传教育"演示文稿进行放映设置，并在演示结束后，将演示文稿打包发送给公司员工。

一、任务目标

本任务将放映和输出"节约粮食宣传教育"演示文稿，主要用到的操作有设置排练计时、设置放映方式、为幻灯片添加注释、将演示文稿输出为 PDF 文件等。通过本任务的学习，读者可以掌握演示文稿的放映与输出方法，满足展示与存储演示文稿的需求。本任务的最终效果如图 8-22 所示（配套资源 :\ 效果文件 \ 项目八 \ 节约粮食宣传教育 .dps）。

图 8-22　"节约粮食宣传教育"演示文稿最终效果

二、相关知识

在放映和输出演示文稿之前，用户还需要掌握一些基础知识，如演示文稿的放映类型和输出方式等，使演示文稿的展示更加顺利。

（一）演示文稿的放映类型

演示文稿的放映类型有两种，分别是演讲者放映（全屏幕）和展台自动循环放映（全屏幕），用户可根据需要自行选择。

● **演讲者放映（全屏幕）**：演讲者放映（全屏幕）是指以全屏幕形式放映幻灯片，它是常用的演示文稿放映类型。在该放映类型下，演讲者具有对幻灯片放映的完全控制，并可用自动或人工方式来放映幻灯片。同时，演讲者不仅可以暂停幻灯片的放映以添加细节，还可以在放映过程中录下旁白。另外，演讲者在使用该放映类型时，还可以将幻灯片放映投射到大屏幕上，用于主持联机会议或广播演示文稿。

● **展台自动循环放映（全屏幕）**：展台自动循环放映（全屏幕）是指以全屏幕形式自动循环放映幻灯片。在该放映类型下，大多数的菜单和命令都不可用，观者可以浏览演示文稿的内容，但不能更改演示文稿，并且演示文稿在每次放映完毕后都将自动重新开始放映。此放映类型适合在展览会场或会议中使用。

（二）演示文稿的输出方式

WPS 演示提供了多种输出方式，用户可以根据需求将演示文稿输出为合适的格式，各输出方式分别如下。

● **输出为 PDF**：将演示文稿输出为 PDF 文件，可以便于文件的传输、查阅和存储。其方法是：单击 ≡ 文件 按钮，在打开的下拉列表中选择"输出为 PDF"选项，或单击快速访问工具栏中的"输出为 PDF"按钮 🔁，打开"输出为 PDF"对话框，在其中对输出文件、输出范围、输出选项和保存位置进行设置即可。

● **输出为图片**：将演示文稿输出为图片，可以便于文件的分享传输与保存阅读。其方法是：单击 ≡ 文件 按钮，在打开的下拉列表中选择"输出为图片"选项，打开"输出为图片"对话框，在其中对输出方式、输出页数、输出格式、输出颜色、输出目录等进行设置即可。

● **输出为视频**：将演示文稿输出为视频，可以使其不受软件版本的影响，更直观、生动地展示演示内容，且如果演示文稿中添加了音乐也可以直接展示，但 WPS 演示中只能输出格式为 .webm 的视频文件，而且需要安装转码器才能进行查看。将演示文稿输出为视频的方法是：单击 ≡ 文件 按钮，在打开的下拉列表中选择"另存为"选项，在打开的子列表中选择"输出为视频"选项，打开"另存文件"对话框，在其中设置视频的保存位置和文件名称即可。

● **转图片格式 PPT**：将演示文稿转成图片，可以避免排版错落、字体丢失，防止幻灯片内容被他人修改，并且可以使其像普通演示文稿一样演示放映。转图片格式 PPT 的方法是：单击 ≡ 文件 按钮，在打开的下拉列表中选择"另存为"选项，在打开的子列表中选择"转图片格式 PPT"选项，打开"转图片格式"对话框，在其中设置输出目录后，单击 开始输出 按钮。

● **转为 WPS 文字文档**：将演示文稿转为 WPS 文字文档，可以快速提取出演示文稿中的文本、表格或图片，不用一个一个地去复制和粘贴。转为 WPS 文字文档的方法是：单击 ≡ 文件 按钮，在打开的下拉列表中选择"另存为"选项，在打开的子列表中选择"转为 WPS 文字文档"选项，打开"转为 WPS 文字文档"对话框，在其中设置转换范围、转换后的版式和转换内容即可。

三、任务实施

（一）设置排练计时

微课视频
设置排练计时

排练计时是指记录每张幻灯片的放映时长，当演讲者放映演示文稿时，系统就可以按照排练的时间和顺序进行放映，使演讲者可以专心演讲而不用进行切换幻灯片等操作。下面在"节约粮食宣传教育 .dps"演示文稿中设置排练计时，其具体操作如下。

（1）打开"节约粮食宣传教育 .dps"演示文稿（配套资源 :\ 效果文件 \ 项目八 \ 节约粮食宣传教育 .dps），单击"放映"选项卡中的"排练计时"按钮，进入第 1 张幻灯片的排练计时状态，如图 8-23 所示。

图 8-23　排练计时

（2）第 1 张幻灯片录制完成后，单击鼠标左键，或单击"录制"工具栏中的"下一项"按钮切换到第 2 张幻灯片，如图 8-24 所示。"录制"工具栏中的时间将重新开始计时。

（3）使用同样的方法为其他幻灯片设置排练计时。当所有幻灯片都放映结束后，屏幕上将弹出"幻灯片放映共需时间 0:01:49。是否保留新的幻灯片排练时间？"提示对话框，单击 是(Y) 按钮进行保存，如图 8-25 所示。

图 8-24　继续排练计时　　　　　　　　　　图 8-25　保存排练计时

知识
补充

控制排练计时

单击"录制"工具栏中的"暂停"按钮⑪可暂停排练计时；单击"重复"按钮↩可重新开始计时；在计时过程中按【Esc】键可退出排练计时。

另外，如果要取消排练计时，则需要在"切换"选项卡中取消选中"自动换片"复选框，删除其右侧数值框中的数值，再单击该选项卡中的"应用到全部"按钮☑，取消整个演示文稿的排练计时。

（二）设置放映方式

根据放映目的和场合的不同，演示文稿的放映方式也有所不同。一般来讲，设置放映方式包括设置幻灯片的放映类型、放映选项、放映幻灯片的范围及换片方式等。下面设置"节约粮食宣传教育.dps"演示文稿中的放映方式，其具体操作如下。

微课视频

设置放映方式

（1）单击"放映"选项卡中的"自定义放映"按钮▤，打开"自定义放映"对话框，在其中单击▤▤按钮，打开"定义自定义放映"对话框，在"幻灯片放映名称"文本框中输入"主要内容"文本，在"在演示文稿中的幻灯片"列表框中按【Ctrl】键同时选择多张幻灯片，单击▤▤按钮将其添加到"在自定义放映中的幻灯片"列表框中，然后单击▤▤按钮，如图 8-26 所示。

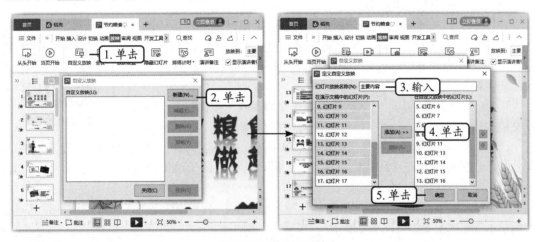

图 8-26　自定义放映

知识
补充

"自定义放映"对话框

单击"自定义放映"对话框中的▤▤按钮，可在打开的"定义自定义放映"对话框中重新选择放映的幻灯片；单击▤▤按钮，可将选择的自定义放映删除；单击▤▤按钮，可复制选择的自定义放映；单击▤▤按钮，可按照设置的自定义放映开始放映。

（2）返回"自定义放映"对话框，单击▤▤按钮，返回演示文稿。单击"放映"选项卡中的"放映设置"按钮▤，打开"设置放映方式"对话框，在"放映类型"栏中单击选中"演讲者放映（全屏幕）"单选项，在"放映选项"栏中单击选中"循环放映，按 ESC 键终止"复选框，在"放映幻灯片"栏中单击选中"自定义放映"单选项，在下方的下拉列表中选择

"主要内容"选项，在"换片方式"栏中单击选中"如果存在排练时间，则使用它"单选项，然后单击 确定 按钮，如图 8-27 所示。

（3）此时，演示文稿将以"演讲者放映（全屏幕）"方式进行放映，然后按【F5】键或单击"放映"选项卡中的"从头开始"按钮 （见图 8-28），使演示文稿进行自定义放映。

图 8-27　设置放映方式

图 8-28　单击"从头开始"按钮

（三）为幻灯片添加注释

在演示文稿的放映过程中，如果演讲者要突出显示幻灯片中的某些重要内容并进行着重讲解，那么可以通过在屏幕上添加注释来勾画出重点。下面为"节约粮食宣传教育 .dps"演示文稿中的第 14 张幻灯片添加注释，其具体操作如下。

微课视频

为幻灯片添加注释

（1）单击状态栏中的"从当前幻灯片开始播放"按钮 ，进入演示文稿的放映状态。

（2）单击鼠标右键，在弹出的快捷菜单中选择"定位"命令，由于设置了自定义放映，导致显示出的幻灯片与实际的幻灯片不符，所以在弹出的子菜单中选择"按标题"/"幻灯片漫游"命令，如图 8-29 所示。

（3）打开"幻灯片漫游"对话框，在"幻灯片标题"列表框中选择"10.幻灯片 13"选项，然后单击 定位至(G) 按钮，如图 8-30 所示。

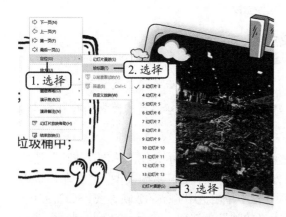

图 8-29　选择"按标题"/"幻灯片漫游"命令

图 8-30　定位幻灯片

（4）跳转至第13张幻灯片后，单击鼠标右键，在弹出的快捷菜单中选择"墨迹画笔"/
"荧光笔"命令，如图 8-31 所示。

（5）再次单击鼠标右键，在弹出的快捷菜单中选择"墨迹画笔"命令，在弹出的子菜
单中选择"墨迹颜色"/"红色"命令，如图 8-32 所示。

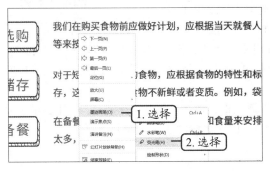

图 8-31　选择"荧光笔"命令

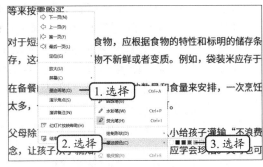

图 8-32　选择墨迹颜色

（6）当鼠标指针变成▌形状时，拖曳标记出幻灯片中的重点内容，如图 8-33 所示。

（7）使用同样的方法为其他内容添加注释。若想退出标注状态，则可再次选择"墨迹
画笔"/"荧光笔"命令。

（8）演示文稿放映结束后，按【Esc】键退出放映状态，此时将打开"是否保留墨迹注
释？"提示对话框，如图 8-34 所示。单击 保留(K) 按钮后，墨迹注释就会显示在幻灯片中。

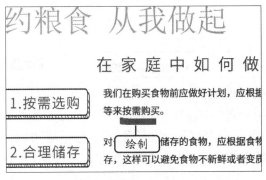

图 8-33　标记内容

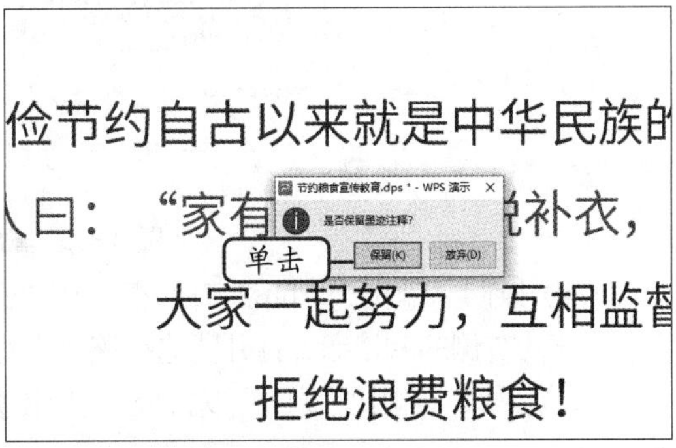

图 8-34　保存墨迹注释

> **操作提示**
>
> **绘制标注样式和擦除标记**
>
> 如果不想使用默认的标注样式，用户也可选择其他形状来圈出重点内容，其方法是：在演示文稿放映状态下，单击鼠标右键，在"墨迹画笔"菜单中选择"绘制形状"命令，在弹出的子菜单中选择"自由曲线""直线""波浪线""矩形"等命令。
>
> 另外，如果标记的内容有误，也可将其擦除，其方法是：单击鼠标右键，在"墨迹画笔"菜单中选择"橡皮擦"命令；如果要清除幻灯片中的全部标记，除了可以在"是否保留墨迹注释？"提示对话框中单击 放弃(D) 按钮外，也可在"墨迹画笔"菜单中选择"擦除幻灯片上的所有墨迹"命令。需要注意的是，以上 3 种擦除方法不能擦除已保存的标记。

（四）将演示文稿输出为 PDF 文件

为了保护幻灯片中的内容不被篡改，用户可以将其输出为 PDF 文件。PDF 是一种常用的电子文件格式，它可以真实地再现原稿中的每一个字符、颜色及图像，为用户提供个性化的阅读方式。下面将"节约粮食宣传教育 .dps"演示文稿输出为 PDF 文件，其具体操作如下。

将演示文稿输出为
PDF 文件

（1）单击快速访问工具栏中的"输出为 PDF"按钮 🖫，或单击 ☰ 文件按钮，在打开的下拉列表中选择"输出为 PDF"选项，打开"输出为 PDF"对话框。

（2）单击"设置"链接，打开"设置"对话框，单击选中"权限设置"复选框，在下方的"密码"和"确认"文本框中均输入"123456"。

（3）取消选中"允许修改"和"允许复制"复选框，并在"文件打开密码"栏下方的"密码"和"确认"文本框中均输入"112233"，然后单击 确定 按钮，如图 8-35 所示。

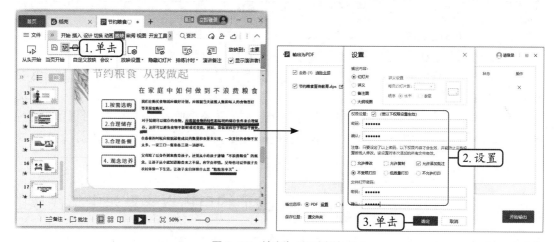

图 8-35　输出为 PDF 文件

（4）返回"输出为 PDF"对话框，在"保存位置"下拉列表中选择"自定义文件夹"选项，单击其右侧的 按钮，打开"选择路径"对话框，选择好保存路径后，单击 选择文件夹 按钮。

（5）返回"输出为 PDF"对话框，单击 开始输出 按钮输出 PDF 文件。至此，完成本任务的制作。

实训一　制作"端午节介绍"交互式演示文稿

【实训要求】

端午节，又称为端阳节、龙舟节、重五节、天中节等，是集拜神祭祖、祈福辟邪、欢庆娱乐和饮食为一体的民俗节日。端午文化在世界上的影响非常广泛，其他国家和地区也有庆贺端午的相关活动。2006 年 5 月，国务院将其列入了首批国家级非物质文化遗产名录；自 2008 年起，端午节被列为国家法定节假日。2009 年 9 月，联合国教科文组织正式批准将端午节列入《人类非物质文化遗产代表作名录》，从此，端午节

制作"端午节介绍"
交互式演示文稿

成为我国首个入选世界非物质文化遗产的节日。本实训要求制作"端午节介绍"交互式演示文稿，参考效果如图 8-36 所示（配套资源:\ 效果文件 \ 项目八 \ 端午节介绍 .dps）。

图 8-36 "端午节介绍"交互式演示文稿参考效果

【实训思路】

在本实训中，首先要设置演示文稿的整体背景，然后新建多张幻灯片，在其中输入与端午节相关的文本、图片、视频等，然后为目录添加超链接，最后为幻灯片添加切换效果、为幻灯片对象添加动画效果，预览演示文稿的整体效果，并输出为图片。

【步骤提示】

（1）新建并保存"端午节介绍 .dps"演示文稿，进入幻灯片母版视图，设置幻灯片背景为"背景 .png"图片（配套资源 :\ 素材文件 \ 项目八 \ 端午节介绍 \ 背景 .png）。

（2）新建多张幻灯片，在其中输入相应的内容（配套资源 :\ 素材文件 \ 项目八 \ 端午节介绍 \ 端午节介绍 .txt），并在第 7 张幻灯片中插入"端午节习俗 .mp4"视频（配套资源 :\ 素材文件 \ 项目八 \ 端午节介绍 \ 端午节习俗 .mp4），然后裁剪视频，将视频中的某一帧作为视频封面，并设置封面图片的颜色。

（3）为目录页中的目录添加超链接，并设置"超链接颜色"为"森林绿"，"已访问超链接颜色"为"中宝石碧绿，着色 3，深色 25%"。

（4）为幻灯片添加切换效果，为幻灯片对象添加动画效果，然后按【F5】键预览演示文稿的整体效果，并将其输出为图片。

实训二 放映"景点宣传"演示文稿

【实训要求】

景点宣传是对一个旅游景点精要的展示和表现，通过视觉的传播路径，可以提高景点的知名度和曝光率，以便更好地吸引游客，彰显旅游景点的品质及个性，挖掘景点的地域文化特征，提升景点的吸引力，从而提高景点的竞争力、促进经济发展。本实训要求放映"景点宣传"演示文稿，参考效果如图 8-37 所示（配套资源 :\ 效果文件 \ 项目八 \ 景点宣传 .dps）。

微课视频

放映"景点宣传"演示文稿

图 8-37　"景点宣传"演示文稿参考效果

【实训思路】

　　在本实训中，首先要检查"景点宣传.dps"演示文稿中有无知识错误的地方，然后进行排练计时，并在放映过程中圈出第 2 张幻灯片中的介绍内容。

【步骤提示】

　　（1）打开"景点宣传.dps"演示文稿（配套资源 :\ 素材文件 \ 项目八 \ 景点宣传.dps），单击"放映"选项卡中的"排练计时"按钮，进入幻灯片的排练计时状态。

　　（2）当放映到第 2 张幻灯片时，为幻灯片中的重要内容添加标注。

　　（3）设置演示文稿的"放映类型"为"演讲者放映（全屏幕）"，"放映选项"为"循环放映，按 ESC 键终止"，"放映幻灯片"为"全部"，"换片方式"为"如果存在排练时间，则使用它"。

课后练习

　　1. 制作"新品上市营销策略"交互式演示文稿

　　新品上市营销策略主要包括市场分析、产品定价、产品宣传、促销策略、经费预算、宣传渠道、用事实说话等内容，经过一系列的分析之后，可以给管理者提供决策支持，为产品的销售方向及销售策略奠定基础。本练习要求根据提供的素材（配套资源 :\ 素材文件 \ 项目八 \ 新品上市营销策略.dps）制作"新品上市营销策略"交互式演示文稿，参考效果如图 8-38 所示（配套资源 :\ 效果文件 \ 项目八 \ 新品上市营销策略.dps）。

　　2. 放映和输出"竞聘报告"演示文稿

　　竞聘报告是竞聘者因竞聘某个岗位，在竞聘会议上向与会者发表的一种文书，内容主要包括竞聘优势、对竞聘岗位的认识、被聘任后的工作设想和打算等，要围绕竞聘岗位来阐述。在制作竞聘报告时，配色要显得沉稳，而且排版布局要简洁。本练习要求根据提供的素材（配套资源 :\ 素材文件 \ 项目八 \ 竞聘报告.dps），放映和输出"竞聘报告"演示文稿，参考效果如图 8-39 所示（配套资源 :\ 效果文件 \ 项目八 \ 竞聘报告）。

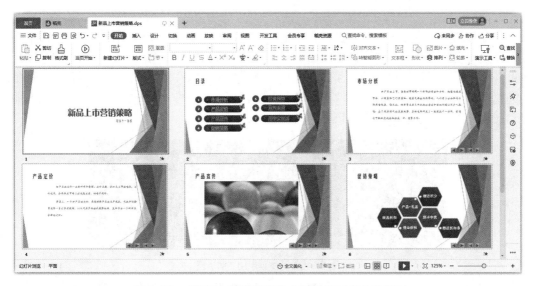

图 8-38 "新品上市营销策略"交互式演示文稿参考效果

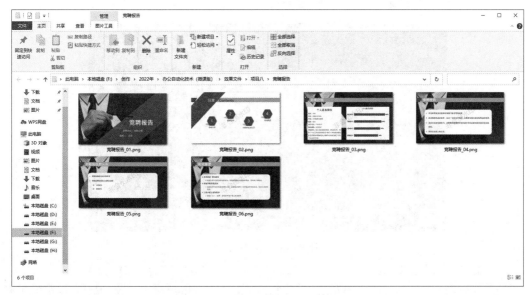

图 8-39 "竞聘报告"演示文稿参考效果

技能提升

1. 将字体嵌入文件

用户在制作演示文稿时，经常会用到从网上下载的字体，如果在未安装这些字体的计算机中放映演示文稿，那么系统就会用计算机中默认的字体代替演示文稿中用到的未安装字体，从而影响幻灯片的展示效果。因此，为了保证在其他未安装相关字体的计算机中也能正常播放演示文稿，用户就需要在打包或保存演示文稿时，将字体嵌入其中。将字体嵌入文件的方法是：单击 ≡文件 按钮，在打开的下拉列表中选择"选项"选项，打开"选项"对话框，在左侧单击"常规与保存"选项卡，在右侧单击选中"将字体嵌入文件"复选框。

2. 屏幕录制

屏幕录制可以将正在进行的操作、播放的视频和正在播放的音频录制下来，然后再通过插入音频或视频的方法将其插入幻灯片中。录制屏幕时，用户既可以录制全部屏幕的画面，也可以根据需要录制区域画面。屏幕录制的方法是：登录 WPS 账号，单击"插入"选项卡中的"屏幕录制"按钮，打开"屏幕录制"对话框，如图 8-40 所示，在其中设置录制模式和录制范围后，单击 按钮即可开始录制。

图 8-40　"屏幕录制"对话框

录制完成后，单击"停止"按钮，系统将自动打开录制的文件，如图 8-41 所示，在其中单击"播放"按钮，可播放录制的文件。

图 8-41　录制的文件

3. 用放大镜查看幻灯片

在放映演示文稿时，用户可以使用放大镜放大幻灯片中的内容，以便观者可以清楚地看见演示文稿内容。用放大镜查看幻灯片的方法是：在放映状态按【Ctrl+G】组合键，幻灯片中将显示出放大镜，放大镜中的内容将放大显示，拖曳可移动放大镜查看其他内容。

项目九
网络办公应用

情景导入

由于公司的发展良好，于是公司准备将销售部一分为二，成立销售一部和销售二部，并为销售二部重新划分一个办公区域。但新办公区域配置较少，也没有网络，于是老洪便安排米拉去新办公区域为销售部的同事配置无线网络。

老洪：米拉，你知道怎么配置无线网络吗？

米拉：我知道，首先要连接无线路由器，然后进入路由器的登录界面，在其中设置上网方式、账号和密码等。

老洪：不错，这是公司为销售二部配置的无线路由器，你去安装一下，然后再在每台计算机上安装一些必用软件，如果有什么需要帮忙的，可以随时叫我。

米拉：我知道了，我马上去。

学习目标

- 掌握配置办公室无线网络的方法。
- 掌握搜索与下载网络资源的方法。
- 掌握使用通信工具交流的方法。
- 掌握常见的移动办公应用。

技能目标

- 能够设置并连接无线网络，并能开启资源共享功能。
- 能够正确下载网上的文件、软件、音/视频等。
- 能够通过聊天工具与客户进行远程交流。
- 能够使用腾讯微云和钉钉等软件进行移动办公。

素质目标

- 树立正确的职业理想，具有良好的人际沟通能力、团队合作精神和客户服务意识。
- 具备诚实守信的道德修养，具有良好的竞争意识，有较强的事业心、责任感。

任务一 配置办公室无线网络

现代办公基本上都离不开网络，如借助网络获取资料或与客户就项目进行线上交谈等。因此，绝大多数的办公室都配置了无线网络，无线网络省去了有线网络的网线布局，并且随着科技的进步，无线网络的覆盖范围、传输距离等都不会影响正常办公。因此，作为一名办公人员，有必要了解和学习办公室无线网络的配置知识。

一、任务目标

本任务将配置办公室无线网络。通过本任务的学习，读者可以掌握路由器的基本连接和设置等操作，以及使接入同一个无线网络的计算机之间实现文件、打印机等资源共享。

二、相关知识

路由器可将内部网络通过有线和无线两种方式与互联网相连接，广泛应用于家庭、学校、办公室、网吧、小区、政府和企业等场所。下面介绍路由器的类型和结构。

（一）路由器的类型

路由器分为有线路由器和无线路由器，其中无线路由器更常见。

● **有线路由器：**这类路由器更多使用在需要连接很多有线网络设备的场所，通常具备多个网络接口，其外观如图 9-1 所示。

● **无线路由器：**这类路由器是目前主流的路由器类型，又细分为家用、便携、办公用等多种类型。图 9-2 所示为便携无线路由器的外观。

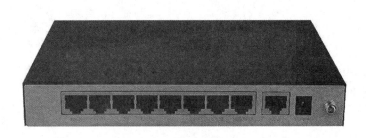

图 9-1　有线路由器的外观

图 9-2　便携无线路由器的外观

常见的无线路由器一般都有一个 RJ-45 口为 WAN（Wide Area Network，广域网）口，也就是 Uplink 到外部网络的接口，其余 2 ～ 4 个口为 LAN（Local Area Network，局域网）口，用来连接普通局域网。无线路由器内部有一个网络交换机芯片，专门用来处理 LAN 口之间的信息交换。一般来讲，无线路由器的 WAN 口和 LAN 口之间的路由工作模式采用网络地址转换（Network Address Translation，NAT）方式。所以，无线路由器也可以作为有线路由器使用。

（二）路由器的结构

路由器的功能就是连接宽带调制解调器（ADSL Modem）和计算机，实现计算机联网的目的。路由器主要由信号天线及各指示灯、接口和按钮组成，如图 9-3 所示。

● **信号天线：**发送和接收无线信号。

● **Power 接口：**连接电源线。

- **Reset 按钮**：在路由器 SYS 指示灯闪烁状态下，按住此按钮约 8s，当指示灯全亮时，路由器将会恢复到出厂状态。
- **Wi-Fi 指示灯**：该灯长亮表示不同频率的无线功能已开启；闪烁表示正在通过无线网络传输数据；熄灭表示无线功能未开启。
- **SYS 指示灯**：该灯长亮表示系统正在启动或系统出现故障；闪烁表示系统运行正常。
- **WAN 口**：外网接口，连接互联网，网线可能是从光纤 Modem、ADSL Modem、有线电视 Modem 接出来的网线，或互联网服务提供商直接提供的宽带网线。
- **工作指示灯**：该灯长亮表示对应接口没有数据传输；闪烁表示对应接口正在传输数据；熄灭表示接口未连接或连接异常。
- **WAN/LAN 口**：内 / 外网共用接口，默认为内网接口，可登录路由器管理软件更改。
- **LAN 口**：内网接口，连接计算机、打印机等内部网络设备。

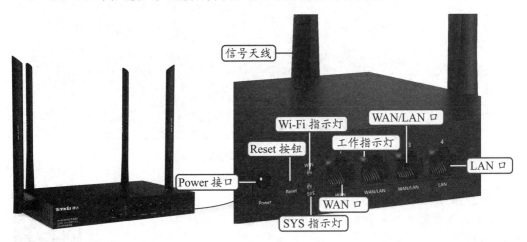

图 9-3　路由器的结构

三、任务实施

（一）设置无线网络

连接好无线路由器后，并不代表用户就可以上网了。在此之前，用户还需要对路由器进行设置，即设置无线网络的名称和连接无线网络的密码。下面进入路由器登录界面，在其中设置无线网络的名称与密码，其具体操作如下。

微课视频

设置无线网络

（1）打开浏览器，在地址栏中输入网址"192.168.0.1"或者路由器网址（具体可以查看路由器的用户手册），按【Enter】键进入路由器的设置界面。

（2）打开"创建管理员密码"界面，在"设置密码"和"确认密码"文本框中输入相同的密码后，单击　　　　确定　　　　按钮，如图 9-4 所示。

（3）进入"路由设置"界面，在左侧的列表中单击"无线设置"选项卡，打开"无线设置"界面，在"无线功能"栏中单击选中"开"单选项，打开路由器的无线功能，在下面的"无线名称""无线密码"文本框中输入网络的名称和密码，然后单击　保存　按钮，为路由器设置无线网络，如图 9-5 所示。

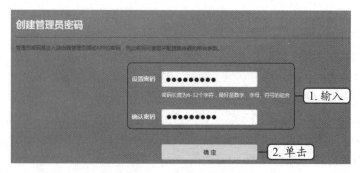

图 9-4　设置管理员密码

图 9-5　设置无线网络

（二）连接无线网络

无线网络设置成功后，便可将计算机连接到网络，使计算机能够正常上网。下面将办公室中的计算机连接到刚刚设置的网络中，其具体操作如下。

（1）将鼠标指针移至任务栏区域，单击鼠标右键，在弹出的快捷菜单中选择"任务栏设置"命令，如图 9-6 所示。

（2）打开"设置"窗口，在"任务栏"选项卡右侧的"通知区域"栏中单击"打开或关闭系统图标"链接，如图 9-7 所示。

微课视频

连接无线网络

图 9-6　选择"任务栏设置"命令

图 9-7　单击"打开或关闭系统图标"链接

（3）打开"打开或关闭系统图标"界面，单击"网络"右侧的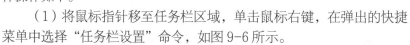按钮，使任务栏右侧显示该图标，如图 9-8 所示。

（4）关闭"设置"窗口，在任务栏右侧单击刚刚开启的网络图标，在打开的下拉列表中选择"WLAN"选项，在展开的列表中选择需要连接的网络，并单击选中"自动连接"复选框，然后再单击 连接 按钮，如图9-9所示。

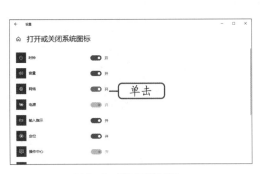

图9-8 显示网络图标

图9-9 选择网络

（5）在"输入网络安全密钥"文本框中输入设置的密码，然后单击 下一步 按钮，如图9-10所示。

（6）系统将打开"想要允许你的电脑被此网络上的其他电脑和设备发现吗？"提示对话框，单击 是 按钮确认，如图9-11所示。

图9-10 输入密码

图9-11 确认连接

（三）设置办公资源共享

资源共享就是多个用户共用计算机系统中的硬件和软件资源。在网络系统终端中，用户可以共享的资源主要包括处理机时间、共享空间、各种软件和数据资源等。资源共享是计算机网络实现的主要目标之一。下面先做好资源共享前的准备工作，再设置文件资源共享，其具体操作如下。

微课视频

设置办公资源共享

（1）在桌面的"此电脑"图标 上单击鼠标右键，在弹出的快捷菜单中选择"属性"命令，打开"系统"窗口，在"计算机名、域和工作组设置"栏中单击"更改设置"链接，如图9-12所示。

（2）打开"系统属性"对话框，在"计算机名"选项卡中单击 更改(C)... 按钮，打开"计算机名/域更改"对话框，在"计算机名"文本框中自定义计算机名称，在"隶属于"栏中单击选中"工作组"单选项，在下方的文本框中将资源共享的计算机设置为同一个工作组，然后单击 [确定] 按钮，如图9-13所示。

图9-12　单击"更改设置"链接　　　　　　　　　图9-13　设置同一个工作组

（3）返回"系统属性"对话框，单击 [确定] 按钮，返回"系统"窗口，在地址栏左侧单击"上移到"按钮↑，返回"所有控制面板项"窗口，在下方的列表中单击"网络和共享中心"链接，如图9-14所示。

（4）打开"网络和共享中心"窗口，单击"更改高级共享设置"链接，打开"高级共享设置"窗口，在"网络发现"栏中单击选中"启用网络发现"单选项和"启用网络连接设备的自动设置。"复选框，在"文件和打印机共享"栏中单击选中"启用文件和打印机共享"单选项，然后单击 [保存更改] 按钮，如图9-15所示。

图9-14　单击"网络和共享中心"链接　　　　　　图9-15　开启共享功能

（5）在要共享的磁盘或文件、文件夹上单击鼠标右键，在弹出的快捷菜单中选择"属性"命令，打开相应的属性对话框，在其中单击"共享"选项卡，再单击 [高级共享(D)...] 按钮，打开"高级共享"对话框，单击选中"共享此文件夹"复选框后，再单击 [权限(P)] 按钮，如图9-16所示。

（6）打开相应的权限对话框，在其中单击 [添加(D)...] 按钮，打开"选择用户或组"对话框，在其中单击 [高级(A)...] 按钮，展开"选择用户或组"对话框，单击 [立即查找(N)] 按钮，在"搜索结果"列表框中选择需要共享的用户账号，并单击 [确定] 按钮，如图9-17所示。

（7）返回权限对话框，选择刚刚添加的账号，在下方的列表框中设置其权限，并单击 [确定] 按钮，如图9-18所示。

（8）再次打开"此电脑"窗口后，可看见本地磁盘(H:)旁边多了一个双人图标，表示该磁盘已被共享，如图9-19所示。

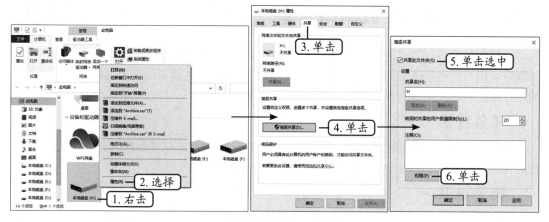

图 9-16 设置共享

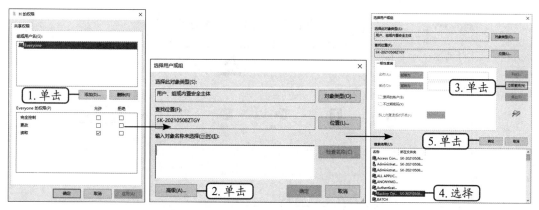

图 9-17 添加共享账号

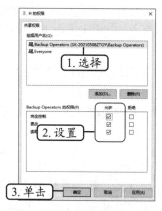

图 9-18 设置权限

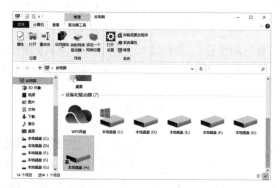

图 9-19 完成共享

知识
补充

取消共享

若要取消共享,则可按之前的方法打开"高级共享"对话框,在其中取消选中"共享此文件夹"复选框,并在打开的"共享"提示对话框中单击 是(Y) 按钮,返回"此电脑"窗口后,可看见本地磁盘 (H:) 旁边的双人图标消失。

任务二　搜索与下载网络资源

因特网包含各种各样的资源信息，是自动化办公中不可缺少的组成部分。将计算机连接网络后，用户便可在浏览器中浏览各种信息。但在浏览信息之前，用户还需要学会浏览器的使用方法，包括搜索与下载网络资源等。

一、任务目标

本任务将搜索与下载网络资源。通过本任务的学习，读者可以掌握网络资源的下载方法，并能在网上搜索需要的办公文件，提升自己的办公技能。

二、相关知识

Microsoft Edge 浏览器是 Windows 10 自带的网页浏览器，也是用户较常用的浏览器，其操作界面如图 9-20 所示。

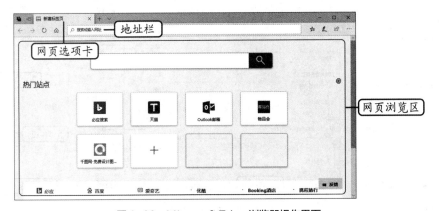

图 9-20　Microsoft Edge 浏览器操作界面

- **网页选项卡**：在同一个浏览器窗口中打开多个网页，每打开一个网页将对应增加一个选项卡标签，单击相应的选项卡标签可在打开的网页之间进行切换，网页浏览区中也将同步显示该网页的内容。
- **地址栏**：用于输入或显示当前网页的地址，即网址。单击其右侧的下拉按钮▾，可在打开的下拉列表中快速访问曾经浏览过的网页。
- **网页浏览区**：网页浏览区是浏览网页的主要区域，用于显示当前网页的内容，包括文字、图片和视频等各种信息。

> **操作提示**
>
> **常用的其他浏览器**
>
> 除了 Windows 10 自带的浏览器外，搜狗浏览器、QQ 浏览器和谷歌浏览器也是用户较常用的浏览器，其操作界面与 Microsoft Edge 浏览器的大致相同，但在使用这些浏览器之前，用户需要先进行浏览器软件的安装。

三、任务实施

（一）使用浏览器搜索办公资源

在工作中遇到不明白的问题时，用户通常可以在网上获取答案，或者查找相关的资料，以形成自己的观点。下面在 Microsoft Edge 浏览器中搜索会议通知的文档格式，其具体操作如下。

（1）启动 Microsoft Edge 浏览器，在搜索框中输入"会议通知格式"文本，然后单击搜索框右侧的"网页搜索"按钮🔍，或按【Enter】键确认，如图 9-21 所示。

（2）进入"会议通知格式"的搜索界面，单击"时间不限"右侧的下拉按钮▼，在打开的下拉列表中选择"一个月内"选项，如图 9-22 所示。

图 9-21　输入搜索内容

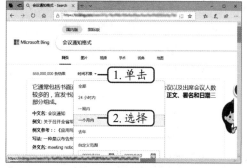

图 9-22　设置搜索范围

（3）在筛选出的范围中单击网页链接，展开详细内容，然后在网页中选择文字内容，单击鼠标右键，在弹出的快捷菜单中选择"复制"命令，如图 9-23 所示，将文字内容粘贴到 WPS 文档中保存或修改使用。如果要保存图片，则可在图片上单击鼠标右键，在弹出的快捷菜单中选择"将图片另存为"命令，将图片保存在计算机中。

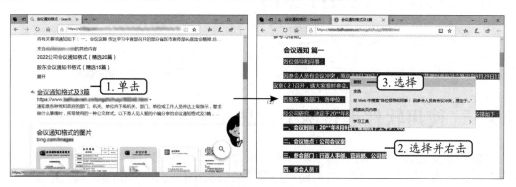

图 9-23　查看信息并复制文字内容

（二）下载并安装 360 安全卫士

一般来讲，计算机中的软件很少，大部分都需要在网络中获取，然后再将其安装到计算机中。下面在 360 安全卫士官方网站中下载 360 安全卫士的安装程序，并进行安装操作，其具体步骤如下。

（1）在 Microsoft Edge 浏览器的地址栏中输入 360 安全卫士官方网站网址，按【Enter】键，打开 360 安全卫士的官方网站，然后单击 立即下载 按钮，并在下方的下载框中单击 保存 按钮右侧的下拉按钮▲，在打开的下拉列表中选择"另存为"命令，如图 9-24 所示。

（2）打开"另存为"对话框，在其中设置安装程序的保存位置后，单击 保存(S) 按钮，如图 9-25 所示。

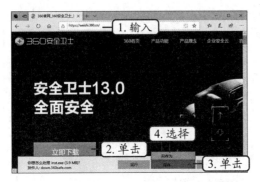

图 9-24　下载软件

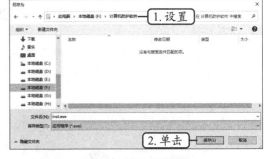

图 9-25　保存安装程序

（3）下载完成后，打开软件的保存位置，双击安装程序，打开安装界面，单击 浏览 按钮，在其中设置安装路径，然后再单击 同意并安装 按钮，如图 9-26 所示。

（4）系统将自动打开软件安装的进度界面，如图 9-27 所示。进度达到 100% 后，就代表软件已经安装好了，且计算机桌面上同时会出现 360 安全卫士的快捷方式。

图 9-26　设置安装路径

图 9-27　软件安装进度

任务三　使用软件进行网上信息交流

互联网普及之后，使用即时通信软件聊天成为了人们沟通的主要方式之一，在现代自动化办公中该行为更是常见。目前，可使用的即时通信软件有很多，如腾讯 QQ、微信等，还有可以进行超大文件传输的电子邮箱。即时通信软件的优势在于通过网络和软件的服务器便可实现远距离的信息交流。

一、任务目标

本任务将使用软件进行网上信息交流。通过本任务的学习，读者可以掌握腾讯 QQ、微信、电子邮箱等的使用方法，实现远距离的沟通及信息交流。

二、相关知识

在进行网上信息交流前，用户还需要掌握一些如常用的即时通信软件、常用的电子邮箱软件等相关知识，下面分别进行介绍。

（一）常用的即时通信软件

即时通信软件是一种基于因特网的即时交流软件，最初的即时通信软件是由 3 个以色列人开发的，命名为 ICQ，也称为网络寻呼机，之后即时通信软件越来越多。即时通信软件使得用户可以通过因特网随时与另外一个在线用户交谈，甚至可以通过视频看到对方的实时图像。在现代自动化办公中，常用的即时通信软件是腾讯 QQ 和微信。

- **腾讯 QQ：**腾讯 QQ（以下简称"QQ"）是深圳市腾讯计算机系统有限公司（以下简称"腾讯公司"）开发的一款基于因特网的即时通信软件。QQ 支持在线聊天、视频聊天、语音聊天、点对点断点续传文件、共享文件、网络硬盘、自定义面板、QQ 邮箱等多种功能，并可与移动通信终端等相连。现如今，QQ 已拥有上亿的在线用户，是我国目前使用比较广泛的即时通信软件。

- **微信：**微信是腾讯公司于 2011 年 1 月 21 日推出的为智能终端提供即时通信服务的免费社交软件，它支持跨通信运营商、跨操作系统平台，通过网络免费（需消耗网络流量）快速发送语音、视频、图片和文字消息。另外，微信提供公众平台、朋友圈、消息推送等功能，用户不仅可以通过"摇一摇""搜索号码""附近的人"和扫二维码等方式添加好友，还可以将内容分享给好友，以及将自己看到的精彩内容分享到微信朋友圈。

（二）常用的电子邮箱软件

电子邮箱是指通过网络为用户提供可以交流的电子信息空间。电子邮箱不仅可以为用户提供发送电子邮件的功能，还能自动接收电子邮件，并对收发的邮件进行存储，使人们可以在任何地方、任何时间收发信件，突破了时空的限制，极大地提高了工作效率，为办公自动化、商业活动提供便利。常用的电子邮箱软件有以下几种，下面分别进行介绍。

- **QQ 邮箱：**QQ 邮箱是腾讯公司于 2002 年推出的为用户提供安全、稳定、快速、便捷电子邮件服务的邮箱产品，它以高速电信骨干网为基础，具有独立的境外邮件出口链路，可以免受境内、外网络瓶颈的影响，实现全球传信。另外，QQ 邮箱采用了高容错性的内部服务器架构，可以使用户得到良好的使用体验，随时随地稳定登录邮箱，且收发邮件畅通无阻。

- **163 邮箱：**163 邮箱由网易公司于 2000 年 10 月推出，随着科技的进步，163 邮箱现拥有超大的存储空间、支持超大附件的传送、一次可以同时发送或者接收多个附件、支持各种客户端软件收发、垃圾邮件拦截率超过 98% 等多项功能，从而受到了广大用户的青睐。

- **Tom 邮箱：**Tom 邮箱为 TOM 集团自 1998 年推出的一个网络邮箱，包括免费版、VIP 收费版和企业版。其中，免费版邮箱稳定、快速，且采用先进的负载均衡技术，从根本上优化了访问、上传及下载的速度，同时还引入了一流的杀毒软件，可以全方位抵御病毒、黑客和垃圾邮件的攻击。

三、任务实施

（一）使用 QQ 向客户传送资料

如果与客户的距离较远，又需要频繁进行业务往来，那么可以通过 QQ 将客户添加为好友，在线传输文件。下面在 PC（Personal Computer，个人计算机）端添加客户的 QQ 账号，并向客户传送资料，其具体操作如下。

（1）启动 QQ，在登录界面输入 QQ 账号和登录密码后，单击 安全登录 按钮，如图 9-28 所示。

微课视频

使用 QQ 向客户传送资料

（2）登录QQ后，在QQ操作界面下方单击"加好友/群"按钮，打开"查找"对话框，在"查找"文本框中输入客户的QQ账号，然后单击 查找 按钮或按【Enter】键进行查找，下方的界面中将显示搜索到的QQ账号，接着单击 +好友 按钮进行添加，如图9-29所示。

图9-28　登录QQ　　　　　　　　　　　图9-29　查找、添加好友

（3）打开添加好友对话框，在"请输入验证信息"文本框中输入"我是星染有限公司的米拉"，然后单击 下一步 按钮，如图9-30所示。

（4）在"备注姓名"文本框中输入对方的备注信息，即"李梅（上行文化公司）"，然后单击"新建分组"链接，打开"好友分组"对话框，在"分组名称"文本框中输入"客户"，并依次单击 确定 按钮和 下一步 按钮，如图9-31所示。

（5）打开"你的好友添加请求已经发送成功，正在等待对方确认。"提示对话框，单击 完成 按钮，完成添加客户为好友的操作，如图9-32所示。

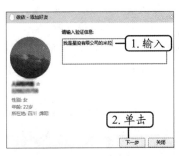

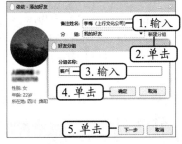

图9-30　输入验证信息　　　　图9-31　好友分组　　　　图9-32　完成添加客户为好友的操作

（6）请求发出后，如果对方在线并同意添加好友，那么添加好友者会收到已成功添加好友的提示信息，并在QQ操作界面的"消息"选项卡中显示刚刚添加的QQ好友。

（7）在QQ操作界面的"消息"选项卡中双击客户对应的会话框，打开QQ对话窗口，在其中输入招呼语，然后单击 发送(S) 按钮发送消息，如图9-33所示。

（8）发送的消息将显示在上方的窗格中，对方回复消息后，内容将同样显示在上方的窗格中，如图9-34所示。

> **操作提示**
>
> **按快捷键发送消息**
>
> 在QQ对话窗口中单击 发送(S) 按钮右侧的下拉按钮，在打开的下拉列表中选择"按Enter键发送消息"选项，可通过按【Enter】键发送消息；选择"按Ctrl+Enter键发送消息"选项，可通过按【Ctrl+Enter】组合键发送消息。

（9）为了使对话的氛围轻松，可单击QQ对话窗口中的"选择表情"按钮，在打开的列表框选择需要的表情图标并发送，如图9-35所示。

（10）在聊天时，有时还需要通过截图说明情况，此时可先打开要截图的文件窗口或网页等，然后单击"截图"按钮✂，通过拖曳选择截图范围，如图9-36所示。

图9-33　发送消息

图9-34　查看接收的消息

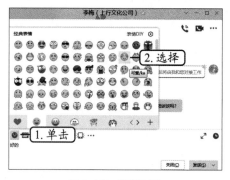

图9-35　发送表情

图9-36　截图

（11）框选截图区域完成后，单击✔完成按钮或双击截图区域，将图片添加到剪切板中，然后将文本插入点定位到聊天框中，按【Ctrl+V】组合键粘贴图片，再单击 发送(S) 按钮发送，如图9-37所示。

（12）如果要发送文件，则可单击"发送文件"按钮🗃，在打开的下拉列表中选择"发送文件"选项，如图9-38所示。

图9-37　发送截图

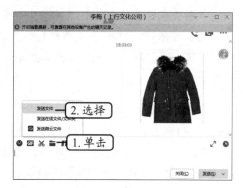

图9-38　发送文件

（13）打开"打开"对话框，在其中选择要发送的文件后，单击 打开(O) 按钮，如图9-39所示。

（14）当对方接收文件后，在上方窗格中将显示文件发送和接收成功的信息，如图9-40所示。

图9-39　添加发送文件　　　　　　　　　　　　图9-40　文件发送和接收成功

（15）当客户发来文件后，在"传送文件"窗格中单击"另存为"链接，在打开的"另存为"对话框中设置文件保存位置，然后单击 保存(S) 按钮接收文件，如图9-41所示。

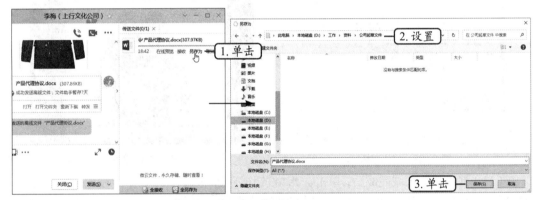

图9-41　接收文件

> **知识补充**　　　　　　　　　　**发送离线文件**
>
> 　　如果好友不在线，也无法单击"接收"或"另存为"链接及时接收文件，那么发送者可单击进度条下方的"转离线发送"链接，将要传送的文件上传至服务器端暂时保存。好友下次登录QQ时，系统会自动以消息的形式提示，好友只需单击消息图标打开对话窗口，单击其中的链接接收文件即可，也可以通过"文件助手"下载离线文件。

（二）使用微信交流信息

　　除了QQ外，微信也是一种可以实现即时通信的工具，它和QQ的功能类似，不仅可以发送文字和语音，还可以发送视频、图片和文件等。微信包括手机端、PC端和网页端，一般来说，使用手机端微信的用户数量较多，因此下面使用手机端微信与客户交流信息，其具体操作如下。

微课视频

使用微信交流信息

　　（1）启动微信，在登录界面选择手机号登录方式，在其中输入手机号后，点击 同意并继续 按钮，在"密码"文本框中输入微信密码（若不记得密码，则可以选择用短信验证码登录），然后点击 登录 按钮，如图 9-42 所示。

（2）登录成功后，点击右上角的⊕按钮，在打开的下拉列表中选择"添加朋友"选项，进入"添加朋友"界面，点击界面上方的搜索栏，如图 9-43 所示，在其中输入微信号或手机号进行搜索。

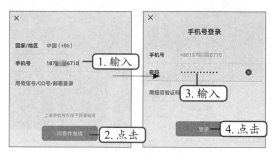

图 9-42 登录微信

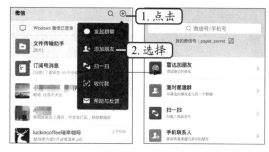

图 9-43 查找朋友

（3）在打开的界面中将显示搜索到的用户，点击 添加到通讯录 按钮，进入"申请添加朋友"界面，在"发送添加朋友申请"文本框中输入申请信息，在"设置备注"文本框中输入对方的备注信息，其他保持默认状态，然后点击 发送 按钮，如图 9-44 所示。

（4）请求发出，若对方同意，则会收到一个系统消息提示已成功添加，并在"消息"界面中显示刚刚添加的微信好友。

（5）点击刚刚添加的好友，打开微信好友对话界面，在文本框中输入对话内容，点击 发送 按钮发送消息，如图 9-45 所示。

（6）如果有必要，还可以在对话界面中点击"表情"按钮☺，在打开的下拉列表中可选择并发送表情，以活跃气氛，如图 9-46 所示。

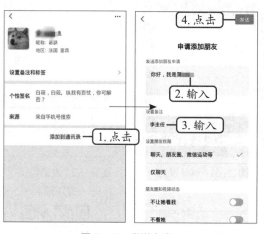

图 9-44 发送申请

图 9-45 发送消息

图 9-46 发送表情

（7）在对话界面中点击⊕按钮，在打开的界面中点击"相册"按钮▣，然后找到手机中要发送的图片或视频进行发送，如图 9-47 所示。

（8）点击对话界面中的◍按钮，再按住 按住 说话 按钮，可以以语音的方式给对方发送消息，如图 9-48 所示。

（9）在对话界面中点击⊕按钮，在打开的界面中点击"视频通话"按钮◼，然后在打开的界面中选择"语音通话"选项，可以与对方进行实时通话，如图 9-49 所示。

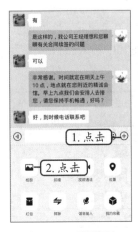

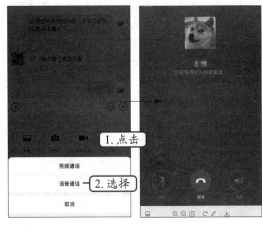

| 图 9-47　发送图片 | 图 9-48　发送语音 | 图 9-49　语音通话 |

（10）如果要发送文件，则可在好友对话界面中点击⊕按钮，在打开的界面中向右滑动，点击"文件"按钮■，打开"微信文件"界面，在其中选择要发送的文件，然后点击 发送(1/9) 按钮，如图 9-50 所示。

（11）打开"发送给"对话框，在其中可以给对方留言，也可以选择不留言，然后点击 发送 按钮，如图 9-51 所示。

（12）文件发送完毕，在对话界面中将显示发送的文件，如图 9-52 所示。

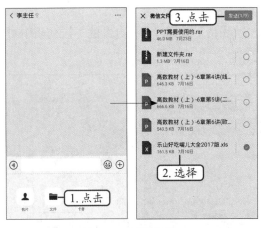

| 图 9-50　选择文件 | 图 9-51　确认发送 | 图 9-52　发送完成 |

（三）使用 QQ 邮箱传送文件

虽然在 QQ 和微信等通信软件中也可以传送文件，但当文件较大时，这些软件就可能不支持传输，即使支持传输，也会耗费大量的时间。因此，如果文件太大，用户就可以使用电子邮箱软件进行文件的传送。下面使用 QQ 邮箱传送文件，其具体操作如下。

（1）在 PC 端登录 QQ，单击界面上方的"QQ 邮箱"按钮■，进入 QQ 邮箱，如图 9-53 所示。

（2）在左侧单击"写信"按钮✍，打开"普通邮件"选项卡，将文本插入点定位至"收

微课视频

使用 QQ 邮箱传送文件

件人"文本框中，然后在界面右侧的"通讯录"选项卡下方选择邮件收件人，如图9-54所示。如果没有添加好友，那么可直接在"收件人"文本框中输入收件人的QQ账号，并在后面添加"@qq.com"文本。

图9-53　单击"QQ邮箱"按钮

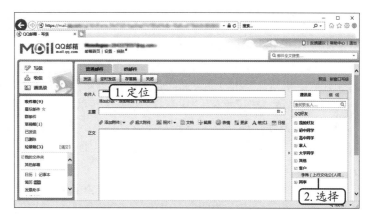

图9-54　选择收件人

（3）收件人邮箱账号将自动填入"收件人"文本框中，然后在"主题"文本框中输入文件的名称，并单击"添加附件"链接，打开"选择要加载的文件"对话框，在其中选择压缩文件后，单击 打开(O) 按钮，如图9-55所示。

（4）如果还要传送其他文件，则可单击"继续添加"链接，在打开的对话框中选择其他文件。

（5）在"正文"文本框中输入文件的描述内容后，单击 发送 按钮进行发送，如图9-56所示。如果客户指定了邮件的发送时间，也可单击 定时发送 按钮，在打开的"定时发送"对话框中设置邮件的发送时间。

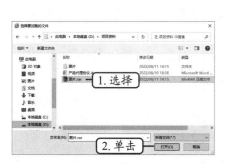

图9-55　选择文件

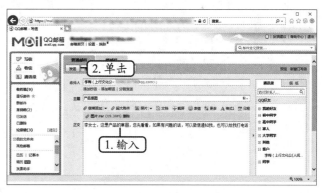

图9-56　发送文件

任务四　移动网络办公

随着科技的发展，手机的功能也在不断增加，以前的手机只能实现一些如打电话、收发短信的基础功能，而现在，手机能实现移动办公，如管理文件、考勤打卡、参加会议等，既实现了办公智能化，又提高了办公人员的工作效率。

一、任务目标

本任务将使用手机中的腾讯微云、钉钉等软件进行移动办公。通过本任务的学习，读者可以掌握文件的管理方法，以及钉钉的使用方法。

二、相关知识

移动办公既可称为"3A 办公"，也可称为移动办公自动化，即用户可在任何时间、任何地点处理与业务相关的任何事情。在这种模式下，办公人员可以利用手机中的移动信息化软件，建立手机与计算机互联互通的企业软件应用系统，摆脱时间和场所的局限，随时随地进行有关公司事务的管理和沟通，从而有效提高管理效率和工作效率。移动办公具有以下特点。

- **使用方便**：移动办公不需要计算机，也不需要网线，只要一部可以上网的手机。在这种方式下，用户免去了携带笔记本电脑的麻烦，即使下班也可以很方便地处理一些紧急事务。
- **高效快捷**：无论在外出差，还是正在上班的路上，用户都可以借助手机及时审批公文、浏览公告、处理个人事务等，将以前不可利用的时间有效地利用起来。
- **功能强大**：随着移动终端功能的日益智能化，以及移动通信网络的日益优化，大部分计算机上的工作都可以在手机端完成。

三、任务实施

（一）使用腾讯微云管理文件

腾讯微云由腾讯公司推出，是一个集文件同步、备份和分享于一体的云存储应用，支持用户在多设备之间同步文件、推送照片和传输数据等。下面使用腾讯微云上传文件、分享文件、分类整理文件和备份文件，其具体操作如下。

微课视频
使用腾讯微云管理文件

（1）在手机应用商场中下载并安装腾讯微云，然后使用 QQ 或微信账号登录，接着点击界面下方的⊕按钮，在打开的下拉列表中点击"文件"按钮📄，如图 9-57 所示。

（2）打开"根目录"界面，在其中打开要上传的文件保存地址，然后在其中选择要上传的文件，并点击 上传(1) 按钮，如图 9-58 所示。

（3）打开"任务"界面，显示文件的上传进度。上传完成后返回腾讯微云界面，点击"文件"按钮📄，查看上传的文件，如图 9-59 所示。

图 9-57　点击"文件"按钮

图 9-58　选择文件

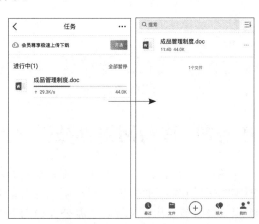

图 9-59　完成文件上传

（4）点击界面下方的"文件"按钮█，再点击要分享的文件右侧的···按钮，在打开的下拉列表中选择"发送给朋友"选项，在打开的界面中点击"QQ"按钮█，如图9-60所示。

（5）系统将自动跳转至QQ的"发送给"界面，在其中选择要分享的好友后，即可成功分享文件，如图9-61所示。如果分享的文件具有私密性，还可以在分享时添加分享密码。

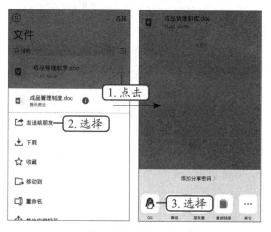

图9-60　分享文件

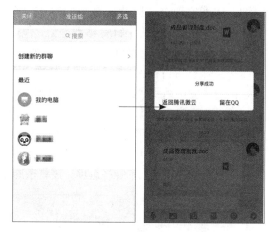

图9-61　选择分享人并分享成功

（6）为了能够随时在腾讯微云中上传、下载或分享文件，此时还应当对腾讯微云中的文件进行分类整理或备份等管理工作。因此，需要点击界面下方的⊕按钮，在打开的下拉列表中点击"新建文件夹"按钮█，在打开的"新建文件夹"界面的文本框中输入"项目一"，再点击　确定　按钮，如图9-62所示。

（7）返回"文件"界面，点击要选择的文件右侧的···按钮，在打开的界面中点击"移动到"选项，将所选文件移动到"项目一"文件夹中，效果如图9-63所示。

（8）点击界面下方的"我的"按钮█，在打开的"我的"界面中点击"设置"选项，进入"设置"界面，在其中选择"文件自动备份"选项，在打开的"备份设置"界面中依次点击"微信文件备份"和"QQ文件备份"后的█按钮，将微信和QQ中的文件自动备份到腾讯微云中，如图9-64所示。

图9-62　新建文件夹

图9-63　移动文件

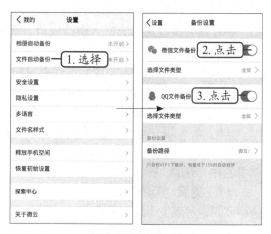

图9-64　备份设置

（二）使用钉钉移动办公

钉钉由阿里巴巴网络技术有限公司（以下简称"阿里巴巴"）开发，免费提供给所有国内企业，用于商务沟通和工作协同。它不仅能够实现组织在线、沟通在线、协同在线、业务在线，服务企业内部的沟通协调，还能实现企业运营环境中的整体生态改造，为企业提供一站式智能办公体验。下面使用钉钉移动办公，包括创建企业、设置考勤打卡、设置 DING 消息及协同会议等，其具体操作如下。

微课视频

使用钉钉移动办公

（1）登录钉钉后，点击界面下方的"通讯录"按钮，打开"通讯录"界面，在其中选择"创建企业 / 组织 / 团队"选项，如图 9-65 所示。

（2）打开"创建 / 加入团队"界面，在其中选择"创建团队"选项，打开"请选择要创建的类型"界面，在其中的"企业 / 组织 / 团队名称"文本框中输入真实名称，然后选择"行业类型"选项，在打开的"所在行业"界面中选择"文体 / 娱乐 / 传媒"选项，在右边的对应名称栏下选择"文化艺术业"选项，接着按照相同的方法设置其他信息，示例如图 9-66 所示。

图 9-65 "通讯录"界面　　　　　　图 9-66 设置企业信息

（3）点击 下一步 按钮，进入添加成员界面，点击界面中的 查看可能认识的成员 按钮，钉钉会通过用户的公开信息和手机通讯录联系人，寻找可能认识的成员。点击成员姓名后的 邀请 按钮，钉钉便会通过短信的方式邀请成员。添加成员完毕后，点击下方的 完成 按钮完成企业的创建，如图 9-67 所示。

（4）企业创建完成后，还需要设置考勤打卡的方式、类型、时间等，因此需要在钉钉"工作台"界面点击"考勤打卡"按钮，进入企业 / 组织 / 团队的考勤打卡界面，点击下方的"设置"按钮，进入"设置"界面，然后点击"新增考勤组"按钮，如图 9-68 所示。

（5）进入"新增考勤组"界面，点击"参与考勤人员"右侧的+按钮，进入"参与考勤人员"界面，在其中添加考勤组中的考勤人员，然后点击"考勤组名称"右侧的>按钮，进入"考勤组名称"界面，在其中输入考勤组的名称"金字文化"。

（6）返回"新增考勤组"界面，点击"考勤类型"右侧的>按钮，在打开的界面中点击选中"固定时间上下班"单选项，如图 9-69 所示。

（7）返回"新增考勤组"界面，点击"考勤时间"右侧的>按钮，进入"考勤时间"界面，点击"星期"栏中的 一 二 三 四 五 六 选项设置工作日；点击"上下班时间"右侧的>按钮，进入"请选择班次"界面，点击 ⊕ 新增班次 按钮，在打开的"新增班次"界面中设置"员工每天打卡次数"为"2次"，"上班打卡"为"08:30"，"下班打卡"为"17:30"，"午休开始"为"12:00"，"午休结束"为"13:30"，如图9-70所示。设置完毕，点击 保存 按钮，并在打开的界面中选择"立即生效"选项。

（8）返回"请选择班次"界面，点击选中"金字文化"单选项，单击 确定 按钮完成上下班时间的设置，然后返回"考勤时间"界面，完成考勤时间的设置，如图9-71所示。

（9）返回"新增考勤组"界面，点击"打卡方式"右侧的 按钮，进入"打卡方式"界面，点击"地点打卡"右侧的 按钮，在打开的界面中设置允许打卡范围为"200米"，点击 添加 按钮根据手机定位设置考勤地点，如图9-72所示。

（10）返回"新增考勤组"界面，考勤规则设置完毕，如图9-73所示。点击 保存 按钮，在打开的界面中选择"立即生效"选项完成考勤打卡的设置。

图9-67 添加可能认识的成员

图9-68 新增考勤组　　　图9-69 设置考勤类型

图9-70 新增班次

图9-71 设置考勤时间

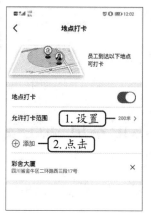

图9-72 设置打卡方式

图9-73 完成设置

（11）团队创建完成后，默认会建立全员群，方便员工在群里沟通或接收办公文件。如果发出的消息无人回复，那么可以在钉钉的"消息"界面点击右上角的 DING 按钮，在打开的"DING"界面中点击 按钮，然后在"新建DING"界面中选择接收人、输入消息内容，并设置提醒时间和提醒方式，使钉钉在指定时间"DING一下"目标对象，如图9-74所示。

（12）当在群聊中发送了重要消息，有成员未读时，点击消息下的"*人未读"选项，在打开的界面中选择提醒方式向未读成员发送DING消息，如图9-75所示。

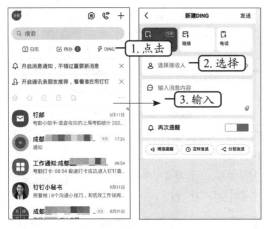

图 9-74　发送 DING 消息　　　　图 9-75　向未读成员发送 DING 消息

（13）进入"工作台"界面，点击"协同效率"栏下的"视频会议"按钮📞，在打开的"会议"界面点击"发起会议"按钮📞，在打开的界面中可以选择"视频会议""语音会议""电话会议"等不同会议形式，发起会议，如图 9-76 所示。

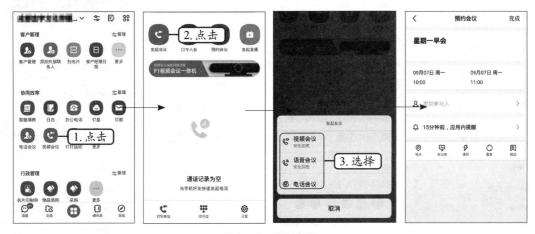

图 9-76　协同会议

实训一　使用笔记本电脑连接局域网并传送项目报告

【实训要求】

笔记本电脑也称为手提电脑或膝上型电脑，是一种小型、可携带的计算机。与台式机相比，笔记本电脑的体积更小、便携性强，更加适合移动办公或无线办公时使用。本实训要求使用笔记本电脑连接局域网，并向领导传送项目报告有关文件及汇报项目进度。

【实训思路】

在本实训中，首先要连接公司或家里的无线网络，然后下载并登录 QQ 或微信，添加领导的好友后，向其传送项目报告文件并汇报项目进度。

微课视频

使用笔记本电脑连接局域网并传送项目报告

【步骤提示】

（1）进入操作系统界面，单击桌面左下角的"开始"按钮⊞，在打开的"开始"菜单中选择"设置"选项，打开"设置"窗口，在其中选择"网络和 Internet"选项。

（2）打开"设置"窗口，在左侧单击"WLAN"选项卡，在右侧的"WLAN"栏中单击"显示可用网络"链接，在搜索到的网络中选择需要连接的无线网络选项并进行连接。

（3）打开浏览器，在 QQ 或微信的官方网站中下载 QQ 或微信的安装程序。下载完成后，将其安装在计算机中，然后注册并登录 QQ 账号或微信账号。

（4）添加领导为好友，待对方通过验证后，通过文件、图片、视频等方式向其发送有关项目的资料，并汇报项目进度。

实训二　使用钉钉召开多人视频会议

【实训要求】

微课视频

使用钉钉召开多人
视频会议

钉钉除了可以进行考勤打卡、企业沟通外，还可以进行视频会议，当有较多的员工在外出差来不及参加会议或周末召开临时会议时，就可以使用钉钉的视频会议功能，该功能支持多人同时在线且不卡顿。本实训要求使用钉钉召开多人视频会议。

【实训思路】

在本实训中，首先要在手机上下载并安装钉钉，加入企业的钉钉群后，在群内通知公司人员参与会议，如果有人未读消息，则可以使用 DING 消息功能。当所有人均已确认收到会议消息后，便可发起视频会议。

【步骤提示】

（1）在手机中下载并安装钉钉，然后通过扫描二维码等方式加入企业的全员群。

（2）在全员群中通知会议时间及会议的大致内容，如果有人未回复，则使用 DING 消息进行提醒。

（3）确认所有人均已收到会议消息后，点击"工作台"按钮⠿进入"工作台"界面，然后点击"协同效率"栏下的"视频会议"按钮●，进入"会议"界面。

（4）点击左上角的"发起会议"按钮●，在打开的界面中选择"视频会议"选项，在打开的界面中输入视频会议的标题"周一早会"，然后点击▇▇▇▇▇开始会议▇▇▇▇▇按钮。

（5）进入会议后，点击"添加参会人"按钮●，在打开的界面中选择参会人员，待与会人员同意并入会后，开始视频会议。

课后练习

1. 使用腾讯微云分享下载的视频

本练习将使用腾讯微云分享下载的视频。要求启动腾讯微云，上传保存在手机中的视频文件，然后选择视频文件，通过微信将其分享给他人。

2. 组建办公局域网

本练习要求组建办公局域网。首先将网线与台式计算机、路由器和 ADSL Modem 相连，然后在台式计算机、笔记本电脑、平板电脑中按照项目所学知识设置有线和无线网络。

技能提升

1. 查看微信聊天记录

使用微信同时与多个好友进行交流时，难免会忘记交流的重点内容。此时可打开与好友交流的界面，点击右上角的···按钮，在打开的界面中点击"查找聊天记录"选项，按照日期、图片及视频、文件等形式查找与该好友交谈的内容。

2. 远程协助

在日常工作中如果遇到不懂的操作，可通过 QQ 发送远程协助请求，邀请好友通过网络远程控制自己的计算机系统，由对方对系统进行操作。同时，也可接受好友的远程协助请求，控制好友的计算机进行操作。远程协助的方法是：将鼠标指针移至 QQ 对话窗口上方的···按钮上，再将鼠标指针移动到"远程桌面"按钮🖥️上，在打开的下拉列表中根据需求选择选项，如需请求对方远程协助，则选择"邀请对方远程协助"选项，待对方接受邀请后，在对方的 QQ 对话窗口中会显示自己的系统桌面，好友便可操作自己的系统，如图 9-77 所示。

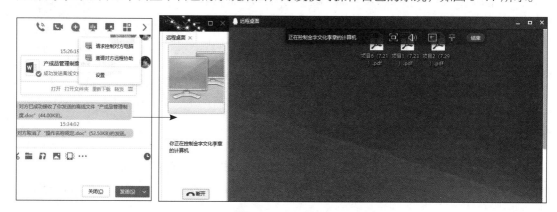

图 9-77　远程协助

3. 使用钉钉的签到功能记录拜访客户的过程

钉钉的签到功能可以记录企业业务部门外出拜访客户的过程，如给客户打电话、拜访地址签到、撰写拜访记录等，记录、跟进这些拜访客户的过程可以方便业务部门维系与客户之间的关系。使用钉钉的签到功能记录拜访客户过程的方法为：打开钉钉，在"工作台"界面中点击"签到"图标◉，进入"签到"界面，在"拜访对象"栏中选择以通讯录的方式，或直接输入添加所拜访客户名称并签到，记录拜访客户的过程。

4. 通过 QQ 识别文字

在网上搜索资料时，会发现有些文本无法执行复制操作，此时可在 PC 端登录 QQ，打开聊天对话框，将鼠标指针移至"截图"按钮✂️上，在打开的下拉列表中选择"屏幕识图 Ctrl+Alt+O"选项，可直接识别文字；或截图后，在确认框中单击"屏幕识图"按钮⊠。

项目十

使用常用办公工具软件

10

情景导入

不久之前，老洪给米拉传输了多个文档，要求米拉修改文档中的错误，并对出现错误的原因进行分析，然后整理成 PDF 文档，并将文档发送给老洪。现在，米拉将问题处理完了，但在传输时却遇到了问题。

米拉：老洪，错误我都处理完了，但发送你的时候，QQ 提示我文件太大了，无法发送，我该怎么办呢？

老洪：你可以使用 WinRAR 软件先压缩文件，然后再发送给我。

米拉：那发送给你之后，我可以将这些文档删除吗？因为计算机中的存储空间不够了，如果再有大文件传来，我就无法接收。

老洪：你怎么不早说，你可以下载一个 360 安全卫士，用它来清理系统垃圾或是残存的卸载文件。另外，你还可以用它来查杀计算机中的病毒，保护计算机的安全。

米拉：我知道了，我马上去下载。

学习目标

- 掌握压缩和解压文件的方法。
- 掌握查看、编辑和转换 PDF 文档的方法。

- 掌握查杀木马病毒并进行安全防护的方法。

技能目标

- 能够使用 WinRAR 压缩和解压文件。
- 能够使用 Adobe Acrobat 编辑和转换 PDF 文档。

- 能够使用 360 安全卫士清理系统垃圾并查杀木马病毒。

素质目标

- 具备良好的自主学习能力、交流沟通能力和创新能力。
- 掌握专业、娴熟的办公技能，具备较强的信息处理能力，增强职场竞争力。

任务一 使用 WinRAR 压缩文件

文件压缩是指将大容量的文件压缩成小容量的文件，以节省计算机的磁盘空间，提高文件的传输速率。WinRAR 是目前较为流行的压缩工具软件之一，它不但能压缩文件，便于文件在网络上传输，还能保护文件，避免文件被病毒感染。

一、任务目标

本任务将使用 WinRAR 压缩文件。通过本任务的学习，读者可以掌握快速压缩文件、加密压缩文件、分卷压缩文件、解压文件和修复损坏的压缩文件的方法。

二、相关知识

WinRAR 的压缩文件格式为 RAR，它不仅可以兼容 ZIP 的压缩文件格式，还可以解压 CAB、ARJ、LZH、TAR、GZ、ACE、UUE、BZ2、JAR 和 ISO 等多种类型的压缩文件。

启动 WinRAR 后，便可进入其操作界面，如图 10-1 所示，该界面与"此电脑"窗口类似，主要由标题栏、菜单栏、工具栏、文件浏览区和状态栏等部分组成。

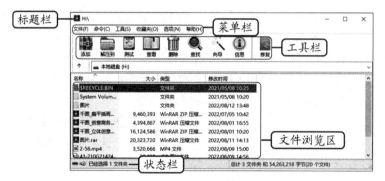

图 10-1 WinRAR 的操作界面

三、任务实施

（一）快速压缩文件

当用户需要传输大文件时，可以先将文件进行压缩，减小文件大小，然后再进行传输。下面将效果文件中的"项目三"文件夹进行压缩处理，其具体操作如下。

微课视频

快速压缩文件

（1）启动 WinRAR，在操作界面的地址栏中选择文件的保存位置，在下方的列表框中选择"项目三"文件夹，然后单击"添加"按钮![添加]，如图 10-2 所示。

（2）打开"压缩文件名和参数"对话框，保持默认设置后，单击![确定]按钮，如图 10-3 所示。系统将开始对所选文件进行压缩，并显示压缩进度。

> **知识补充**
>
> **删除被压缩文件**
>
> 压缩产生的文件将被保存到被压缩文件的保存位置，如果要删除被压缩文件，则可在"压缩文件名和参数"对话框中单击选中"压缩后删除原来的文件"复选框，使系统在完成压缩后将被压缩文件删除。另外，需压缩多个文件时，为了节约时间，可同时选择多个文件进行压缩。

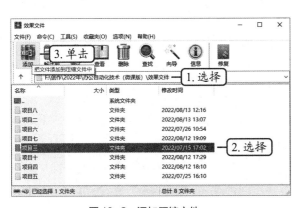

图 10-2　添加压缩文件

图 10-3　"压缩文件名和参数"对话框

（二）加密压缩文件

加密压缩文件即在压缩文件时添加密码，解压该文件时需要输入密码才能进行解压操作。加密压缩文件可以起到保护文件、防止他人任意解压并打开文件的作用。下面将效果文件中的"项目四"文件夹进行加密压缩处理，其具体操作如下。

（1）选择效果文件中的"项目四"文件夹，单击鼠标右键，在弹出的快捷菜单中选择"添加到压缩文件"命令，如图 10-4 所示。

（2）打开"压缩文件名和参数"对话框，单击 设置密码(P)... 按钮，打开"输入密码"对话框，在"输入密码"和"再次输入密码以确认"文本框中均输入"123456"，然后单击 确定 按钮，如图 10-5 所示。

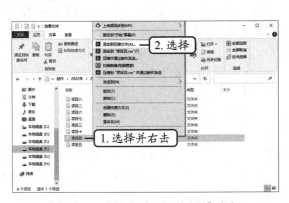

图 10-4　选择"添加到压缩文件"命令

图 10-5　输入密码

（三）分卷压缩文件

WinRAR 的分卷压缩功能可以将文件化整为零，常用于大型文件的网上传输。用户可以在分卷压缩传输之后再让接收方进行合成操作，这样既可保证传输的便捷，又可保证文件的完整性。下面将效果文件中的"项目五"文件夹进行分卷压缩处理，其具体操作如下。

（1）选择效果文件中的"项目五"文件夹，单击鼠标右键，在弹出的快捷菜单中选择"添加到压缩文件"命令，打开"压缩文件名和参数"对话框，在"切分为分卷，大小"下拉列表框中输入"20"，在右侧的下拉列表中选择"KB"选项，然后单击 确定 按钮，如图10-6所示。

（2）系统将开始分卷压缩。压缩完成后，"项目五"文件将被分解为若干压缩文件，且每个文件最大为20KB，如图10-7所示。

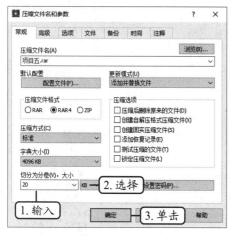

图10-6　设置分卷大小

图10-7　分卷压缩文件

（四）解压文件

有时在网络中下载的文件并不能直接使用，还需要对其进行解压操作，使压缩文件变成文件夹的形式，这个过程就叫作解压文件。下面将对在网上下载的"中秋节海报.zip"压缩文件进行解压，其具体操作如下。

（1）选择"中秋节海报.zip"压缩文件（配套资源:\ 素材文件 \ 项目十 \ 中秋节海报.zip），单击鼠标右键，在弹出的快捷菜单中选择"解压到'中秋节海报 \'"命令，如图10-8所示。

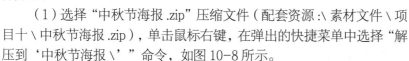

（2）系统将对文件进行解压操作，并显示解压进度，如图10-9所示。解压后的文件将保存到原位置。

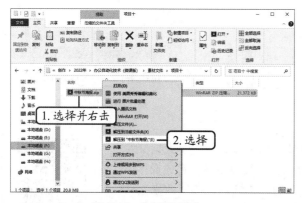

图10-8　执行解压命令

图10-9　解压文件

解压右键命令的使用

安装 WinRAR 后，系统会自动添加与之相关的右键菜单命令，在待解压文件上单击鼠标右键，在弹出的快捷菜单中选择"解压文件"命令，将打开"解压路径和选项"对话框，在其中设置好解压文件名称和保存位置后，单击 <button>确定</button> 按钮即可进行解压；选择"解压到当前文件夹"或"解压到'××（压缩文件名称）'"命令，可直接进行解压。

（五）修复损坏的压缩文件

如果在解压文件的过程中出现了错误信息提示，那么有可能是因操作不慎而损坏了压缩文件中的数据，此时可以使用 WinRAR 对其进行修复。下面使用 WinRAR 修复损坏的压缩文件，其具体操作如下。

微课视频

修复损坏的压缩文件

（1）启动 WinRAR，在文件浏览区中选择需要修复的压缩文件，然后单击工具栏中的"修复"按钮，如图 10-10 所示。

（2）打开"正在修复"对话框，在其中设置修复后压缩文件的保存路径和类型后，单击 <button>确定</button> 按钮开始修复文件，如图 10-11 所示。

图 10-10　修复压缩文件

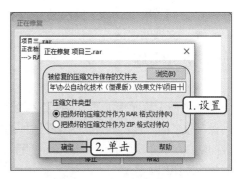

图 10-11　设置修复参数

任务二　使用 Adobe Acrobat 查看、编辑和转换 PDF 文档

PDF 文件格式是 Adobe 公司开发的电子文档格式，可以支持跨平台、多媒体集成信息的出版和发布，尤其是为网络信息发布提供支持。它可以将文字、字形、格式、颜色，以及独立于设备和分辨率的图形、图像等封装在一个文件中。所以在日常办公中，PDF 格式的文件也较为常见，由于占用的内存空间少，所以其也便于进行网络传输。

一、任务目标

本任务将使用 Adobe Acrobat 查看、编辑和转换 PDF 文档。通过本任务的学习，读者可以掌握 Adobe Acrobat 的使用方法。

二、相关知识

下面以 Adobe Acrobat Pro 版为例介绍 Adobe Acrobat 的操作界面，其主要由菜单栏、工具栏、工具面板和文档阅读区等部分组成，如图 10-12 所示。

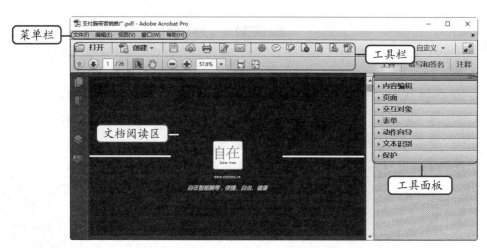

图 10-12　Adobe Acrobat 的操作界面

- **菜单栏**：提供编辑 PDF 文档的各种命令，可快速实现对应操作。
- **工具栏**：提供阅读 PDF 文档常用命令的快捷按钮，可快速跳转页码和打印 PDF 文档等。
- **工具面板**：工具面板集合了 Adobe Acrobat 的常用工具按钮，用于执行创建、编辑和导出 PDF 文档等操作。
- **文档阅读区**：文档阅读区主要用于查看 PDF 文档内容。

三、任务实施

（一）查看 PDF 文档

微课视频

查看 PDF 文档

为了便于传递和审阅，一些办公文档经常会被转换为 PDF 格式，使其保有原来的内容及格式。在查看这种格式的文档时，用户就需要运用专业的软件。下面使用 Adobe Acrobat 查看"支付腕带营销推广.pdf"文档，其具体操作如下。

（1）在桌面上双击"Adobe Acrobat"快捷方式 ，启动 Adobe Acrobat，然后选择"文件"/"打开"命令，如图 10-13 所示。

（2）打开"打开"对话框，在其中选择"支付腕带营销推广.pdf"（配套资源:\素材文件\项目十\支付腕带营销推广.pdf），并单击 打开(O) 按钮，如图 10-14 所示。

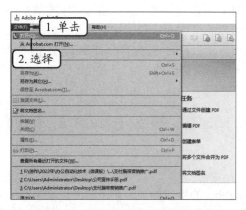

图 10-13　选择"文件"/"打开"命令

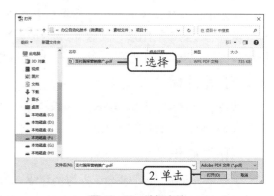

图 10-14　选择文件

（3）打开文件，文档阅读区中将默认显示第1页，滚动鼠标滚轮可以依次查看其余页面，然后在工具栏的"页数"文本框中输入页码"18"，跳转到第18页，如图10-15所示。

（4）单击页面左侧的"页面缩略图"按钮，用户也可通过缩略图进行页面的跳转，如图10-16所示。

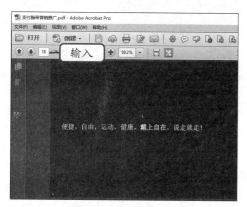

图 10-15　浏览 PDF 文档页面

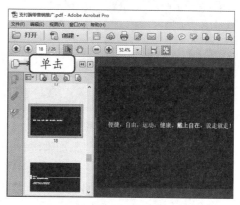

图 10-16　浏览缩略图

（5）再次单击"页面缩略图"按钮，可关闭缩略图。单击"工具栏"中的"缩小"按钮或"放大"按钮，可缩小或放大页面，或者单击"页面缩放框"右侧的下拉按钮，在打开的下拉列表中选择合适的缩放比例，如图10-17所示。

（6）单击"以阅读模式查看文件"按钮，工作界面将隐藏工具栏等部分，只显示文档页面，如图10-18所示。按【Esc】键可退出阅读模式。

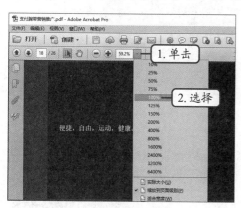

图 10-17　设置页面缩放比例

图 10-18　以阅读模式查看文件

（二）编辑 PDF 文档

打开 PDF 文档后，用户可通过 Adobe Acrobat 对文档内容（如文字和图像等）进行编辑，其方法与在 WPS 文字中编辑文本和图片的方法相似。下面在 Adobe Acrobat 中编辑"支付腕带营销推广.pdf"文档，其具体操作如下。

微课视频

编辑 PDF 文档

（1）跳转至第13页，然后单击"工具"按钮，显示工具面板，在工具面板中选择"内容编辑"栏中的"编辑文本和图像"选项，如图10-19所示。

（2）进入编辑界面，将文本插入点定位到文本处或选择文字内容，可对文字进行修改、删除以及设置字体、颜色等操作，如图10-20所示。

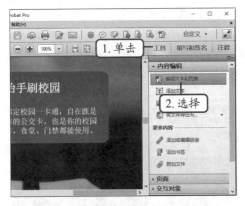

图 10-19　选择"编辑文本和图像"选项

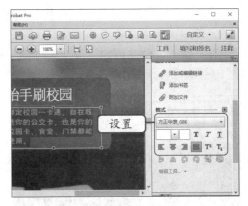

图 10-20　编辑文本界面

（3）单击工具栏中的"添加附注"按钮，然后在需要添加附注的文本处单击，可为该文本添加附注框，用户可在其中输入相关意见或建议，如图 10-21 所示。

（4）选择图片，在"格式"栏下方单击相应按钮可执行旋转、裁剪图片等操作，如图 10-22 所示。

图 10-21　添加附注

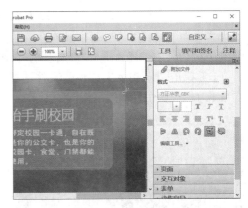

图 10-22　裁剪图片

（三）转换 PDF 文档

在办公中，有时需要将已有的 PDF 文档转换为 Word、Excel、PowerPoint 等文件，再在其中进行编辑操作，而有时则需要将使用办公软件制作完成的文件转换为 PDF 文档进行统一查看。下面将"支付腕带营销推广 .pdf"文档转换为 PowerPoint 演示文稿进行编辑与放映，然后将"购销合同 .png"转换为 PDF 文档进行查看，其具体操作如下。

微课视频

转换 PDF 文档

（1）在工具面板中选择"内容编辑"栏中的"将文件导出为"选项，在打开的下拉列表中选择"Microsoft PowerPoint 演示文稿"选项，如图 10-23 所示。

（2）打开"另存为"对话框，设置好导出文件的保存位置后，单击 保存(S) 按钮，如图 10-24 所示。

（3）导出完成后，可打开文件，查看文件的转换效果（配套资源 :\ 效果文件 \ 项目十 \ 支付腕带营销推广 .pptx）。

（4）返回 PDF 文档界面，在工具栏中单击"创建"按钮，在打开的下拉列表中选择"从文件创建 PDF"选项，如图 10-25 所示。

（5）打开"打开"对话框，在其中选择"购销合同.png"（配套资源:\ 素材文件\ 项目十\ 购销合同.png），然后单击 打开(O) 按钮，如图 10-26 所示。

（6）转换完成后，可打开文件，查看图片转换为 PDF 文档后的效果，然后按【Ctrl+S】组合键保存文档（配套资源:\ 效果文件\ 项目十\ 购销合同.pdf）。

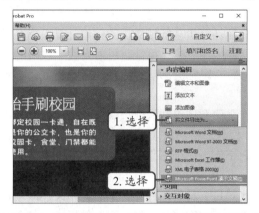

图 10-23　选择"Microsoft PowerPoint 演示文稿"选项

图 10-24　设置导出文件的保存位置

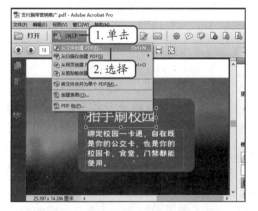

图 10-25　选择"从文件创建 PDF"选项

图 10-26　选择需要转换的文件

任务三　使用 360 安全卫士保护系统安全

　　网络在为日常办公带来便利的同时，也带来了计算机安全问题。计算机接入网络后，网络病毒和木马病毒成为影响计算机安全最重要的因素之一。因此，公司员工在工作之前一般会安装一款安全防护软件来保障计算机办公过程中的安全使用。360 安全卫士不仅是一款免费的安全防护软件，还拥有查杀恶意软件、查杀木马病毒和系统清理等多种功能，是大多数用户的首选。

一、任务目标

　　本任务将使用 360 安全卫士保护系统安全。通过本任务的学习，读者可以掌握使用 360 安全卫士清理系统垃圾、查杀木马病毒和修复系统漏洞的方法。

二、相关知识

　　360 安全卫士是一款由北京奇虎科技有限公司推出的上网安全软件，其使用方便、应用全面、功能强大，在国内拥有良好的口碑。360安全卫士独创了"木马防火墙""360密盘"等功能，依靠抢先侦测和云端鉴别，可全面、智能地拦截各类木马病毒，保护用户的账号、隐私等重要信息。在使用360安全卫士保护系统安全之前，用户要先认识什么是计算机病毒，这些病毒对计算机有什么危害，以及360安全卫士的操作界面。

（一）认识计算机病毒及其危害

计算机病毒是指编制者在计算机中插入可以破坏计算机功能或数据的一组计算机指令或程序代码，具有极强的隐蔽性、破坏性、传染性、寄生性、可执行性、可触发性、攻击的主动性和病毒的针对性等特征。计算机"感染"病毒后，轻则会影响计算机的运行速度，重则会造成计算机死机、系统被破坏。

计算机病毒按存在的媒体可分为引导型病毒、文件型病毒和混合型病毒；按链接方式可分为源码型病毒、嵌入型病毒和操作系统型病毒；按计算机病毒攻击的系统可分为攻击DOS病毒、攻击Windows系统病毒和攻击UNIX系统病毒。一般来讲，常见的计算机病毒有木马病毒、蠕虫病毒和宏病毒3种。

- **木马病毒**：木马病毒在计算机领域中指代的是一种后门程序，是黑客用来盗取用户个人消息，甚至是远程控制对方的电子设备而加密制作，然后通过传播或者骗取目标执行该程序，进而盗取如密码等各种数据资料的一种病毒程序。
- **蠕虫病毒**：蠕虫病毒多见于一台或多台计算机中，它会扫描其他计算机是否感染相同的蠕虫病毒，如果没有，就会通过其内置的传播手段进行感染，以达到使计算机瘫痪的目的。
- **宏病毒**：宏病毒是指寄存在文档或模板的宏中的计算机病毒，一旦打开这样的文档，其中的宏就会被执行，从而激活宏病毒，使其转移到计算机上，并驻留在Normal模板中。计算机感染宏病毒后，所有自动保存的文档都会存在宏病毒，而且如果其他用户打开了感染病毒的文档，宏病毒还会转移到该用户的计算机上。

（二）认识360安全卫士的操作界面

下载并安装360安全卫士后，用户在计算机桌面上双击对应的快捷方式便可进入其操作界面，如图10-27所示。操作界面上方是各种选项卡，可实现不同的功能，下方是操作与信息显示区，维护计算机安全的相关操作都在其中进行。

图10-27　360安全卫士的操作界面

三、任务实施

（一）清理系统垃圾

在日常办公中，经常需要下载并保存各类文档，长此以往，计算机中会积累大量的系统垃圾，为了保证计算机中有足够的使用空间和较高的运行效率，用户可以使用360安全卫士对系统垃圾进行定期清理。下面使用360安全卫士清理计算机中的系统垃圾，其具体操作如下。

（1）启动360安全卫士，单击"电脑清理"选项卡，再单击 一键清理 按钮，软件将开始扫描计算机中的系统垃圾、不需要的插件、网络痕迹和注册表中多余的项目，并显示扫描进度条，如图10-28所示。

（2）扫描完成后，软件将自动选择删除对系统或文件没有影响的项目，然后单击 一键清理 按钮开始清理，清理完成后，单击 完成 按钮返回主界面，如图10-29所示。

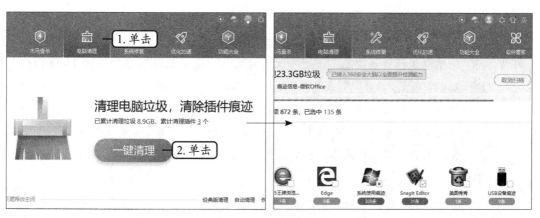

图10-28　检测系统垃圾

图10-29　清理系统垃圾

（二）查杀木马病毒

木马病毒具有隐藏性和自发性，难以明显发觉，因此需要用户使用专业软件进行检测并查杀，以保障办公文档的安全。下面使用360安全卫士查杀计算机中的木马病毒，其具体操作如下。

（1）单击"木马查杀"选项卡，再单击 快速查杀 按钮，软件将以常规模式扫描计算机，并显示扫描进度条和扫描项目，如图10-30所示。

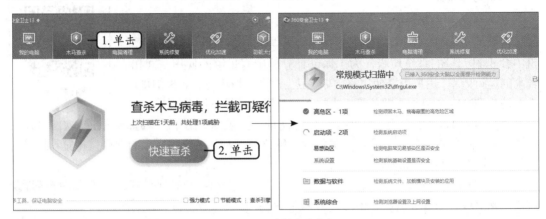

图10-30　查杀木马病毒

> **知识补充**
>
> **其他查杀模式**
>
> 除了常规的快速查杀模式外，用户还可以在主界面底部选择全盘查杀模式和按位置查杀模式。单击"全盘查杀"按钮，360安全卫士会对整个计算机进行详细、全面的查杀；单击"按位置查杀"按钮，360安全卫士会对用户指定的某个位置进行扫描查杀。另外，单击选中"强力模式"复选框，可激活强力查杀功能，以查杀更加顽固的驱动木马病毒；单击选中"节能模式"复选框，可彻底扫描并保持计算机流畅。

（2）扫描完成后，窗口中将罗列可能存在风险的项目，单击 一键处理 按钮，处理安全威胁，处理完成后，单击 完成 按钮返回主界面，如图10-31所示。

图10-31　处理风险项目

> **操作提示**
>
> **扫描完成后自动关机**
>
> 如果想要在360安全卫士查杀木马病毒完成后自动关机，则可单击扫描界面右下角的"扫描完成后自动关机（自动清除木马）"复选框，使360安全卫士在处理完木马病毒和危险项后，自动关闭计算机。

（三）修复系统漏洞

微课视频

修复系统漏洞

系统漏洞是指应用软件或操作系统中的缺陷或错误，他人可能会通过在其中植入病毒等方式来窃取计算机中的重要资料，甚至破坏系统。下面使用360安全卫士的漏洞修复功能扫描并修复计算机中存在的漏洞，其具体操作如下。

（1）单击"系统修复"选项卡，再单击 一键修复 按钮，软件将开始扫描当前系统是否存在漏洞，并显示扫描进度条和扫描项目，如图10-32所示。

> **知识补充**
>
> **扫描漏洞**
>
> 进行漏洞修复时，软件一般会自动扫描并修复计算机中存在的各项漏洞。若扫描结果为"无高危漏洞"，则软件不会进行自动修复，此时可在扫描结果罗列的栏目中进行自定义扫描。若存在漏洞，则需单击选中要修复项目前的复选框，然后单击 一键修复 按钮。

图10-32 扫描系统漏洞

（2）扫描完成后，若系统存在漏洞，则可单击 一键修复 按钮，使软件自动修复漏洞。一般来说，因为修复系统的时间较长，所以可单击 后台修复 按钮，进入后台修复，便于用户进行其他操作，如图10-33所示。

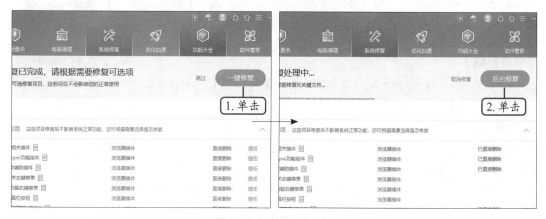

图10-33 修复系统漏洞

（3）修复完成后，单击 █完成█ 按钮返回主界面。用户还可再次扫描，以确定系统已经不存在漏洞。

实训一　将 WPS 文档转换为 PDF 文档并加密压缩

【实训要求】

微课视频

将 WPS 文档转换为
PDF 文档并加密压缩

公司的一些保密型资料需要添加密码，以确保即使资料泄露，也不会立即造成太大的损失。因此压缩这些资料时，就可选择加密压缩。本实训要求根据情况先将 WPS 文档转换为 PDF 文档，然后再使用 WinRAR 加密压缩用户所在公司的保密文件。

【实训思路】

在本实训中，首先要将 WPS 文档转换为 PDF 文档，然后启动 WinRAR，选择公司文件进行压缩，并在"压缩文件名和参数"对话框中设置压缩文件的密码。

【步骤提示】

（1）启动 WPS Office，打开需要转换为 PDF 格式的 WPS 文档，单击 ≡文件 按钮，在打开的下拉列表中选择"输出为 PDF"，在打开的"输出为 PDF"对话框中设置输出范围、输出选项和保存位置等。

（2）创建多个文件夹，将转换完成的 PDF 文档分类整理，然后选择这些文件夹，单击鼠标右键，在弹出的快捷菜单中选择"添加到压缩文件"命令。

（3）打开"压缩文件名和参数"对话框，在其中自定义压缩文件名、压缩方式、压缩格式、压缩分卷大小、更新方式和压缩选项后，单击 █设置密码(P)...█ 按钮。

（4）在打开的对话框中输入解压的密码，然后单击 █确定█ 按钮开始压缩。

实训二　使用 360 安全卫士检测与优化系统

【实训要求】

微课视频

使用 360 安全卫士检
测与优化系统

为了保障计算机的安全使用，人们通常会在计算机中安装防护软件，维护和优化计算机系统。本实训要求在用户自己的计算机中下载并安装 360 安全卫士，然后使用 360 安全卫士对计算机进行检测与优化，以保障计算机系统的安全运行。

【实训思路】

在本实训中，首先要下载并安装 360 安全卫士，然后运行软件，再进入相应的界面对系统进行检测与优化。

【步骤提示】

（1）打开浏览器，进入 360 安全卫士的官方网站，在其中下载软件的安装程序，然后将软件安装在本地磁盘 D 盘中。

（2）启动 360 安全卫士，单击"我的电脑"选项卡，再单击 █立即体检█ 按钮进行体检，检查完成后，单击 █一键修复█ 按钮进行系统修复。

（3）单击"优化加速"选项卡，再单击 █一键加速█ 按钮扫描可优化项，扫描完成后，单击按钮进行优化。

（4）单击"电脑清理"选项卡，再单击 一键清理 按钮清理系统垃圾。

课后练习

1. 使用 Adobe Acrobat 创建并编辑 PDF 文档

本练习将使用 Adobe Acrobat 创建并编辑 PDF 文档。在操作时，需要将 Word 文档转换为 PDF 文档，然后在其中为部分文本添加批注，修改文本的字体、字号、对齐方式等，必要时还可编辑图片，如旋转、裁剪等。

2. 开启木马病毒防火墙

本练习将开启 360 安全卫士的木马病毒防火墙。360 安全卫士的木马病毒防火墙功能能够有效防止木马病毒入侵，营造安全的计算机使用环境。在操作时，用户需要单击"我的电脑"主界面中的"安全防护中心"按钮 ，打开"安全防护中心"窗口，单击 进入防护 按钮，进入"安全防护中心"界面，单击"浏览器防护体系"选项卡后，再单击"上网首页防护"栏中的"设置"按钮 ，在打开的对话框中单击 一键锁定 按钮，然后在"安全防护中心"界面中单击"入口防护体系"选项卡，再单击"局域网防护"选项的 按钮，在打开的提示对话框中单击 确定 按钮确认开启。

技能提升

1. 创建自解压格式压缩文件

为了方便没有安装 WinRAR 的计算机解压文件，用户可将文件创建为自解压格式的压缩文件，其方法是：选择要创建自解压格式的文件，打开"压缩文件名和参数"对话框，在"压缩选项"栏中单击选中"创建自解压格式压缩文件"复选框，再单击"高级"选项卡，在其中单击 自解压选项(X)... 按钮，在打开的"高级自解压选项"对话框中设置自解压文件的解压路径，如图 10-34 所示。设置完成后，依次单击 确定 按钮，WinRAR 将开始创建自解压格式压缩文件。

图 10-34　创建自解压格式压缩文件

创建完成后，打开压缩文件所在窗口，可看见创建的自解压格式压缩文件的格式为

".exe"，图标为🖥，双击该文件，在打开的对话框中单击 解压 按钮，即可完成文件的解压。

2. 使用 Adobe Acrobat 添加附加文件

使用 Adobe Acrobat 编辑文档时，还可为其添加附加文件，其方法为：打开需要编辑的 PDF 文档，单击"工具"按钮，显示工具面板，在工具面板中选择"内容编辑"栏中的"添加文件"选项，在打开的"添加文件"对话框中选择需要附加的文件。

3. 使用 360 安全卫士卸载软件

360 安全卫士不仅可以保护计算机的安全，还可以使用它来管理软件，如卸载软件。使用 360 安全卫士卸载软件的方法是：在 360 安全卫士主界面中单击"软件管家"选项卡，打开"360 软件管家"窗口，在其中单击"卸载"选项卡，该选项卡下方将显示计算机中安装的全部软件，单击软件右侧的 一键卸载 按钮或 卸载 按钮即可进行卸载，如图 10-35 所示。与通过控制面板卸载软件相比，通过 360 安全卫士卸载软件更加彻底。此外，在"360 软件管家"窗口中单击"升级"选项卡，单击软件右侧的 一键升级 按钮或 升级 按钮，可升级该软件。

图 10-35　使用 360 安全卫士卸载软件

4. 使用系统自带功能优化开机速度

Windows 开机加载程序的多少会直接影响 Windows 的开机速度，因此，用户可以通过系统自带的工具禁止软件自动启动。使用系统自带功能优化开机速度的方法是：在任务栏上单击鼠标右键，在弹出的快捷菜单中选择"任务管理器"选项，打开"任务管理器"窗口，在其中单击"启动"选项卡，下方的列表框中将显示软件的名称和状态等，如果想将某启动项取消，则只需选择该项并单击右下角的 禁用(A) 按钮即可，如图 10-36 所示。

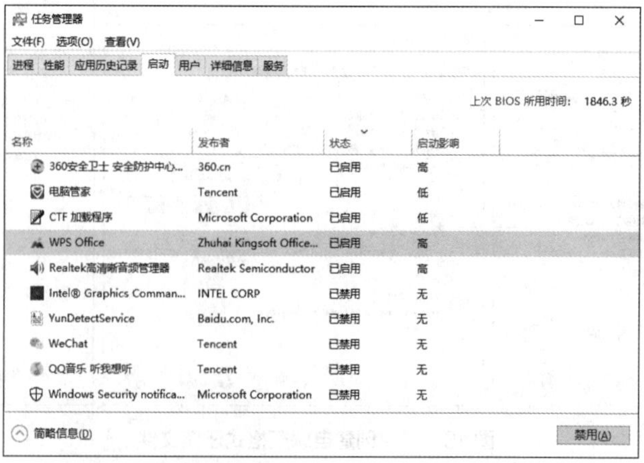

图 10-36　禁止软件自动启动

项目十一
使用常用办公设备

11

情景导入

由于公司现有的设备过于陈旧，不利于日常工作的开展，因此，为了更好地开展各项工作，提高工作效率，公司决定购买一批新的办公设备，包括打印机、多功能一体机及扫描机等。

米拉：老洪，公司要换新的打印机了吗？

老洪：是的，除了打印机外，还有其他设备也要一并更换，换了之后，更有利于我们的日常办公。

米拉：那换了之后，是不是还要重新连接打印机、扫描机等设备啊？我对这些操作还不是很熟悉，该怎么办呢？

老洪：没关系，这些操作都很简单，不会太复杂，等一下我来教你。

米拉：好的，麻烦你了。

学习目标

- 掌握安装打印机、添加纸张及打印文档的方法。
- 了解打印设备的类型，并能够处理常见的打印故障。

- 掌握使用多功能一体机的方法。
- 掌握使用投影仪的方法。
- 了解投影方式与投影类型，并能够处理常见的投影问题。

技能目标

- 能够安装并使用打印机打印各种类型的办公文档。

- 能够使用多功能一体机。
- 能够连接和使用投影仪。

素质目标

- 培养运用办公设备解决实际问题的能力。
- 培养严谨、求实、守信的职业品质和文明使用办公设备的素质。

任务一　使用打印机

　　打印机是办公自动化中重要的输出设备之一，主要用于将计算机运算和处理后的结果打印到纸张上。用户可通过简单的操作，利用打印机将制作好的各种类型的文档打印到纸张或有关介质上，以供保存与交流。

一、任务目标

　　本任务将安装打印机并使用打印机打印文档。通过本任务的学习，读者可以掌握安装本地打印机和网络打印机，以及向打印机的纸盒中添加纸张并打印文档的方法。

二、相关知识

　　在使用打印机之前，用户还需要了解打印机的一些相关知识，如打印机的类型、打印过程中的常见问题及其处理方法。

（一）打印机的类型

　　打印机是办公设备之一，其一般包括针式打印机、喷墨打印机和激光打印机3种类型。

● **针式打印机**：针式打印机是指用打印针和色带以机械冲击的方式在纸张上印字，它是一种典型的击打式打印机，能够完成其他打印机无法实现的多联纸一次性打印操作。对一些需要打印多联单据和用户存底的行业，如医疗、金融、物流、餐饮等来说，针式打印机是必备的办公设备之一。针式打印机的结构如图11-1所示。

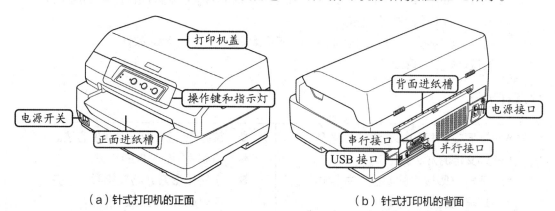

（a）针式打印机的正面　　　　　　　　　（b）针式打印机的背面

图11-1　针式打印机的结构

● **喷墨打印机**：喷墨打印机是一种经济型非击打式的高品质打印机，也是一种性价比较高的彩色图像输出设备，其因强大的彩色功能和较低的价格，在现代办公领域中颇受青睐。喷墨打印机的特点是体积小、操作简单和方便、工作噪声低以及分辨率高。喷墨打印机的工作原理是将墨水喷到纸张上，以形成点阵图像。喷墨打印机的结构如图11-2所示。

● **激光打印机**：与喷墨打印机不同，激光打印机使用硒鼓粉盒里的碳粉形成图像。激光打印机分为黑白激光打印机和彩色激光打印机，分别用于打印黑白和彩色页面。彩色激光打印机的价格比喷墨打印机的贵，因为它的成像更复杂，其优势在于技术更成熟、性能更稳定、打印速度和输出质量更高。激光打印机的结构如图11-3所示。

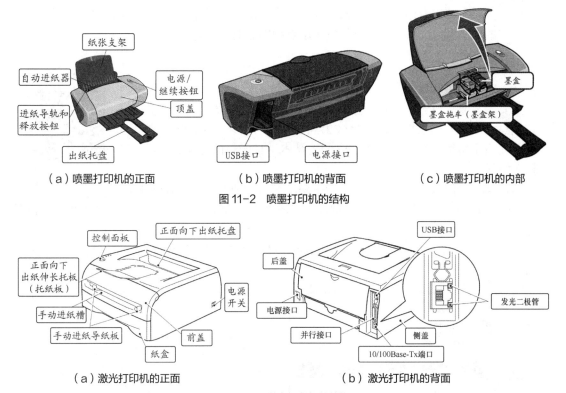

（a）喷墨打印机的正面　　　　（b）喷墨打印机的背面　　　　（c）喷墨打印机的内部

图 11-2　喷墨打印机的结构

（a）激光打印机的正面　　　　　　　　（b）激光打印机的背面

图 11-3　激光打印机的结构

（二）处理打印中的常见问题

用户在使用打印机的过程中，可能会遇到一些问题，如卡纸，打印字迹偏浅，出现白色条纹、斑马纹或漏点等，此时可以通过以下方法解决。

● **卡纸**：出现卡纸时，先打开打印机的前盖，如果能够看到卡住的纸张，轻轻将纸张取出即可，如图 11-4 所示；如果纸张被卡在更深处，需取出硒鼓单元和墨粉盒，按下蓝色锁杆并将墨粉盒从硒鼓单元中取出，然后取出卡住的纸张，如图 11-5 所示。

图 11-4　打开前盖取出纸张

图 11-5　取出硒鼓单元中的墨粉盒并取出纸张

● **打印字迹偏浅**：当打印字迹偏浅时，首先取出墨粉盒轻轻摇动，然后再重新装上并查看打印效果是否有改善。如果字迹仍旧偏浅，则应该更换墨粉盒。

● **出现白色条纹、斑马纹或漏点**：这主要是由打印机的喷嘴堵塞、墨水耗尽或色彩混合导致的。若墨水耗尽，可取出硒鼓单元和墨粉盒，重新更换墨粉盒。若为其他原因，可取出打印机的墨粉盒，使用洁净、柔软、干燥的无绒抹布或纸巾擦拭墨粉盒的电子触点、墨盒托架上的电子触点和墨盒上的喷嘴。

三、任务实施

（一）安装本地打印机

在安装本地打印机前，用户还需要安装打印机的驱动程序，其中，通过光盘和下载方式获得驱动程序较为简单，且与安装软件的方法类似。下面使用系统自带的驱动程序介绍安装本地打印机的方法，其具体操作如下。

微课视频
安装本地打印机

（1）在桌面上双击"控制面板"图标 ，打开"所有控制面板项"窗口，在其中单击"设备和打印机"链接，打开"设备和打印机"窗口，单击 添加打印机 按钮，如图11-6所示。

（2）打开"添加设备"窗口，在其中单击"我所需的打印机未列出"链接，如图11-7所示。

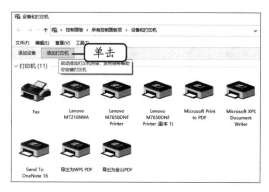

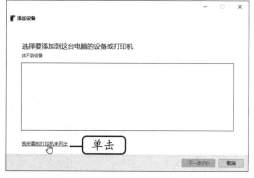

图11-6　添加打印机　　　　　　　图11-7　单击"我所需的打印机未列出"链接

（3）打开"添加打印机"对话框，单击选中"通过手动设置添加本地打印机或网络打印机"单选项后，单击 下一步(N) 按钮，在打开的"选择打印机端口"界面中单击选中"使用现有的端口"单选项，并保持右侧下拉列表框的默认设置，然后单击 下一步(N) 按钮，如图11-8所示。

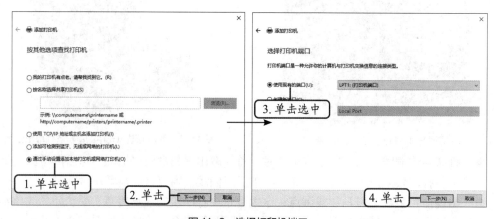

图11-8　选择打印机端口

（4）打开"安装打印机驱动程序"界面，在"厂商"列表框中选择"Generic"选项，在"打印机"列表框中选择"Generic/Text Only"选项，然后单击 下一步(N) 按钮，如图 11-9 所示。

知识
补充

更新驱动程序

在"设备和打印机"窗口中的打印机上单击鼠标右键，在弹出的快捷菜单中选择"打印机属性"命令，打开对应的属性对话框，在其中单击"高级"选项卡，再单击 新驱动程序(W)... 按钮，打开"添加打印机驱动程序向导"对话框，在其中可安装一个新的打印机驱动程序。

（5）打开"键入打印机名称"界面，在其中自定义打印机的名称后，单击 下一步(N) 按钮，系统将开始安装选择打印机的驱动程序。

（6）安装完成后，将打开"打印机共享"界面，在其中单击选中"共享此打印机以便网络中的其他用户可以找到并使用它"单选项，如图 11-10 所示，然后再单击 下一步(N) 按钮，将打开已成功添加打印机的提示对话框，在其中单击 完成(F) 按钮，完成本地打印机的安装。

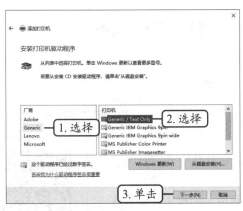

图 11-9　选择打印机型号　　　　　图 11-10　共享打印机

（二）安装网络打印机

受办公场地的限制，公司一般不会为每台计算机都单独连接一个打印机。因此，在实际办公中，常常需要连接网络打印机，其实质是通过访问已共享的本地打印机进行其他计算机与打印机的连接。下面安装网络打印机，其具体操作如下。

微课视频

安装网络打印机

（1）在"控制面板"窗口中单击"硬件和声音"链接，再单击"设备和打印机"链接，打开"设备和打印机"窗口，在其中空白区域单击鼠标右键，在弹出的快捷菜单中选择"添加设备和打印机"命令，如图 11-11 所示。

（2）打开"添加设备"窗口，Windows 10 将自动搜索网络中已有的打印机，在搜索结果中选择需要添加的打印机，然后单击 下一步(N) 按钮，如图 11-12 所示。

（3）系统将自动连接网络打印机，并安装打印机驱动程序，如图 11-13 所示。

（4）安装完成后，返回"设备和打印机"窗口，完成网络打印机的安装，如图 11-14 所示。

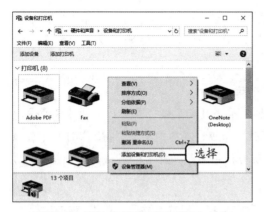

图 11-11　选择"添加设备和打印机"命令

图 11-12　选择需要添加的打印机

图 11-13　安装打印机驱动程序

图 11-14　完成网络打印机的安装

（三）添加纸张

在纸盒中放入纸张后，打印机在打印时就会自动从中获取纸张。下面在打印机中添加纸张，其具体操作如下。

（1）将纸盒从设备中完全拉出，如图 11-15 所示。按下导纸释放杆，然后滑动导纸板以适合纸张大小，并确保其牢固地插入插槽中，如图 11-16 所示。

（2）将纸张放入纸盒中，确保纸张的厚度位于最大纸张限量标记之下，如图 11-17 所示。

（3）将纸盒牢固地装回设备中，确保其完整地置于打印机中。

（4）展开托纸板，如图 11-18 所示，以免纸张从出纸托板中滑出。

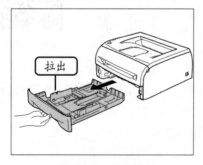

图 11-15　拉出纸盒

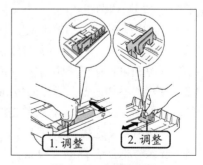

图 11-16　调整导纸板

图 11-17 放入纸张

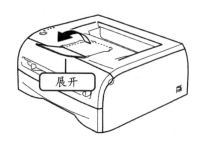

图 11-18 展开托纸板

（5）在打开的文档中单击 ☰文件 按钮，在打开的下拉列表中选择"打印"选项，打开"打印"对话框，在其中选择连接的打印机，并进行相关的打印设置，然后单击 确定 按钮进行打印。

任务二 使用多功能一体机

多功能一体机的基础功能是打印和复印，并同时具备扫描功能或传真功能，其现已逐步取代了单独的复印机或打印机，成为日常办公中重要且常用的设备之一。多功能一体机主要有喷墨一体机、墨仓式一体机、激光一体机和页宽一体机 4 种类型，因此在配置多功能一体机时，用户可以根据实际办公环境进行选择。

一、任务目标

本任务将使用多功能一体机复印文档。通过本任务的学习，读者可以掌握在多功能一体机中放入介质、复印文档、更换墨盒、补充墨水及清除卡纸等基本操作。

二、相关知识

多功能一体机的工作原理与传统油印机的十分相似，都是通过油墨穿过蜡纸上的细微小孔（小孔组成了与原稿相同的图像），将图像印于纸上。但多功能一体机的蜡纸并非传统油印机使用的蜡纸或扫描蜡纸，而是一种热敏纸，由一层非常薄的胶片和棉脂合成。因此，这也使得它能印出非常精细的高质量印刷品。多功能一体机主要分为正面、背面和控制面板，如图 11-19 所示。

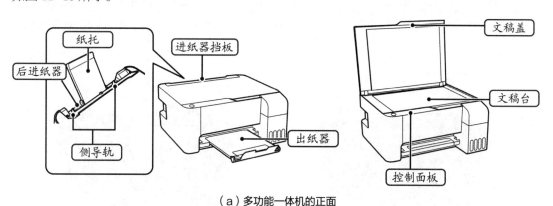

（a）多功能一体机的正面

图 11-19 多功能一体机的结构

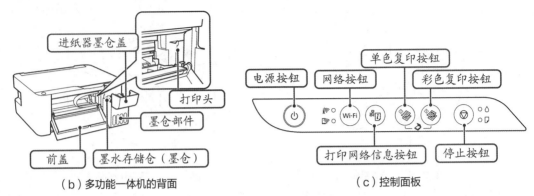

（b）多功能一体机的背面　　　　　　（c）控制面板

图 11-19　多功能一体机的结构（续）

三、任务实施

（一）放入介质

在使用多功能一体机打印或复印文档前，用户需要将介质放入纸托中，即放入可用于打印的纸张。下面在多功能一体机中放入介质，其具体操作如下。

（1）拉出出纸器的延长板，如图 11-20 所示，然后在后进纸器中拉出纸托，接着在后进纸器的纸托上将纸张宽度导轨滑至左侧，如图 11-21 所示。

图 11-20　调整出纸器和后进纸器

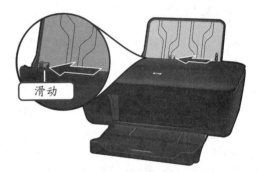

图 11-21　滑动纸张宽度导轨

（2）将一叠纸放入进纸盒中，短边朝前，打印面朝上，如图 11-22 所示，然后将纸叠向下推，直到不能移动时为止，再将纸张宽度导轨滑至右侧，直到紧贴纸张边缘，如图 11-23 所示。

图 11-22　放入打印纸

图 11-23　滑动纸张宽度导轨

（二）单面复印文档

多功能一体机的打印功能与其他打印机的相同，因此这里只介绍多功能一体机的复印功能。下面使用多功能一体机单面复印文档，其具体操作如下。

（1）掀起多功能一体机上面的文稿盖，将复印原件打印面朝下放到文稿台玻璃板的对应角上，然后放下文稿盖，如图 11-24 所示。

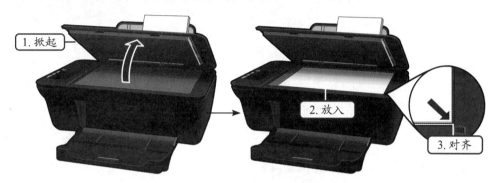

图 11-24　掀起文稿盖并放入复印原件

（2）在控制面板中按电源按钮启动多功能一体机，并按单色复印按钮开始复印。另外，用户可通过单色复印按钮多次增加复印件数量。

（三）更换墨盒

经过长时间的使用，多功能一体机的墨盒可能会出现损坏，导致打印或复印出来的文稿效果不佳，此时就需要用户更换墨盒。下面更换多功能一体机的墨盒，其具体操作如下。

（1）打开多功能一体机的前盖，等待墨仓移动到进纸器中央位置，如图 11-25 所示。

（2）向下压以松开旧的墨盒，然后将其从墨仓中取出，如图 11-26 所示。

（3）去除新墨盒包装，取出新墨盒，如图 11-27 所示。

图 11-25　打开前盖　　　　图 11-26　取出旧墨盒　　　　图 11-27　取出新墨盒

（4）拉住新墨盒的标签，撕下外面的保护胶带，如图 11-28 所示。

（5）将新墨盒插入墨仓的插槽中，直至安装到位，如图 11-29 所示。

（6）关闭前盖，如图 11-30 所示，完成更换墨盒的操作。

图 11-28　撕下保护胶带　　　图 11-29　安装墨盒　　　图 11-30　关闭前盖

（四）补充墨水

微课视频

补充墨水

多功能一体机使用一段时间后，可能会提示用户该多功能一体机需要补充墨水，这是因为多功能一体机的墨水存储空间有限，要想持续使用，就需要为其补充墨水。下面为多功能一体机中的墨仓补充墨水，其具体操作如下。

（1）打开墨仓盖，再打开墨仓塞，如图 11-31 所示。

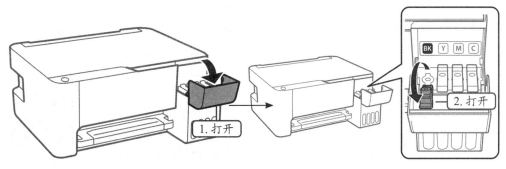

图 11-31　打开墨仓盖和墨仓塞

（2）将墨水瓶的瓶盖打开，把墨水瓶的头部放入墨水注入口的凹槽，再将其插入墨水注入口，如图 11-32 所示。

（3）不用挤压，墨水会自动流入墨仓，并显示墨水容量，如图 11-33 所示。

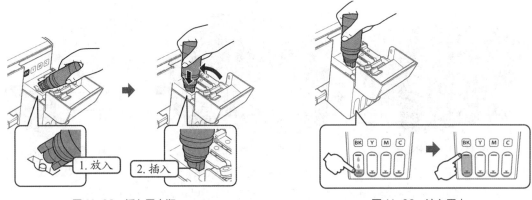

图 11-32　插入墨水瓶　　　　　　　图 11-33　注入墨水

（4）墨水补充完成后，取下墨水瓶，盖紧墨仓塞，然后再盖紧墨仓盖，完成补充墨水的操作。

（五）清除卡纸

卡纸是多功能一体机使用过程中的常见故障，当多功能一体机出现卡纸故障时，机器将停止工作，直至将卡纸清理完成，机器才能继续工作。下面清除多功能一体机中的卡纸，其具体操作如下。

（1）如果卡纸在后进纸器附近，则需要轻轻地将其拖出后进纸器，如图11-34所示。

（2）如果卡纸在出纸器附近，则需要轻轻地将其拖出出纸器，如图11-35所示，或者打开托架门，将打印托架移到右侧以取出卡纸，如图11-36所示。

图11-34　清除后进纸器卡纸　　　图11-35　清除出纸器卡纸　　图11-36　打开托架门清除出纸器卡纸

（3）如果卡纸在多功能一体机内部，则需要打开多功能一体机后面底部的清理门，按清理门两侧的弹簧片，当卡纸出现后，慢慢取出卡住的纸张，如图11-37所示，然后将清理门推向打印机，直到弹簧片栓扣合到位，如图11-38所示。

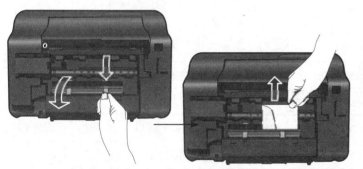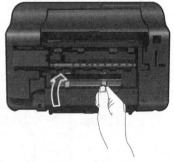

图11-37　打开清理门并清除卡纸　　　　　　　　图11-38　关闭清理门

任务三　使用投影仪

投影仪是用于放大显示图像的投影装置，其在办公应用中通常与计算机连接，以将计算机中的图像转换成具有高分辨率的图像投放在屏幕上，具有分辨率高、清晰度高和亮度高等特点。在日常生活中，投影仪被广泛应用于教学、移动办公等相关活动中。

一、任务目标

本任务将使用投影仪放映演示文稿。通过本任务的学习，读者可以掌握安装与启动投影仪的方法，以及通过投影仪放映图像的方法。

二、相关知识

投影仪的基本工作原理是将光线照射到图像的显示元件上面，从而产生影像，然后再通过镜头进行投射。在使用投影仪前，除了要了解其工作原理，用户还需要知道投影仪的结构、投影仪的类型、投影方式与投影距离等。

（一）投影仪的结构

投影仪主要分为正面和背面两个部分，如图 11-39 所示，各编号对应的名称见表 11-1。

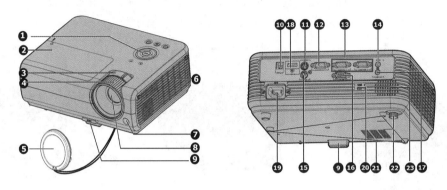

图 11-39　投影仪的结构

表 11-1　投影仪的结构

编号	名称	编号	名称	编号	名称	编号	名称
1	控制面板	7	前部红外线遥控传感器	13	RGB（PC）/分量视频（YPbPr/YCbCr）信号输入插口	19	AC 电源线插口
2	灯罩	8	投影镜头	14	音频输入插口	20	防盗锁插槽
3	缩放圈	9	快速装拆按钮	15	视频输入插口	21	吊顶安装孔
4	调焦圈	10	USB 输入插口	16	RS-232 控制端口	22	后调节支脚
5	镜头盖	11	S-Video 输入插口	17	音频输出插口	23	扬声器
6	通风口	12	RGB 信号输出插口	18	HDMI 输入插口		

（二）投影仪的类型

按照应用环境的不同，投影仪可分为以下 6 种。

● **家庭影院型投影仪：** 家庭影院型投影仪的特点是亮度为 2 000lm 左右（随着技术的发展，这个数字在不断增大，对比度较高），投影的画面宽高比多为 16：9，各种视频端口齐全，适合播放电影和高清晰度的电视，适合在家庭用户中使用。

● **便携商务型投影仪：** 一般把质量低于 2kg 的投影仪定义为便携商务型投影仪，其优点是体积小、质量轻和移动性强，是移动商务用户在进行移动演示时的首选搭配设备。

● **教育会议型投影仪：** 教育会议型投影仪一般应用于学校和企业，其采用主流的分辨率，亮度为 2 000～3 000lm，质量适中，散热和防尘性能较好，适合安装和短距离移动，且功能接口丰富，容易维护，性价比也相对较高，适合大批量采购和普及使用。

● **主流工程型投影仪：** 主流工程型投影仪的投影面积更大、距离更远、亮度更高，且支持多灯泡模式，能更好地适应大型、多变的安装环境。

● **专业剧院型投影仪：** 专业剧院型投影仪的亮度一般可达 5 000lm 以上，由于其体积庞大、质量重，通常用在特殊场合，如剧院、博物馆、大会堂、公共区域等，还可用于监控交通和公安指挥中心、消防和航空交通控制中心等环境。

● **测量投影仪：** 测量投影仪的作用是将产品零件通过光的透射形成放大的投影效果，然后用标准胶片或光栅尺等确定产品的尺寸。由于工业化的发展，这种测量投影仪已经成为制造业常用的检测仪器之一。

（三）投影方式与投影距离

选择好投影仪后，还需要了解其投影方式与投影距离，从而能更好地使用投影仪。

1. 投影方式

投影仪的投影方式有多种，如桌上正投、吊装正投、桌上背投和吊装背投等，其中，桌上正投和吊装正投是办公中使用较多的投影方式。但不论使用哪种方式进行投影，都必须对投影的角度进行适当的调整。

● **桌上正投：** 投影仪位于屏幕的正前方，这是安置投影仪的常用方式，不仅安装快速，而且具有移动性，如图 11-40 所示。

● **吊装正投：** 投影仪倒挂于屏幕正前方的天花板上，如图 11-41 所示。此投影方式需要使用配备投影仪天花板悬挂安装套件，以便能将其安装在天花板上。

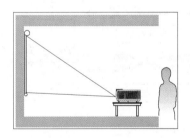
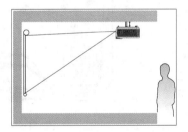

图 11-40　桌上正投　　　　　　　　　　图 11-41　吊装正投

● **桌上背投：** 投影仪位于屏幕的正后方，如图 11-42 所示。此投影方式需要一个专用的投影屏幕。

● **吊装背投：** 投影仪倒挂于屏幕正后方的天花板上，如图 11-43 所示。此投影方式需要一个专用的投影屏幕和投影仪天花板悬挂安装套件。

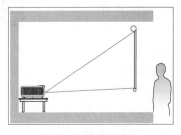
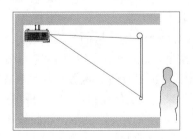

图 11-42　桌上背投　　　　　　　　　　图 11-43　吊装背投

2. 投影距离

安装投影仪时，需要注意镜头和屏幕之间的距离，屏幕的大小不同，其数值也有相应变化，具体可按照表 11-2 中的参数进行调整，但实际操作时应根据需要和实际情况进行调整。

表 11-2　屏幕和镜头间距的设置参数

屏幕尺寸 / 英寸	40	80	100	150	200	250	300
最小距离 /m	1.2	2.3	2.9	4.4	5.9	7.3	8.8
最大距离 /m	1.4	2.8	3.6	5.4	7.2	9.0	10.7

三、任务实施

（一）连接投影仪

微课视频
连接投影仪

将投影仪与计算机连接后，就可以将计算机中的画面投射到投影屏幕上，从而方便更多的人观看。下面连接投影仪与计算机，其具体操作如下。

（1）关闭设备，将随机的 HD D-sub 15 芯电缆两端分别连接在投影仪与计算机对应的端口上。

（2）将 A/V 连接适配器的输入端连接到投影仪上，在输出端连接音频电缆的输入端，然后将音频电缆的输出端连接到计算机对应的端口上，如图 11-44 所示。

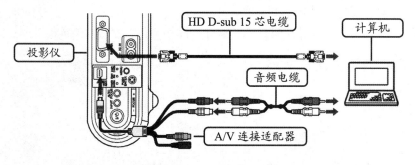

图 11-44　投影仪连接计算机

（二）启动投影仪

微课视频
启动投影仪

投影仪连接好后，就可以启动投影仪了。在投影过程中，用户还可以根据需要进行相应的调试。下面启动投影仪，其具体操作如下。

（1）将电源线插入投影仪和电源插座，如图 11-45 所示，打开电源插座开关，接通电源后，检查投影仪上的电源指示灯是否显示橙色。

（2）取下镜头盖，如图 11-46 所示。如果镜头盖保持关闭，可能会因为投影灯泡产生的热量而导致变形。

（3）按下投影仪或遥控器上的电源键启动投影仪，如图 11-47 所示。当投影仪电源打开时，电源指示灯会先闪烁，然后长亮绿灯。

（4）如果是初次使用投影仪，则需要按照屏幕上的说明选择语言。

（5）接通所有连接的设备，然后投影仪开始搜索输入信号，屏幕左上角将显示当前扫描的输入信号。如果投影仪未检测到有效信号，则屏幕上将一直显示"无信号"信息，直至检测到输入信号为止。

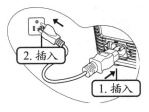

图 11-45　接通电源　　　　图 11-46　取下镜头盖　　　　图 11-47　启动投影仪

（6）此时可手动浏览并选择可用的输入信号，按投影仪或遥控器上的 Source 键，显示信号源选择栏，重复按直到选中所需信号，然后按 Mode/Enter 键，如图 11-48 所示。

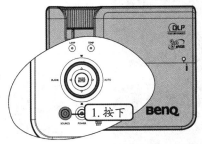

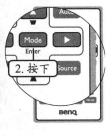

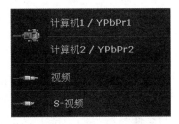

图 11-48　设置输入信号

（7）按住快速装拆按钮不放，并将投影仪的前部抬高，一旦图像调整好之后，释放快速装拆按钮以将支脚锁定到位。

（8）旋转后调节支脚，对水平角度进行微调，如图 11-49 所示。若要收回支脚，则抬起投影仪并按下快速装拆按钮，然后慢慢向下压投影仪，接着按反方向旋转后调节支脚。

（9）按投影仪或遥控器上的 Auto 键，在 3s 内，内置的智能自动调整功能将重新调整频率和脉冲的值以提供最佳图像质量，如图 11-50 所示。

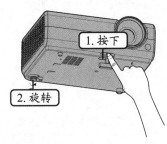

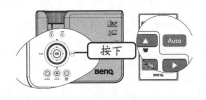

图 11-49　调节图像高度和投影角度　　　　图 11-50　自动调整图像

（10）使用缩放圈将投影图像调整至所需的尺寸，如图 11-51 所示，然后再旋转调焦圈以使图像聚焦，如图 11-52 所示。

操作提示	使用投影仪的注意事项
	用户在开启投影仪的电源之前，首先要确认连接投影仪的电源是否正常，其次要在背对光源下使用，并且还要关掉正对屏幕的光源，以提升投影效果。另外，连接投影仪的电源最好不要与连接信号的计算机或者其他移动设备连接在一起，以免导致信号不稳定。

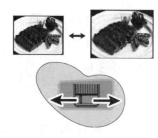

图 11-51 微调图像大小

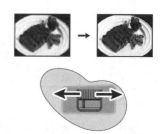

图 11-52 微调图像清晰度

（三）使用投影仪放映"产品宣传"演示文稿

在开总结会或产品发布会等多人会议时，经常会用投影仪将计算机中的内容投射到屏幕上，供观众观看。下面使用投影仪放映"产品宣传"演示文稿，其具体操作如下。

图 11-53 选择"复制"选项

微课视频

使用投影仪放映"产品宣传"演示文稿

（1）将投影仪的视频输入接口连接到计算机的视频输出接口上，然后在计算机的操作系统界面中按【Win+P】组合键，打开"投影"任务窗格，在其中选择"复制"选项，如图 11-53 所示。

（2）调试好投影仪后，打开"产品宣传 .dps"演示文稿（配套资源 :\ 素材文件 \ 项目十一 \ 产品宣传 .dps），按【F5】键进行放映。

知识补充

"投影"任务窗格

选择"仅电脑屏幕"模式时，投影内容只在计算机中显示，外接显示器中无显示；选择"复制"模式时，投影内容在外接显示器与计算机中同时显示，相当于复制计算机中的内容；选择"扩展"模式时，投影内容将计算机的桌面延伸至外接显示器，可以将计算机中的内容向右拖曳至外接显示器中显示，二者互不干扰；选择"仅第二屏幕"模式时，投影内容只在外接显示器中显示，计算机中不显示内容。

实训一 双面复印员工身份证

【实训要求】

在日常办公中，经常会将某些文件的两个面都复印到一张纸的同一面中，如复印身份证、驾驶证、房产证等，以提高纸张的利用效率。本实训将使用多功能一体机双面复印员工身份证。

微课视频

双面复印员工身份证

【实训思路】

在本实训中，首先要将身份证放入多功能一体机中，然后进行双面复印设置，即先复印身份证的一面，再复印身份证的另外一面。

【步骤提示】

（1）启动多功能一体机，打开文稿盖，将身份证的正面向下放置在文稿台玻璃板上，然后放下文稿盖，启动多功能一体机，并开始复印。

（2）正面复印完成后，打开文稿盖，将身份证的反面向下放置在文稿台玻璃板上，与复印身份证正面时放置的位置间隔一个以上的身份证证件宽度，然后使用同样的方法进行身份证反面的复印。

（3）正反面均复印完成后，打开文稿盖，将身份证原件归还给身份证所有人。

实训二　更换投影仪灯泡

【实训要求】

投影仪灯泡有使用时间的限制，一旦灯泡超出了使用期限，就可能导致投影仪发生故障，因此用户需要在灯泡到期前进行更换。本实训将更换投影仪的灯泡。

微课视频

更换投影仪灯泡

【实训思路】

在本实训中，首先要准备一个新的灯泡，然后切断电源，打开投影仪的灯罩，进行更换灯泡的操作。完成后，还需要将所有元件复原，并重新启动投影仪，查看灯泡的更换效果。

【步骤提示】

（1）关闭投影仪电源，然后从墙壁插座拔掉投影仪电源线。如果灯泡是热的，则需要等待约45min直至灯泡冷却，以免被灼伤。

（2）拧开投影仪侧面固定灯罩的螺丝，直到灯罩松开，然后从投影仪上取下灯罩，再取下并处理掉保护膜。

（3）断开投影仪连接器的连接，松开固定灯泡的螺丝，提起把手使其立起，然后用把手慢慢地将灯泡拉出投影仪。

（4）将新灯泡放入，重新连接投影仪连接器，然后拧紧固定灯泡的螺丝，并确认把手完全放平并锁到位。

（5）更换新灯泡配套的新保护膜，并将灯罩放回到投影仪上。

（6）拧紧固定灯罩的螺丝，然后连接电源，重新启动投影仪。

课后练习

1. 打印业务合同

本练习将打印业务合同。在双方公司谈成一笔业务并达成合作要求后，需要将约定的内容列为条款，再经双方协商洽谈，及时修改和确定合同条款，最后将合同终稿打印出来，便于正式签订合同。在打印时，用户需要先确保合同责任已明确、合同条款完整，然后连接打印机与计算机，启动打印机，并打开关于业务合同的文档，接着单击快速访问工具栏中的"打印"按钮，打开"打印"对话框，设置"份数"为"2"，最后单击 **确定** 按钮开始打印。

2. 识别有缺陷的墨盒

多功能一体机通常有彩色和黑色两个墨盒，一旦某个墨盒出现问题，就会有指示灯闪烁，或在控制面板提示。因此，在操作时，需要先取出黑色墨盒，然后关闭进纸器墨仓盖，启动多功能一体机。如果指示灯闪烁，则说明彩色墨盒有问题，需要更换彩色墨盒；如果启动多功能一体机后指示灯不闪烁，则说明黑色墨盒有问题，需要更换黑色墨盒。

技能提升

1. 使用手机连接打印机

华为手机连接打印机使用的是国产鸿蒙操作系统，在进行打印时，同样需要打印机支持无线功能。使用手机连接打印机的操作步骤如下。

（1）在手机鸿蒙操作系统的操作界面中点击"设置"按钮 ，进入"设置"界面，点击"更多连接"选项，进入"更多连接"界面，在其中选择"打印"选项，如图 11-54 所示。

（2）进入"打印"界面，在"打印服务"栏中选择"默认打印服务"选项，进入"默认打印服务"界面，点击"默认打印服务"选项右侧的 按钮，启用该服务，手机将自动检测周围的无线打印机，然后点击"更多"按钮 ，在打开的列表中选择"添加打印机"选项，如图 11-55 所示。

（3）进入"手动添加的打印机"界面，点击右上角的+按钮，打开"根据 IP 地址添加打印机"对话框，在"主机名或 IP 地址"文本框中输入无线打印机的主机名或 IP 地址，然后点击"添加"按钮，如图 11-56 所示。

图 11-54　选择"打印"选项　　　　图 11-55　添加打印机

图 11-56　手动添加打印机

2. 使用手机扫描文件

使用手机 QQ 可以扫描文件，将其识别成电子文件，其方法是：在手机中打开 QQ，在"消息"界面中点击右上角的 按钮，在打开的下拉列表中选择"扫一扫"选项，进入"扫一扫"界面，然后在下面的工具栏中点击"转文字"选项卡，再点击"拍照"按钮 ，接着用手机对准纸质文件进行扫描。当扫描完成后，点击"提取"按钮 ，再点击"导出文档"按钮 ，便可将纸质文件变成电子文件。

项目十二
综合实训

12

情景导入

从今年开年以来，公司陆陆续续进入了很多新员工，但由于公司业务繁忙，所以公司并没有为新入职的员工进行系统的培训。最近，公司的项目临近尾声，工作也变得轻松起来，于是公司准备在下周开展员工培训。

老洪：米拉，公司准备在下周开展员工培训，你知道吗？

米拉：我早上刚收到通知，需要我做些什么吗？

老洪：我最近在忙其他事情，抽不开身，你可以帮我整理一些培训相关的资料吗？

米拉：没问题，需要做些什么呢？

老洪：首先，你需要制作一份"员工培训计划方案"文档，并将其输出为 PDF 文档；其次，前段时间公司对新员工进行了一次小测验，你需要将测验结果整理成表格，然后再打印 5 份；最后，你需要制作"新员工入职培训"演示文稿。做好之后，你需要将所有文件打包并发送给我。

米拉：好的，我知道了，我马上弄。

学习目标

- 掌握制作文档的方法。
- 掌握制作电子表格的方法。
- 掌握制作演示文稿的方法。
- 掌握压缩文件的方法。

技能目标

- 能够熟练掌握 WPS Office 的相关操作。
- 能够熟练使用办公中的常用工具软件。

素质目标

- 培养在办公自动化领域的办公文档处理、数据处理、办公信息管理的综合能力。
- 以现代办公应用为主线，以计算机和 WPS Office 办公软件为基础，全面、系统地学习办公自动化的相关知识。

实训一 制作"员工培训计划方案"文档

【实训要求】

本实训将使用 WPS Office 中的 WPS 文字制作"员工培训计划方案"文档。在制作时，首先要输入文本，对文档格式进行设置，然后再对文档页面效果进行设置。本实训的参考效果如图 12-1 所示（配套资源:\ 效果文件\项目十二\员工培训计划方案.wps、员工培训计划方案.pdf）。

图 12-1 "员工培训计划方案"文档参考效果

【实训思路】

在本实训中，首先要新建并保存"员工培训计划方案.wps"文档，然后在其中输入相关内容，并设置字体格式，然后添加编号、封面和目录，接着设置背景，最后将制作完成的文档输出为 PDF 文档。

【步骤提示】

（1）新建并保存"员工培训计划方案.wps"文档，然后复制并粘贴"员工培训计划方案.txt"文档（配套资源:\ 素材文件\项目十二\员工培训计划方案.txt）中的内容。

（2）为标题应用"标题1"样式，然后修改"正文"样式，并新建"1级"样式和"2级"样式。

（3）为1级标题和2级标题下的文本应用"1. 2. 3. …"样式的编号，然后为没有应用文本样式的段落设置首行缩进。

（4）插入"稻壳封面页"中提供的封面样式，然后将封面页中的图片更改为"人物.png"（配套资源:\ 素材文件\项目十二\人物.png），并在封面页的文本框中输入相应内容。

（5）将文档的背景设置为双色渐变填充，然后分别设置奇数页和偶数页的页眉，再添加相同样式的页脚。

（6）将文本插入点定位到标题前，插入分页符，在空白页插入目录，并设置目录的字体和字号。

（7）将制作好的文档输出为 PDF 文档。

实训二　制作“测验成绩统计表”表格

【实训要求】

本实训将使用 WPS 表格制作“测验成绩统计表”表格。在制作时，首先要新建表格并输入相关数据，然后使用公式和函数计算数据，并使用条件格式分析培训成绩。本实训的参考效果如图 12-2 所示（配套资源 :\ 效果文件 \ 项目十二 \ 测验成绩统计表 .et）。

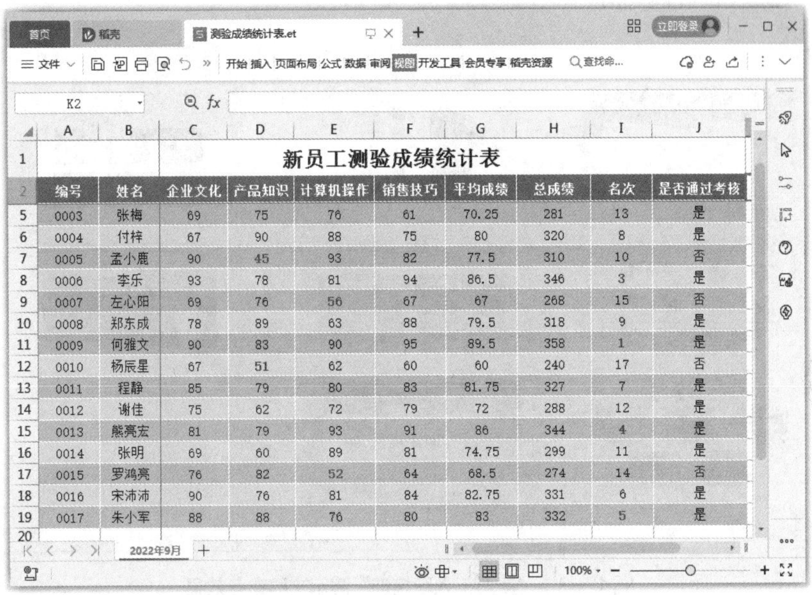

新员工测验成绩统计表									
编号	姓名	企业文化	产品知识	计算机操作	销售技巧	平均成绩	总成绩	名次	是否通过考核
0003	张梅	69	75	76	61	70.25	281	13	是
0004	付梓	67	90	88	75	80	320	8	是
0005	孟小鹿	90	45	93	82	77.5	310	10	否
0006	李乐	93	78	81	94	86.5	346	3	是
0007	左心阳	69	76	56	67	67	268	15	否
0008	郑东成	78	89	63	88	79.5	318	9	是
0009	何雅文	90	83	90	95	89.5	358	1	是
0010	杨辰星	67	51	62	60	60	240	17	否
0011	程静	85	79	80	83	81.75	327	7	是
0012	谢佳	75	62	72	79	72	288	12	是
0013	熊亮宏	81	79	93	91	86	344	4	是
0014	张明	69	60	89	81	74.75	299	11	是
0015	罗鸿亮	76	82	52	64	68.5	274	14	否
0016	宋沛沛	90	76	81	84	82.75	331	6	是
0017	朱小军	88	88	76	80	83	332	5	是

图 12-2　“测验成绩统计表”表格参考效果

【实训思路】

在本实训中，首先要新建并保存“测验成绩统计表 .et”表格，然后在其中输入相关数据，并为表格应用内置的样式，接着使用公式和函数计算数据、使用条件格式分析数据，最后将制作完成的表格打印 5 份。

【步骤提示】

（1）新建并保存“测验成绩统计表 .et”表格，然后输入“测验成绩统计表 .txt”文档（配套资源 :\ 素材文件 \ 项目十二 \ 测验成绩统计表 .txt）中的数据。

（2）使用 AVERAGE 函数计算出各员工的考核平均成绩；使用 SUM 函数计算出各员工的考核总成绩；使用 RANK 函数对各员工的培训总成绩进行排序；使用 IF 函数计算各员工的考核成绩是否合格。

（3）为表格应用内置的样式，然后选择 C3:F19 单元格区域，设置小于“60”的数据呈“粗体、红色”显示。

（4）选择 I3:I19 单元格区域，打开“新建格式规则”对话框，设置排名前 5 的数据呈“粗体、红色”显示。

（5）冻结 A 列和 B 列、第 1 行和第 2 行，然后重命名工作表，并设置工作表标签颜色。

（6）进入“打印预览”界面，设置“纸张方向”为“横向”，“显示比例”为“120%”，“居中方式”为“水平，居中”，“份数”为“5”。

实训三　制作"新员工入职培训"演示文稿

【实训要求】

本实训将使用 WPS 演示制作"新员工入职培训"演示文稿。在制作时，首先要设置幻灯片的整体效果，然后在幻灯片中添加需要的文本、形状、图片等，最后为幻灯片添加需要的动画效果，并放映幻灯片。本实训的参考效果如图 12-3 所示（配套资源：\ 效果文件 \ 项目十二 \ 新员工入职培训 .dps）。

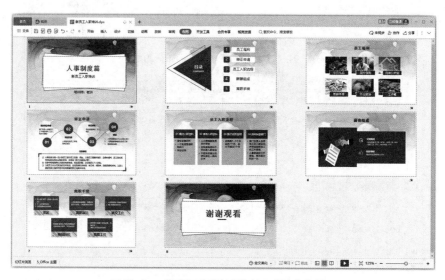

图 12-3　"新员工入职培训"演示文稿参考效果

【实训思路】

在本实训中，首先要新建并保存"新员工入职培训 .dps"演示文稿，然后设置幻灯片的整体效果，并插入需要的文本、图片、形状等元素，接着为演示文稿添加切换效果和动画效果，最后将制作完成的文档、表格、演示文稿加密压缩后发送给老洪。

【步骤提示】

（1）新建并保存"新员工入职培训 .dps"演示文稿，然后应用 WPS 演示提供的"全文换肤"功能设置幻灯片的整体效果。

（2）新建多张幻灯片，并在相应的幻灯片中插入文本、形状、图片、智能图形等元素，然后应用 WPS 演示提供的"单页美化"功能美化目录页。

（3）为幻灯片设置统一的切换效果，然后再设置幻灯片对象的动画效果，按【F5】键预览演示文稿的放映效果。

（4）将制作完成的"员工培训计划方案 .wps"文档、"测验成绩统计表 .et"表格、"新员工入职培训 .dps"演示文稿放在"员工培训计划相关资料"文件夹中，然后加密压缩文件（密码设置为"112233"），并删除原文件夹。

（5）通过 QQ 或微信将压缩文件发送给老洪。